北大社普通高等教育“十三五”数字化建设规划教材

线性代数

杭州师范大学线性代数课程组　编

何济位　主审

本书资源使用说明

考研真题

北京大学出版社
PEKING UNIVERSITY PRESS

内容简介

本教材共分六章,从线性方程组出发,依次介绍了矩阵、方阵的行列式、向量空间、方阵的特征值与特征向量和二次型.

本教材每章章末配有习题,书末附有习题参考答案.本教材具有逻辑清晰、注重应用、例题与习题循序渐进、便于自学的特点.

本教材可供高等学校非数学专业本科生使用,也可供自学者和科技工作者阅读.

前　言

党的二十大报告首次将教育、科技、人才工作专门作为一个独立章节进行系统阐述和部署，明确指出：“教育、科技、人才是全面建设社会主义现代化国家的基础性、战略性支撑.”这让广大教师深受鼓舞，更要勇担“为党育人、为国育才”的重任，迎来一个大有可为的新时代.线性代数是高等学校一门非常重要的数学基础课程，也是全国硕士研究生招生考试中数学科目的必考内容之一.为适应当前线性代数教学的新形势，编者在总结多年教学经验的基础上，对线性代数的课程内容进行了必要的整合，同时借鉴多种同类教材的优点，编写了本教材.本教材的编写注重整体难度的把握，并通过以下几点，力求使本教材深入浅出，通俗易懂：

(1) 本教材适当补充了高中数学和线性代数课程间的衔接内容.

(2) 考虑到线性代数各章节的难易程度，为便于学生理解，本教材调整了知识结构，首先从线性方程组的一般解法入手，然后介绍矩阵的基本理论，进而讨论方阵的行列式，最后讨论向量空间、方阵的特征值与特征向量、二次型.

(3) 本教材力求以通俗的语言阐述线性代数的基本概念和理论，同时对一些重要的概念从多角度进行阐述分析，以使学生充分理解概念的本质.

(4) 本教材通过大量例题阐明线性代数的思想，帮助学生理解，并介绍了若干应用实例，帮助学生认识线性代数的广泛应用，增强学生学习的兴趣.

本教材由杭州师范大学线性代数课程组教师共同编写而成.第一、四章由俞晓岚负责编写，第二章由谢剑负责编写，第三章由张棉棉负责编写，第五、六章由洪燕勇负责编写，全书由何济位主审.在本教材的编写过程中，韩征老师给予了指导和帮助，研究生李悦、葛培婷、戎成龙、杨晶婷、张允明帮忙整理了书稿，陈平、苏娟、蔡晓龙、曾政杰构思并设计了全书的数字资源，在此一并表示感谢，并借此机会，感谢北京大学出版社的编辑们为本教材的出版所付出的辛勤努力.

限于编者的水平，本教材难免有疏漏与不妥之处，欢迎广大读者批评指正.

编　者

2023 年 2 月

目　录

第一章　线性方程组

线性方程组在很多领域，如经济、工程、科学等方面都有重要的应用．著名经济学家里昂惕夫(Leontief)凭借其提出的投入－产出分析方法获得了1973年的诺贝尔经济学奖，而投入－产出模型所使用的主要数学工具就是线性方程组．

1.1 预备知识——向量

很多熟悉的物理量，如位移、力、速度和加速度等，都有一个共同属性，即“既有大小，又有方向”.在中学数学中，我们把既有大小，又有方向的量称为**向量**.

在几何中，我们可以用**有向线段**来表示向量，有向线段的长度表示向量的大小，箭头所指的方向表示向量的方向.在坐标系中，以原点 O 为起点，点 A 为终点的向量记作$\overrightarrow{OA}$.向量也常用黑体的小写字母 $\boldsymbol{\alpha}$，$\boldsymbol{\beta}$，… 来表示.特别地，**零向量**是长度为零的向量，约定零向量的方向是任意的.长度为 1 的向量，称为**单位向量**.

通常约定：所有长度相等且方向相同的向量都是相同的向量，而不管它们的起点位置如何.由此可知，将一个向量平移后所得的向量与原向量是相同的向量.如果向量 $\boldsymbol{\alpha}$ 和向量 $\boldsymbol{\beta}$ 是相同的向量，也称 $\boldsymbol{\alpha}$ 和 $\boldsymbol{\beta}$ 相等，记作 $\boldsymbol{\alpha}=\boldsymbol{\beta}$.

中学阶段我们已经学习了平面向量的基本理论，大家对平面向量的概念以及运算已经比较熟悉.本节首先对平面向量的坐标表示进行简单的回顾，然后将平面向量推广至高维向量.

在平面直角坐标系中，分别取 x 轴和 y 轴正方向上的两个单位向量 $\boldsymbol{e}_1$，$\boldsymbol{e}_2$，则对于平面内的向量 $\boldsymbol{\alpha}$，由平面向量的基本定理知，存在唯一的有序数对 (x,y)，使得 $\boldsymbol{\alpha}=x\boldsymbol{e}_1+y\boldsymbol{e}_2$，有序数对 (x,y) 称为向量 $\boldsymbol{\alpha}$ 的坐标.

如图 1.1 所示，作向量$\overrightarrow{OA}=\boldsymbol{\alpha}$，即有$\overrightarrow{OA}=x\boldsymbol{e}_1+y\boldsymbol{e}_2$，向量$\overrightarrow{OA}$ 的坐标 (x,y) 就是其终点 A 的坐标；反之，终点 A 的坐标 (x,y) 就是向量$\overrightarrow{OA}$ 的坐标.这样，平面向量就和平面上的点一一对应，平面向量由它的坐标唯一确定.因此，我们可以将向量$\overrightarrow{OA}$ 与其坐标 (x,y) 等同，并用向量的坐标表示向量本身，记作$\overrightarrow{OA}=\boldsymbol{\alpha}=(x,y)$.

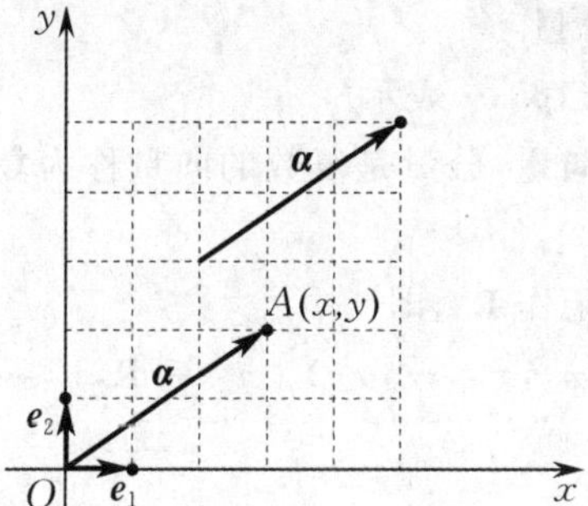

图 1.1

当向量用坐标表示时，向量的加法和数乘运算也都可以用坐标表示.

设向量 $\boldsymbol{\alpha}=(x_1,y_1)$，$\boldsymbol{\beta}=(x_2,y_2)$，$k\in\mathbf{R}$，则

$$\begin{aligned}\boldsymbol{\alpha}+\boldsymbol{\beta}&=(x_1,y_1)+(x_2,y_2)\\&=(x_1\boldsymbol{e}_1+y_1\boldsymbol{e}_2)+(x_2\boldsymbol{e}_1+y_2\boldsymbol{e}_2)\\&=(x_1+x_2)\boldsymbol{e}_1+(y_1+y_2)\boldsymbol{e}_2\\&=(x_1+x_2,y_1+y_2),\\k\boldsymbol{\alpha}&=k(x_1,y_1)\\&=k(x_1\boldsymbol{e}_1+y_1\boldsymbol{e}_2)\\&=kx_1\boldsymbol{e}_1+ky_1\boldsymbol{e}_2\\&=(kx_1,ky_1).\end{aligned}$$

和平面向量类似，空间向量和空间中的点也一一对应.如图 1.2 所示，对空间向量 $\boldsymbol{\alpha}$，作 $\overrightarrow{OA}=\boldsymbol{\alpha}$，则向量 $\boldsymbol{\alpha}$ 的坐标为 (x,y,z)，即空间向量 $\overrightarrow{OA}$ 的终点 A 的坐标.同样，空间向量也可用它的坐标表示，记作 $\overrightarrow{OA}=\boldsymbol{\alpha}=(x,y,z)$.

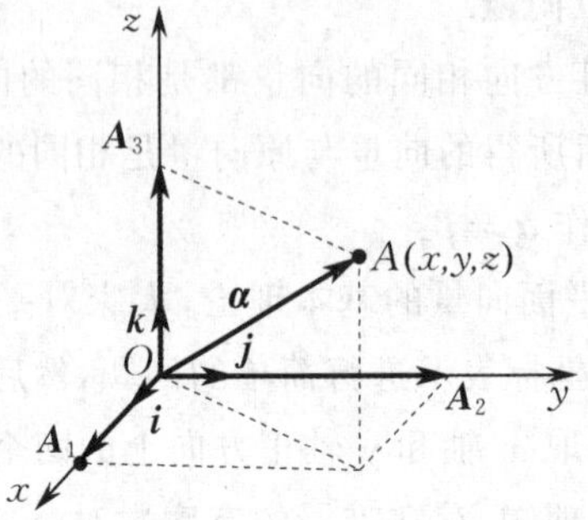

图 1.2

设向量 $\boldsymbol{\alpha}=(x_1,y_1,z_1)$，$\boldsymbol{\beta}=(x_2,y_2,z_2)$，$k\in\mathbf{R}$，则

$$\boldsymbol{\alpha}+\boldsymbol{\beta}=(x_1+x_2,y_1+y_2,z_1+z_2),$$
$$k\boldsymbol{\alpha}=(kx_1,ky_1,kz_1).$$

平面向量和空间向量又分别称为二维向量和三维向量，n 维向量是它们的推广.

定义 1.1.1 由 n 个数组成的有序数组 $(x_1,x_2,\cdots,x_n)$ 称为 n **维向量**，数 $x_i(i=1,2,\cdots,n)$ 称为该向量的第 i 个**分量**.

n 维向量也常用黑体字母 $\boldsymbol{\alpha},\boldsymbol{\beta},\cdots$ 表示.

分量是实数的向量称为**实向量**，分量是复数的向量称为**复向量**.除非特别指明，本书中的向量均指实向量.

所有 n 维向量组成的集合记作 $\mathbf{R}^n$，即

$$\mathbf{R}^n=\{(x_1,x_2,\cdots,x_n)\mid x_i\in\mathbf{R},1\leqslant i\leqslant n\}.$$

向量可以写成一行，如

$$\boldsymbol{\alpha}=(x_1,x_2,\cdots,x_n),$$

称为**行向量**，也可以写成一列，如

$$\boldsymbol{\alpha}=\begin{pmatrix}x_1\\x_2\\\vdots\\x_n\end{pmatrix},$$

称为**列向量**.

事实上,向量的这两种不同记法并没有本质的区别.

如果两个 n 维向量 $\boldsymbol{\alpha}=(x_1,x_2,\cdots,x_n)$,$\boldsymbol{\beta}=(y_1,y_2,\cdots,y_n)$ 对应的分量均相等,即

$$x_i=y_i \quad (i=1,2,\cdots,n),$$

则称向量 $\boldsymbol{\alpha}$ 与 $\boldsymbol{\beta}$ 相等,记作 $\boldsymbol{\alpha}=\boldsymbol{\beta}$.

分量都为零的向量称为**零向量**,记作 $\mathbf{0}$,即

$$\mathbf{0}=(0,0,\cdots,0).$$

向量

$$(-x_1,-x_2,\cdots,-x_n)$$

称为向量 $\boldsymbol{\alpha}=(x_1,x_2,\cdots,x_n)$ 的**负向量**,记作 $-\boldsymbol{\alpha}$.

借鉴平面向量的加法和数乘的坐标表示,我们可以定义 n 维向量的加法和数乘.

定义 1.1.2 设 $\boldsymbol{\alpha}=(x_1,x_2,\cdots,x_n)$,$\boldsymbol{\beta}=(y_1,y_2,\cdots,y_n)$ 均为 n 维向量,称向量

$$(x_1+y_1,x_2+y_2,\cdots,x_n+y_n)$$

为向量 $\boldsymbol{\alpha}$ 与 $\boldsymbol{\beta}$ 的**和**,记作 $\boldsymbol{\alpha}+\boldsymbol{\beta}$(此运算称为向量的加法).

称向量

$$(x_1-y_1,x_2-y_2,\cdots,x_n-y_n)$$

为向量 $\boldsymbol{\alpha}$ 与 $\boldsymbol{\beta}$ 的**差**,记作 $\boldsymbol{\alpha}-\boldsymbol{\beta}$(此运算称为向量的减法).

定义 1.1.3 设 $\boldsymbol{\alpha}=(x_1,x_2,\cdots,x_n)$ 为 n 维向量,$k\in\mathbf{R}$,称向量

$$(kx_1,kx_2,\cdots,kx_n)$$

为数 k 与向量 $\boldsymbol{\alpha}$ 的**积**,记作 $k\boldsymbol{\alpha}$(此运算称为向量的数乘).

容易验证,向量 $\boldsymbol{\alpha}$ 与 $\boldsymbol{\beta}$ 的差可以看作向量 $\boldsymbol{\alpha}$ 与 $\boldsymbol{\beta}$ 的负向量的和,即

$$\boldsymbol{\alpha}-\boldsymbol{\beta}=\boldsymbol{\alpha}+(-\boldsymbol{\beta})=(x_1-y_1,x_2-y_2,\cdots,x_n-y_n).$$

向量的加法和数乘统称为向量的**线性运算**.容易验证,向量的加法和数乘满足如下运算规律($\boldsymbol{\alpha},\boldsymbol{\beta},\boldsymbol{\gamma}$ 都是 n 维向量,k,k_1,k_2 为实数):

(1) $\boldsymbol{\alpha}+\boldsymbol{\beta}=\boldsymbol{\beta}+\boldsymbol{\alpha}$;

(2) $(\boldsymbol{\alpha}+\boldsymbol{\beta})+\boldsymbol{\gamma}=\boldsymbol{\alpha}+(\boldsymbol{\beta}+\boldsymbol{\gamma})$;

(3) $\boldsymbol{\alpha}+\mathbf{0}=\boldsymbol{\alpha}$;

(4) $\boldsymbol{\alpha}+(-\boldsymbol{\alpha})=\mathbf{0}$;

(5) $(k_1+k_2)\boldsymbol{\alpha}=k_1\boldsymbol{\alpha}+k_2\boldsymbol{\alpha}$;

(6) $k(\boldsymbol{\alpha}+\boldsymbol{\beta})=k\boldsymbol{\alpha}+k\boldsymbol{\beta}$;

(7) $k_1(k_2\boldsymbol{\alpha})=(k_1k_2)\boldsymbol{\alpha}$;

(8) $1\boldsymbol{\alpha}=\boldsymbol{\alpha}$.

1.2 线性方程组和高斯消元法

中学数学介绍了最简单的线性方程组——二元一次方程组.一个经典的例子,来自《孙子

算经》中的鸡兔同笼:"今有雉(鸡)兔同笼,上有三十五头,下有九十四足,问雉兔各几何?"描述此问题的二元一次方程组可表示为

$$\begin{cases} 鸡 + 兔 = 35, \\ 2鸡 + 4兔 = 94. \end{cases}$$

中学阶段接触的方程组的未知量比较少,容易求解.本章主要讨论一般的线性方程组及其解法.

1.2.1 线性方程组的概念

含 n 个未知量的线性方程组称为 n **元线性方程组**,它的一般形式为

$$\begin{cases} a_{11}x_1 + a_{12}x_2 + \cdots + a_{1n}x_n = b_1, \\ a_{21}x_1 + a_{22}x_2 + \cdots + a_{2n}x_n = b_2, \\ \cdots\cdots \\ a_{m1}x_1 + a_{m2}x_2 + \cdots + a_{mn}x_n = b_m, \end{cases} \tag{1.1}$$

其中 $a_{11}, a_{12}, \cdots, a_{mn}$ 称为这个方程组的**系数**,$b_1, b_2, \cdots, b_m$ 称为这个方程组的**常数项**,$x_1, x_2, \cdots, x_n$ 称为这个方程组的**未知量**.方程的个数 m 和未知量的个数 n 可以相等,也可以不相等.

常数项全为零的线性方程组称为**齐次线性方程组**;常数项不全为零的线性方程组称为**非齐次线性方程组**.

例 1.2.1 下述方程组都是线性方程组:

(1) $\begin{cases} x_1 + 2x_2 = 5, \\ 2x_1 - 3x_2 = -4; \end{cases}$ (2) $\begin{cases} x_1 - x_2 + x_3 = -1, \\ -2x_1 + x_2 - x_3 = 2; \end{cases}$ (3) $\begin{cases} x_1 + x_2 = 0, \\ x_1 - 2x_2 = -1, \\ x_1 = 3. \end{cases}$

对线性方程组(1.1),若未知量 $x_1, x_2, \cdots, x_n$ 依次取 $a_1, a_2, \cdots, a_n$ 代入后,方程组中的每一个方程都成立,则称这 n 个数 $a_1, a_2, \cdots, a_n$ 为方程组(1.1)的解,或称 $\begin{pmatrix} a_1 \\ a_2 \\ \vdots \\ a_n \end{pmatrix}$ 为方程组(1.1)的**解**(或**解向量**).在下文中,将不再区分解和解向量.除非特别指明,本书中的线性方程组均在实数域中求解.

一个线性方程组的所有解构成的集合称为该方程组的**解集**.如果两个线性方程组的解集相同,就称这两个方程组为**同解方程组**.线性方程组的全部解的表达式称为这个线性方程组的**通解**.

在例 1.2.1 中,容易检验方程组(1)有唯一解 $\begin{pmatrix} 1 \\ 2 \end{pmatrix}$,对方程组(2),$\begin{pmatrix} -1 \\ x \\ x \end{pmatrix}$ $(x \in \mathbf{R})$ 是它的通解,而方程组(3)无解.

例 1.2.1 的方程组(2)说明,某些线性方程组的解并不唯一,可以有无穷多个解.

下面我们再以二元线性方程组为例说明线性方程组解的情况.

设 xOy 平面上有两条直线 $a_ix+b_iy=d_i$，$i=1,2$，那么这两条直线的公共点的坐标一定满足线性方程组

$$\begin{cases}a_1x+b_1y=d_1,\\a_2x+b_2y=d_2.\end{cases}$$

反之，如果 xOy 平面上的一个点的坐标满足上述线性方程组，那么这个点一定同时在这两条直线上.上述线性方程组有唯一解等价于两条直线相交于一点；有无穷多个解等价于两条直线重合；无解等价于两条直线没有公共点，即这两条直线平行.

1.2.2　高斯消元法

求解线性方程组最基本的方法就是中学阶段已经学过的消元法，即先通过方程组中方程之间的一些运算，消去某些方程中的某些未知量，然后逐步求出方程组的解.下面先通过一个简单的例子来回顾消元法.

例 1.2.2　求解线性方程组

$$\begin{cases}2x_1+3x_2-x_3=3,\\x_1+x_2-x_3=1,\\x_1-x_2+3x_3=2.\end{cases}\tag{1.2}$$

解　先互换第一和第二个方程，得到

$$\begin{cases}x_1+x_2-x_3=1,\\2x_1+3x_2-x_3=3,\\x_1-x_2+3x_3=2.\end{cases}$$

再将第一个方程分别乘以 -2 和 -1 加到第二、第三个方程上，得到

$$\begin{cases}x_1+x_2-x_3=1,\\x_2+x_3=1,\\-2x_2+4x_3=1.\end{cases}$$

然后将第二个方程乘以 2 加到第三个方程上，得到

$$\begin{cases}x_1+x_2-x_3=1,\\x_2+x_3=1,\\6x_3=3.\end{cases}\tag{1.3}$$

这是一个阶梯形的方程组，由该方程组，利用“回代”法可以求出原方程组的解，也可以进一步化简该方程组来求出原方程组的解.第三个方程乘以 $\frac{1}{6}$，得到

$$\begin{cases}x_1+x_2-x_3=1,\\x_2+x_3=1,\\x_3=\frac{1}{2}.\end{cases}$$

再将第三个方程加到第一个方程上，并将第三个方程乘以 -1 加到第二个方程上，得到

$$\begin{cases} x_1+x_2 \quad\quad =\dfrac{3}{2}, \\ \quad\quad x_2 \quad\quad =\dfrac{1}{2}, \\ \quad\quad\quad\quad x_3=\dfrac{1}{2}. \end{cases}$$

最后将第二个方程乘以 -1 加到第一个方程上,得到

$$\begin{cases} x_1=1, \\ x_2=\dfrac{1}{2}, \\ x_3=\dfrac{1}{2}, \end{cases} \tag{1.4}$$

即原方程组的解为$\begin{pmatrix} 1 \\ \dfrac{1}{2} \\ \dfrac{1}{2} \end{pmatrix}$.

上述求解过程中,我们对线性方程组做了三种变换:

(1) 互换两个方程的位置,

(2) 用一个非零数乘以某一个方程,

(3) 用一个数乘以某一个方程后加到另一个方程上,

这三种变换称为**线性方程组的初等变换**.

容易验证,线性方程组经过初等变换得到的方程组和原方程组同解.例 1.2.2 的求解过程就是对方程组进行一系列的初等变换,以求得方程组的解.

观察例 1.2.2 的求解过程不难发现,我们只是对线性方程组的系数和常数项进行了运算.设有线性方程组

$$\begin{cases} a_{11}x_1+a_{12}x_2+\cdots+a_{1n}x_n=b_1, \\ a_{21}x_1+a_{22}x_2+\cdots+a_{2n}x_n=b_2, \\ \quad\quad\cdots\cdots \\ a_{m1}x_1+a_{m2}x_2+\cdots+a_{mn}x_n=b_m, \end{cases} \tag{1.5}$$

为了书写方便,我们将它的系数和常数项排成如下的一个表:

$$\left(\begin{array}{cccc:c} a_{11} & a_{12} & \cdots & a_{1n} & b_1 \\ a_{21} & a_{22} & \cdots & a_{2n} & b_2 \\ \vdots & \vdots & & \vdots & \vdots \\ a_{m1} & a_{m2} & \cdots & a_{mn} & b_m \end{array}\right). \tag{1.6}$$

如果只写出系数,则可以排成下表:

$$\begin{pmatrix} a_{11} & a_{12} & \cdots & a_{1n} \\ a_{21} & a_{22} & \cdots & a_{2n} \\ \vdots & \vdots & & \vdots \\ a_{m1} & a_{m2} & \cdots & a_{mn} \end{pmatrix}. \tag{1.7}$$

类似这样的数表称为矩阵.

定义 1.2.1　由 $m \times n$ 个数 $a_{ij}(i=1,2,\cdots,m;j=1,2,\cdots,n)$ 排成的 m 行 n 列的数表,记作

$$\boldsymbol{A}=\begin{pmatrix} a_{11} & a_{12} & \cdots & a_{1n} \\ a_{21} & a_{22} & \cdots & a_{2n} \\ \vdots & \vdots & & \vdots \\ a_{m1} & a_{m2} & \cdots & a_{mn} \end{pmatrix},$$

称为 $m \times n$ **矩阵**(不强调行数与列数时,可简称为矩阵),其中第 $i(i=1,2,\cdots,m)$ 行第 $j(j=1,2,\cdots,n)$ 列位置上的数 a_{ij} 称为矩阵 $\boldsymbol{A}$ 的 (i,j) **元素**,这里 i 为 a_{ij} 的**行指标**,j 为 a_{ij} 的**列指标**.矩阵 $\boldsymbol{A}$ 也可记作 $(a_{ij})_{m\times n}$,(a_{ij}) 或 $\boldsymbol{A}_{m\times n}$.矩阵通常用黑体的大写英文字母 $\boldsymbol{A},\boldsymbol{B},\cdots$ 来表示.

元素为实数的矩阵称为**实矩阵**,元素为复数的矩阵称为**复矩阵**.本书中的矩阵除特别指明外,指的都是实矩阵.

矩阵(1.6)和(1.7)分别称为线性方程组(1.5)的**增广矩阵**和**系数矩阵**.一个线性方程组的增广矩阵完全能够代表这个线性方程组.

如果一个矩阵的行数与列数相等,则称它为**方阵**.$n \times n$ 矩阵也称为 n **阶方阵**.在 n 阶方阵中,由元素 $a_{ii}(i=1,2,\cdots,n)$ 排成的从方阵左上角到右下角的对角线称为方阵的**主对角线**,主对角线上的元素,即 a_{ii} 称为方阵的**对角线元素**.主对角线以下(上)的元素都为零的方阵称为**上(下)三角矩阵**.特别地,非对角线元素均为零的方阵,即形如 $\begin{pmatrix} \lambda_1 & & & \\ & \lambda_2 & & \\ & & \ddots & \\ & & & \lambda_n \end{pmatrix}$(未写出的元素均为零)的方阵,称为**对角矩阵**.

对照线性方程组的初等变换,矩阵的初等变换定义如下.

定义 1.2.2　矩阵的下面三种变换称为矩阵的**初等行变换**:

(1) 互换两行(如互换矩阵的第 i 和第 j 行,记作 $r_i \leftrightarrow r_j$);

(2) 用一个非零数乘以矩阵的某一行,即用一个非零数乘以矩阵某一行的每一个元素(如用非零数 k 乘以矩阵的第 i 行,记作 kr_i);

(3) 用一个数乘以矩阵的某一行后加到另一行上,即用一个数乘以矩阵某一行的每一个元素后加到另一行的对应元素上(如用数 k 乘以矩阵的第 j 行后加到第 i 行上,记作 $r_i + kr_j$).

将上述定义中的“行”换成“列”,得到的三种变换称为矩阵的**初等列变换**(需把所用的记号“r”换成“c”).

矩阵的初等行变换与初等列变换统称为矩阵的**初等变换**.

显然,对一个线性方程组施行初等变换,相当于对它的增广矩阵施行相应的初等行变换.利用增广矩阵,例 1.2.2 的求解过程可以简化如下:

$$\left(\begin{array}{ccc:c}2&3&-1&3\\1&1&-1&1\\1&-1&3&2\end{array}\right)\xrightarrow{r_1\leftrightarrow r_2}\left(\begin{array}{ccc:c}1&1&-1&1\\2&3&-1&3\\1&-1&3&2\end{array}\right)\xrightarrow[r_3+(-1)r_1]{r_2+(-2)r_1}\left(\begin{array}{ccc:c}1&1&-1&1\\0&1&1&1\\0&-2&4&1\end{array}\right)$$

$$\xrightarrow{r_3+2r_2}\left(\begin{array}{ccc:c}1&1&-1&1\\0&1&1&1\\0&0&6&3\end{array}\right)\xrightarrow{\frac{1}{6}r_3}\left(\begin{array}{ccc:c}1&1&-1&1\\0&1&1&1\\0&0&1&\frac{1}{2}\end{array}\right)$$

$$\xrightarrow[r_2+(-1)r_3]{r_1+r_3}\left(\begin{array}{ccc:c}1&1&0&\frac{3}{2}\\0&1&0&\frac{1}{2}\\0&0&1&\frac{1}{2}\end{array}\right)\xrightarrow{r_1+(-1)r_2}\left(\begin{array}{ccc:c}1&0&0&1\\0&1&0&\frac{1}{2}\\0&0&1&\frac{1}{2}\end{array}\right).$$

以最后一个矩阵为增广矩阵的方程组是

$$\begin{cases}x_1=1,\\x_2=\frac{1}{2},\\x_3=\frac{1}{2}.\end{cases}$$

因此,例 1.2.2 中线性方程组的解是 $\begin{pmatrix}1\\\frac{1}{2}\\\frac{1}{2}\end{pmatrix}$.

在上述求解线性方程组的过程中,我们先是施行初等行变换将增广矩阵化成矩阵

$$\begin{pmatrix}1&1&-1&1\\0&1&1&1\\0&0&6&3\end{pmatrix},\tag{1.8}$$

再施行初等行变换得到矩阵

$$\begin{pmatrix}1&0&0&1\\0&1&0&\frac{1}{2}\\0&0&1&\frac{1}{2}\end{pmatrix}.\tag{1.9}$$

形如矩阵(1.8) 的矩阵称为行阶梯形矩阵.如果一个矩阵具有以下特点:

(1) 元素不全为零的行(称为**非零行**) 从左边数起第一个不为零的元素(称为**主元**) 所在的列指标随行指标增大而严格增大,

(2) 元素全为零的行(称为**零行**) 都在所有非零行的下方(如果有零行),

那么就称这个矩阵为**行阶梯形矩阵**.

例如,以下几个矩阵都是行阶梯形矩阵:

$$\begin{pmatrix}1&2&1&1&1\\0&0&-2&1&2\\0&0&0&0&7\\0&0&0&0&0\\0&0&0&0&0\end{pmatrix},\quad\begin{pmatrix}1&2&0&-1\\0&2&0&2\\0&0&-4&1\end{pmatrix},\quad\begin{pmatrix}-2&-2&1\\0&0&5\\0&0&0\end{pmatrix}.$$

如果一个线性方程组的增广矩阵是行阶梯形矩阵,则称此线性方程组为**阶梯形方程组**,以行阶梯形矩阵主元为系数的未知量称为方程组的**主未知量**.

矩阵(1.9)不仅是行阶梯形矩阵,而且还满足:

(1) 每一个非零行的主元都是1;

(2) 每个主元所在列的其余元素都是零.

满足以上两个特点的行阶梯形矩阵称为**行最简形矩阵**.

例如,以下几个矩阵都是行最简形矩阵:

$$\begin{pmatrix}1&2&0&1&0\\0&0&1&1&0\\0&0&0&0&1\\0&0&0&0&0\\0&0&0&0&0\end{pmatrix},\quad\begin{pmatrix}1&0&0&-1\\0&1&0&2\\0&0&1&1\end{pmatrix},\quad\begin{pmatrix}1&-2&0\\0&0&1\\0&0&0\end{pmatrix}.$$

综上可见,利用矩阵求解线性方程组的过程,就是对线性方程组的增广矩阵施行初等行变换将其化为行阶梯形矩阵,再进一步通过初等行变换将其化为行最简形矩阵,从而求得线性方程组的解.上述这种求解线性方程组的方法称为**高斯**(Gauss)**消元法**.

注　行阶梯形矩阵表示的是阶梯形方程组,如果只将增广矩阵化为行阶梯形矩阵,可由它所表示的阶梯形方程组通过"回代"法求得原线性方程组的解.而将增广矩阵化为行最简形矩阵,则由它所表示的方程组可更直接地求得原线性方程组的解.

例 1.2.3　求解线性方程组

$$\begin{cases}2x_2-x_3+3x_4=14,\\x_1+2x_2+3x_3+4x_4=14,\\-2x_1+3x_3-x_4=-8,\\x_1-x_3+2x_4=8.\end{cases}$$

解　利用高斯消元法求解线性方程组的第一步是写出线性方程组的增广矩阵

$$\left(\begin{array}{cccc:c}0&2&-1&3&14\\1&2&3&4&14\\-2&0&3&-1&-8\\1&0&-1&2&8\end{array}\right).$$

第二步是施行初等行变换将上述矩阵化为行阶梯形矩阵.首先互换矩阵的第一和第二行,使(1,1)元素不为零,再利用此元素将矩阵第一列的其他元素都化为零:

$$\left(\begin{array}{cccc:c} 0 & 2 & -1 & 3 & 14 \\ 1 & 2 & 3 & 4 & 14 \\ -2 & 0 & 3 & -1 & -8 \\ 1 & 0 & -1 & 2 & 8 \end{array}\right) \xrightarrow{r_1 \leftrightarrow r_2} \left(\begin{array}{cccc:c} 1 & 2 & 3 & 4 & 14 \\ 0 & 2 & -1 & 3 & 14 \\ -2 & 0 & 3 & -1 & -8 \\ 1 & 0 & -1 & 2 & 8 \end{array}\right)$$

$$\xrightarrow[r_4+(-1)r_1]{r_3+2r_1} \left(\begin{array}{cccc:c} 1 & 2 & 3 & 4 & 14 \\ 0 & 2 & -1 & 3 & 14 \\ 0 & 4 & 9 & 7 & 20 \\ 0 & -2 & -4 & -2 & -6 \end{array}\right).$$

接着利用矩阵的(2,2)元素将它下方的元素都化为零:

$$\left(\begin{array}{cccc:c} 1 & 2 & 3 & 4 & 14 \\ 0 & 2 & -1 & 3 & 14 \\ 0 & 4 & 9 & 7 & 20 \\ 0 & -2 & -4 & -2 & -6 \end{array}\right) \xrightarrow[r_4+r_2]{r_3+(-2)r_2} \left(\begin{array}{cccc:c} 1 & 2 & 3 & 4 & 14 \\ 0 & 2 & -1 & 3 & 14 \\ 0 & 0 & 11 & 1 & -8 \\ 0 & 0 & -5 & 1 & 8 \end{array}\right).$$

然后利用矩阵的(3,3)元素将它下方的元素都化为零,得到行阶梯形矩阵:

$$\left(\begin{array}{cccc:c} 1 & 2 & 3 & 4 & 14 \\ 0 & 2 & -1 & 3 & 14 \\ 0 & 0 & 11 & 1 & -8 \\ 0 & 0 & -5 & 1 & 8 \end{array}\right) \xrightarrow{r_4+\frac{5}{11}r_3} \left(\begin{array}{cccc:c} 1 & 2 & 3 & 4 & 14 \\ 0 & 2 & -1 & 3 & 14 \\ 0 & 0 & 11 & 1 & -8 \\ 0 & 0 & 0 & \frac{16}{11} & \frac{48}{11} \end{array}\right).$$

第三步是将行阶梯形矩阵再进一步化为行最简形矩阵.首先每一行分别乘以合适的数,将上述行阶梯形矩阵的主元都化为1:

$$\left(\begin{array}{cccc:c} 1 & 2 & 3 & 4 & 14 \\ 0 & 2 & -1 & 3 & 14 \\ 0 & 0 & 11 & 1 & -8 \\ 0 & 0 & 0 & \frac{16}{11} & \frac{48}{11} \end{array}\right) \xrightarrow[\frac{11}{16}r_4]{\frac{1}{2}r_2,\ \frac{1}{11}r_3} \left(\begin{array}{cccc:c} 1 & 2 & 3 & 4 & 14 \\ 0 & 1 & -\frac{1}{2} & \frac{3}{2} & 7 \\ 0 & 0 & 1 & \frac{1}{11} & -\frac{8}{11} \\ 0 & 0 & 0 & 1 & 3 \end{array}\right).$$

再利用矩阵的(4,4)元素,将它上面的元素都化为零:

$$\left(\begin{array}{cccc:c} 1 & 2 & 3 & 4 & 14 \\ 0 & 1 & -\frac{1}{2} & \frac{3}{2} & 7 \\ 0 & 0 & 1 & \frac{1}{11} & -\frac{8}{11} \\ 0 & 0 & 0 & 1 & 3 \end{array}\right) \xrightarrow[r_3+\left(-\frac{1}{11}\right)r_4]{r_1+(-4)r_4,\ r_2+\left(-\frac{3}{2}\right)r_4} \left(\begin{array}{cccc:c} 1 & 2 & 3 & 0 & 2 \\ 0 & 1 & -\frac{1}{2} & 0 & \frac{5}{2} \\ 0 & 0 & 1 & 0 & -1 \\ 0 & 0 & 0 & 1 & 3 \end{array}\right).$$

然后继续化简:

$$\begin{pmatrix} 1 & 2 & 3 & 0 & \vdots & 2 \\ 0 & 1 & -\frac{1}{2} & 0 & \vdots & \frac{5}{2} \\ 0 & 0 & 1 & 0 & \vdots & -1 \\ 0 & 0 & 0 & 1 & \vdots & 3 \end{pmatrix} \xrightarrow[r_2+\frac{1}{2}r_3]{r_1+(-3)r_3} \begin{pmatrix} 1 & 2 & 0 & 0 & \vdots & 5 \\ 0 & 1 & 0 & 0 & \vdots & 2 \\ 0 & 0 & 1 & 0 & \vdots & -1 \\ 0 & 0 & 0 & 1 & \vdots & 3 \end{pmatrix}$$

$$\xrightarrow{r_1+(-2)r_2} \begin{pmatrix} 1 & 0 & 0 & 0 & \vdots & 1 \\ 0 & 1 & 0 & 0 & \vdots & 2 \\ 0 & 0 & 1 & 0 & \vdots & -1 \\ 0 & 0 & 0 & 1 & \vdots & 3 \end{pmatrix}.$$

最后可得这个行最简形矩阵表示的方程组为

$$\begin{cases} x_1 = 1, \\ x_2 = 2, \\ x_3 = -1, \\ x_4 = 3, \end{cases}$$

即原线性方程组的解为$\begin{pmatrix} 1 \\ 2 \\ -1 \\ 3 \end{pmatrix}$.

例 1.2.4　求解线性方程组

$$\begin{cases} x_1 + x_2 + x_3 = 0, \\ x_2 + 2x_3 = 1, \\ 3x_1 + 2x_2 + x_3 = -1. \end{cases}$$

解　利用矩阵的初等行变换将方程组的增广矩阵化为行最简形矩阵：

$$\begin{pmatrix} 1 & 1 & 1 & \vdots & 0 \\ 0 & 1 & 2 & \vdots & 1 \\ 3 & 2 & 1 & \vdots & -1 \end{pmatrix} \xrightarrow{r_3+(-3)r_1} \begin{pmatrix} 1 & 1 & 1 & \vdots & 0 \\ 0 & 1 & 2 & \vdots & 1 \\ 0 & -1 & -2 & \vdots & -1 \end{pmatrix} \xrightarrow{r_3+r_2} \begin{pmatrix} 1 & 1 & 1 & \vdots & 0 \\ 0 & 1 & 2 & \vdots & 1 \\ 0 & 0 & 0 & \vdots & 0 \end{pmatrix}$$

$$\xrightarrow{r_1+(-1)r_2} \begin{pmatrix} 1 & 0 & -1 & \vdots & -1 \\ 0 & 1 & 2 & \vdots & 1 \\ 0 & 0 & 0 & \vdots & 0 \end{pmatrix}.$$

这个行最简形矩阵所表示的方程组为

$$\begin{cases} x_1 - x_3 = -1, \\ x_2 + 2x_3 = 1. \end{cases}$$

由此方程组的两个方程可以发现，对于 x_3 的每个取值 a_3，可以求得 $x_1 = a_3 - 1$，$x_2 = -2a_3 + 1$，从而得到方程组的一个解$\begin{pmatrix} a_3 - 1 \\ -2a_3 + 1 \\ a_3 \end{pmatrix}$.数值 a_3 可以任意取值，因而方程组有无穷多个解，故方程组的通解为

$$\begin{cases} x_1 = x_3 - 1, \\ x_2 = -2x_3 + 1. \end{cases}$$

当线性方程组有无穷多个解时，只能求得未知量之间的关系，一部分未知量可以由其余可任意取值的未知量(称为**自由未知量**)表示，这个表达式就是方程组的通解.自由未知量可以取任意值，给定自由未知量的一组值，代入通解就可得到方程组的一个解.也就是说，方程组的每一个解都可以由自由未知量相应的一组值代入通解得到.

例 1.2.5 求解线性方程组

$$\begin{cases} x_1 + x_2 + 2x_3 + 3x_4 = 1, \\ x_2 + x_3 - 4x_4 = 1, \\ 2x_1 + 3x_2 - x_3 - x_4 = -6, \\ x_1 + 2x_2 + 3x_3 - x_4 = 4. \end{cases}$$

解 对线性方程组的增广矩阵施行初等行变换，将其化为行阶梯形矩阵：

$$\left(\begin{array}{cccc:c} 1 & 1 & 2 & 3 & 1 \\ 0 & 1 & 1 & -4 & 1 \\ 2 & 3 & -1 & -1 & -6 \\ 1 & 2 & 3 & -1 & 4 \end{array}\right) \xrightarrow[r_4+(-1)r_1]{r_3+(-2)r_1} \left(\begin{array}{cccc:c} 1 & 1 & 2 & 3 & 1 \\ 0 & 1 & 1 & -4 & 1 \\ 0 & 1 & -5 & -7 & -8 \\ 0 & 1 & 1 & -4 & 3 \end{array}\right)$$

$$\xrightarrow[r_4+(-1)r_2]{r_3+(-1)r_2} \left(\begin{array}{cccc:c} 1 & 1 & 2 & 3 & 1 \\ 0 & 1 & 1 & -4 & 1 \\ 0 & 0 & -6 & -3 & -9 \\ 0 & 0 & 0 & 0 & 2 \end{array}\right).$$

最后一个行阶梯形矩阵表示的线性方程组为

$$\begin{cases} x_1 + x_2 + 2x_3 + 3x_4 = 1, \\ x_2 + x_3 - 4x_4 = 1, \\ -6x_3 - 3x_4 = -9, \\ 0 = 2. \end{cases}$$

此方程组最后一个方程是一个矛盾方程，故原线性方程组无解.

在对线性方程组的增广矩阵施行初等行变换的过程中，如果出现这样的一行

$$(0, 0, \cdots, 0 \,\vdots\, d),$$

其中 $d \neq 0$，则说明原线性方程组是一个矛盾的方程组，即原线性方程组无解.

1.3 线性方程组的解的判定

上一节介绍了求解线性方程组的高斯消元法，这一节我们将讨论线性方程组的解的情况，

为此，需首先引入矩阵的秩的概念.

可以证明，任意一个矩阵都可以通过初等行变换化为行阶梯形矩阵，再进一步化为行最简形矩阵，并且其行最简形矩阵是唯一的.

定义 1.3.1　矩阵 $\boldsymbol{A}$ 通过初等行变换化为行阶梯形矩阵后，非零行的行数称为矩阵 $\boldsymbol{A}$ 的**秩**，记作 $\mathrm{r}(\boldsymbol{A})$.

注　(1) 由于行阶梯形矩阵与其行最简形矩阵有相同行数的非零行，而矩阵的行最简形矩阵是唯一的，因此矩阵的秩不依赖于初等行变换的过程.

(2) 由矩阵的秩的定义不难得知，线性方程组的系数矩阵的秩不超过其增广矩阵的秩，增广矩阵的秩不超过其系数矩阵的秩加 1.

定理 1.3.1　**设有线性方程组**

$$\begin{cases} a_{11}x_1+a_{12}x_2+\cdots+a_{1n}x_n=b_1, \\ a_{21}x_1+a_{22}x_2+\cdots+a_{2n}x_n=b_2, \\ \qquad\cdots\cdots \\ a_{m1}x_1+a_{m2}x_2+\cdots+a_{mn}x_n=b_m, \end{cases} \tag{1.10}$$

它的系数矩阵和增广矩阵分别记作 $\boldsymbol{A},\overline{\boldsymbol{A}}$，**则线性方程组**(1.10) **有解的充要条件是** $\mathrm{r}(\boldsymbol{A})=\mathrm{r}(\overline{\boldsymbol{A}})$，**且**

(1) **当** $\mathrm{r}(\boldsymbol{A})=\mathrm{r}(\overline{\boldsymbol{A}})=n$ **时，方程组有唯一解；**

(2) **当** $\mathrm{r}(\boldsymbol{A})=\mathrm{r}(\overline{\boldsymbol{A}})<n$ **时，方程组有无穷多个解.**

证　设增广矩阵 $\overline{\boldsymbol{A}}$ 通过初等行变换后化为如下形式的行阶梯形矩阵(必要时，可重新排列方程组中未知量的次序)：

$$\overline{\boldsymbol{B}}=\left(\begin{array}{cccccccc:c} 1 & 0 & \cdots & 0 & c_{1,r+1} & c_{1,r+2} & \cdots & c_{1n} & d_1 \\ 0 & 1 & \cdots & 0 & c_{2,r+1} & c_{2,r+2} & \cdots & c_{2n} & d_2 \\ \vdots & \vdots & & \vdots & \vdots & \vdots & & \vdots & \vdots \\ 0 & 0 & \cdots & 1 & c_{r,r+1} & c_{r,r+2} & \cdots & c_{rn} & d_r \\ 0 & 0 & \cdots & 0 & 0 & 0 & \cdots & 0 & d_{r+1} \\ 0 & 0 & \cdots & 0 & 0 & 0 & \cdots & 0 & 0 \\ \vdots & \vdots & & \vdots & \vdots & \vdots & & \vdots & \vdots \\ 0 & 0 & \cdots & 0 & 0 & 0 & \cdots & 0 & 0 \end{array}\right).$$

(1) $d_{r+1}\neq 0$，此时矩阵 $\overline{\boldsymbol{B}}$ 第 $r+1$ 行的方程“$0=d_{r+1}$”是一个矛盾方程，因此原方程组无解.

(2) $d_{r+1}=0$，此时原方程组有解，且有以下两种情况.

① $r=n$，此时矩阵 $\overline{\boldsymbol{B}}$ 形如

$$\left(\begin{array}{cccc:c} 1 & 0 & \cdots & 0 & d_1 \\ 0 & 1 & \cdots & 0 & d_2 \\ \vdots & \vdots & & \vdots & \vdots \\ 0 & 0 & \cdots & 1 & d_n \\ 0 & 0 & \cdots & 0 & 0 \\ \vdots & \vdots & & \vdots & \vdots \\ 0 & 0 & \cdots & 0 & 0 \end{array}\right),$$

因此原方程组有唯一解

$$\begin{cases} x_1 = d_1, \\ x_2 = d_2, \\ \cdots\cdots \\ x_n = d_n. \end{cases}$$

② $r < n$，此时矩阵 $\overline{\boldsymbol{B}}$ 表示的方程组为

$$\begin{cases} x_1 \quad + c_{1,r+1}x_{r+1} + c_{1,r+2}x_{r+2} + \cdots + c_{1n}x_n = d_1, \\ \quad x_2 \quad + c_{2,r+1}x_{r+1} + c_{2,r+2}x_{r+2} + \cdots + c_{2n}x_n = d_2, \\ \cdots\cdots \\ \quad\quad x_r + c_{r,r+1}x_{r+1} + c_{r,r+2}x_{r+2} + \cdots + c_{rn}x_n = d_r. \end{cases}$$

通过移项，可得原方程组的通解为

$$\begin{cases} x_1 = d_1 - c_{1,r+1}x_{r+1} - c_{1,r+2}x_{r+2} - \cdots - c_{1n}x_n, \\ x_2 = d_2 - c_{2,r+1}x_{r+1} - c_{2,r+2}x_{r+2} - \cdots - c_{2n}x_n, \\ \cdots\cdots \\ x_r = d_r - c_{r,r+1}x_{r+1} - c_{r,r+2}x_{r+2} - \cdots - c_{rn}x_n, \end{cases}$$

其中 $x_{r+1}, x_{r+2}, \cdots, x_n$ 是自由未知量，即原方程组有无穷多个解.

综上所述，根据矩阵 $\overline{\boldsymbol{B}}$ 中的 d_{r+1} 是否为零可判断方程组是否有解. 当 $d_{r+1} \neq 0$ 时，$\mathrm{r}(\boldsymbol{A}) = r$，而 $\mathrm{r}(\overline{\boldsymbol{A}}) = r+1$，$\mathrm{r}(\boldsymbol{A}) < r(\overline{\boldsymbol{A}})$，此时方程组无解. 当 $d_{r+1} = 0$ 时，$\mathrm{r}(\boldsymbol{A}) = \mathrm{r}(\overline{\boldsymbol{A}}) = r$，此时方程组有解. 因此，方程组有解的充要条件是 $\mathrm{r}(\boldsymbol{A}) = \mathrm{r}(\overline{\boldsymbol{A}})$. 当 $\mathrm{r}(\boldsymbol{A}) = \mathrm{r}(\overline{\boldsymbol{A}}) = r$ 时，又有两种情况：$r = n$ 时，方程组有唯一解；$r < n$ 时，方程组有无穷多个解.

注 从上述证明中可知，当线性方程组有无穷多个解时，自由未知量的个数是 $n - \mathrm{r}(\boldsymbol{A})$，即未知量的个数减去系数矩阵的秩.

对于齐次线性方程组

$$\begin{cases} a_{11}x_1 + a_{12}x_2 + \cdots + a_{1n}x_n = 0, \\ a_{21}x_1 + a_{22}x_2 + \cdots + a_{2n}x_n = 0, \\ \cdots\cdots \\ a_{m1}x_1 + a_{m2}x_2 + \cdots + a_{mn}x_n = 0, \end{cases}$$

由于右边的常数项均为零，即其增广矩阵的最右列始终为零列，因此系数矩阵的秩和增广矩阵的秩相等，从而齐次线性方程组一定有解. 显然，$x_1 = x_2 = \cdots = x_n = 0$ 一定是齐次线性方程组的解，称为**零解**，其余的解（如果有）称为**非零解**. 由定理 1.3.1 知，如果齐次线性方程组有非零解，那么它有无穷多个解，由此可得如下推论.

推论 1.3.1 n 元齐次线性方程组有非零解的充要条件是它的系数矩阵的秩 $r < n$.

显然，系数矩阵的秩不会超过方程组中方程的个数，由上述推论可得如下推论.

推论 1.3.2 如果 n 元齐次线性方程组中方程的个数 m 小于未知量的个数 n，那么它一定有非零解.

例 1.3.1　讨论下列方程组解的情况：

$$\begin{cases} x_1 + x_2 + x_3 + x_4 = 0, \\ x_2 + 2x_3 + 2x_4 = 1, \\ -x_2 + (a-3)x_3 - 2x_4 = b, \\ 3x_1 + 2x_2 + x_3 + ax_4 = -1. \end{cases}$$

解　方程组的增广矩阵为

$$\overline{\boldsymbol{A}} = \left(\begin{array}{cccc:c} 1 & 1 & 1 & 1 & 0 \\ 0 & 1 & 2 & 2 & 1 \\ 0 & -1 & a-3 & -2 & b \\ 3 & 2 & 1 & a & -1 \end{array}\right),$$

记 $\boldsymbol{A}$ 为方程组的系数矩阵，即 $\overline{\boldsymbol{A}}$ 的前 4 列构成的矩阵.对 $\overline{\boldsymbol{A}}$ 施行初等行变换：

$$\left(\begin{array}{cccc:c} 1 & 1 & 1 & 1 & 0 \\ 0 & 1 & 2 & 2 & 1 \\ 0 & -1 & a-3 & -2 & b \\ 3 & 2 & 1 & a & -1 \end{array}\right) \longrightarrow \left(\begin{array}{cccc:c} 1 & 1 & 1 & 1 & 0 \\ 0 & 1 & 2 & 2 & 1 \\ 0 & -1 & a-3 & -2 & b \\ 0 & -1 & -2 & a-3 & -1 \end{array}\right)$$

$$\longrightarrow \left(\begin{array}{cccc:c} 1 & 1 & 1 & 1 & 0 \\ 0 & 1 & 2 & 2 & 1 \\ 0 & 0 & a-1 & 0 & b+1 \\ 0 & 0 & 0 & a-1 & 0 \end{array}\right).$$

由最后一个矩阵可知：

(1) 当 $a \neq 1$ 时，$\mathrm{r}(\boldsymbol{A}) = \mathrm{r}(\overline{\boldsymbol{A}}) = 4$，方程组有唯一解；

(2) 当 $a = 1, b = -1$ 时，$\mathrm{r}(\boldsymbol{A}) = \mathrm{r}(\overline{\boldsymbol{A}}) = 2 < 4$，方程组有无穷多个解；

(3) 当 $a = 1, b \neq -1$ 时，$\mathrm{r}(\boldsymbol{A}) = 2, \mathrm{r}(\overline{\boldsymbol{A}}) = 3, \mathrm{r}(\boldsymbol{A}) < \mathrm{r}(\overline{\boldsymbol{A}})$，方程组无解.

*1.4　线性方程组的应用举例

本节介绍线性方程组的几个应用.

1. 交通流

为了解决城市交通的拥堵问题，很多公司相继尝试开发智慧城市系统.车流的动向是最基本的一个数学问题，图 1.3 为某一个路口在一个小时内车流的分布情况，箭头附近的数字和字母表示一个小时内沿此方向开过的车辆数量.图中的车流量 x_1, x_2, x_3, x_4 未知，我们希望根据其他已知数据来计算 x_1, x_2, x_3, x_4.根据生活经验，对于路面上的任一点，驶入该点的车流量和驶离该点的车流量是相等的.因此，我们可以在图中选取 A, B, C, D 四个路面观测点，依据“驶入-驶离”关系，建立下面的线性方程组：

$$\begin{cases}x_1+380=x_2+430,\\x_2+540=x_3+420,\\x_3+470=x_4+400,\\x_4+450=x_1+590.\end{cases}$$

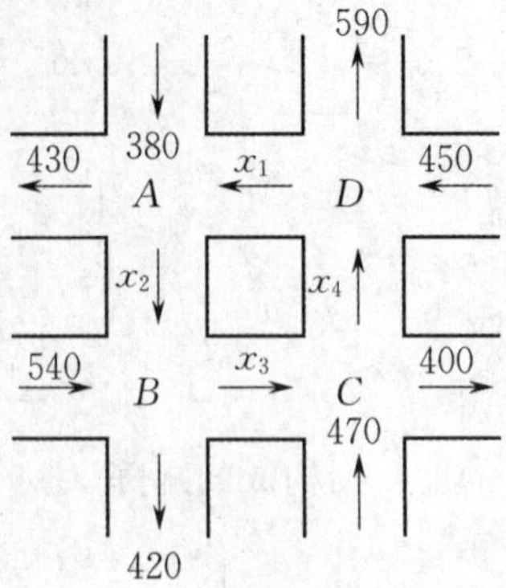

图 1.3

2. 电子线路

集成电路中存在大量的电器元件和子电路,我们往往需要知道各条线路中的电流.下面讨论一个相对简单的电子线路 —— 只涉及电阻器和电源的电路,如图 1.4 所示.为了计算电流 i_1,i_2,i_3(如果计算出来的值是正的,意味着电流按照图中的方向;如果计算出来的值是负的,意味着电流按照图中的反方向;如果计算出来的值是零,意味着该线路中没有电流),我们需要用到基尔霍夫(Kirchhoff) 定律:

(1) 进入某节点的电流等于离开该节点的电流;

(2) 任一闭合回路的电动势的代数和等于回路中电压降的代数和.

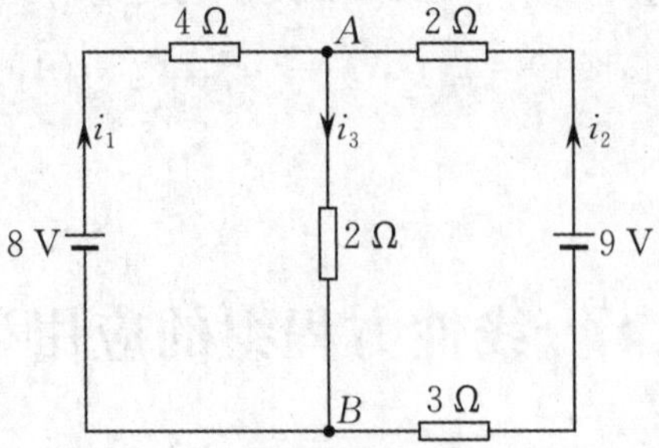

图 1.4

设电阻为 R 的电阻器中通有电流 I,则该电阻器的电压降由欧姆(Ohm) 定律给出:

$$U=IR.$$

对于图 1.4 中的节点 A,应用基尔霍夫定律,我们可以得到方程(对于节点 B,方程是一样的)

$$i_1+i_2=i_3.$$

对于左右两个闭合回路,应用基尔霍夫定律,我们得到方程组

$$\begin{cases}4i_1+2i_3=8,\\(2+3)i_2+2i_3=9.\end{cases}$$

最终我们得到线性方程组

$$\begin{cases} i_1 + i_2 - i_3 = 0, \\ 4i_1 + 2i_3 = 8, \\ 5i_2 + 2i_3 = 9. \end{cases}$$

3.化学反应方程式

在光合作用中，植物利用太阳光提供的能量把二氧化碳(CO_2)和水(H_2O)转化为氧气(O_2)和葡萄糖($C_6H_{12}O_6$)，我们可以用下面的化学反应方程式来描述该过程中物质的变化：

$$x_1 CO_2 + x_2 H_2O \longrightarrow x_3 O_2 + x_4 C_6H_{12}O_6.$$

我们需求出上述方程式中的 $x_i(i=1,2,3,4)$，以配平该化学反应方程式.根据物质守恒定律，上述化学反应方程式左右两边的碳原子、氧原子和氢原子的个数应相等，即有

$$\begin{cases} x_1 = 6x_4, \\ 2x_1 + x_2 = 2x_3 + 6x_4, \\ 2x_2 = 12x_4. \end{cases}$$

于是，我们得到线性方程组

$$\begin{cases} x_1 - 6x_4 = 0, \\ 2x_1 + x_2 - 2x_3 - 6x_4 = 0, \\ 2x_2 - 12x_4 = 0. \end{cases}$$

这是一个含有 4 个未知量、3 个方程的齐次线性方程组，一定有非零解.在中学阶段，为配平化学反应方程式，我们找的系数是使化学反应方程式成立的最小正整数.

4. 物物交换

假设在一个原始部落中，部落成员主要从事三种工作：耕作、制造工具、纺织.由于没有货币，因此部落成员之间只能进行物物交换.我们用 F，M 和 C 分别表示从事三种不同工作的部落成员，并用表 1.1 来表示物物交换的情况.表格第一行表示农民保留一半的农产品，把四分之一的农产品提供给工具制作者，四分之一的农产品提供给织物制作者；表格第二行表示工具制作者把工具平均分给三类成员，每类成员得三分之一；表格最后一行表示织物制作者把一半织物提供给农民，另一半织物在工具制作者和自己之间平均分配.

表 1.1

	F	M	C
F	$\frac{1}{2}$	$\frac{1}{4}$	$\frac{1}{4}$
M	$\frac{1}{3}$	$\frac{1}{3}$	$\frac{1}{3}$
C	$\frac{1}{2}$	$\frac{1}{4}$	$\frac{1}{4}$

随着部落的扩大，物物交换越来越复杂，部落希望建立货币体系.如何合理地给这三种物品定价，才能真实地反映出这三种物品在物物交换中的价值呢？

设 x_1 为所有农产品的货币价值，x_2 为所有工具的货币价值，x_3 为所有织物的货币价值.根据表 1.1 中的第一列，农民所得到的物品的货币价值为 $\frac{1}{2}x_1 + \frac{1}{3}x_2 + \frac{1}{2}x_3$，而农民生产的物

品的货币价值为 x_1，如果这个货币体系公平的话，这两者应该相等，也就是说农民用自己生产的全部农产品换取自己所需的农产品、工具和织物，即有

$$x_1=\frac{1}{2}x_1+\frac{1}{3}x_2+\frac{1}{2}x_3.$$

考察表 1.1 中的另外两列，我们可得到另外两个线性方程

$$x_2=\frac{1}{4}x_1+\frac{1}{3}x_2+\frac{1}{4}x_3,\quad x_3=\frac{1}{4}x_1+\frac{1}{3}x_2+\frac{1}{4}x_3.$$

化简后，我们得到一个齐次线性方程组

$$\begin{cases}-\frac{1}{2}x_1+\frac{1}{3}x_2+\frac{1}{2}x_3=0,\\ \frac{1}{4}x_1-\frac{2}{3}x_2+\frac{1}{4}x_3=0,\\ \frac{1}{4}x_1+\frac{1}{3}x_2-\frac{3}{4}x_3=0.\end{cases}$$

上述想法便是里昂惕夫提出的投入-产出经济模型.

习 题 一

1. 把下列矩阵化为行最简形矩阵：

(1) $\begin{pmatrix}1&-1&2\\3&2&1\\1&-2&0\end{pmatrix}$；　(2) $\begin{pmatrix}1&-1&2\\3&-3&1\\-2&2&-4\end{pmatrix}$；

(3) $\begin{pmatrix}1&0&2&-1\\2&0&3&1\\3&0&4&-3\end{pmatrix}$；　(4) $\begin{pmatrix}1&-1&3&-4&3\\3&-3&5&-4&1\\2&-2&3&-2&0\\3&-3&4&-2&-1\end{pmatrix}$；

(5) $\begin{pmatrix}2&3&1&-3&-7\\1&2&0&-2&-4\\3&-2&8&3&0\\2&-3&7&4&3\end{pmatrix}$.

2. 求解下列非齐次线性方程组：

(1) $\begin{cases}3x_1-x_2+2x_3=10,\\4x_1+2x_2-x_3=2,\\11x_1+3x_2=8;\end{cases}$　(2) $\begin{cases}x_1+x_2+2x_3=1,\\2x_1-x_2+2x_3=4,\\x_1-2x_2=3,\\4x_1+x_2+4x_3=2;\end{cases}$

(3) $\begin{cases}2x_1+x_2-x_3+x_4=1,\\4x_1+2x_2-2x_3+x_4=2,\\2x_1+x_2-x_3-x_4=1;\end{cases}$　(4) $\begin{cases}x_1-2x_2+x_3+x_4=1,\\x_1-2x_2+x_3-x_4=-1,\\x_1-2x_2+x_3+x_4=5;\end{cases}$

(5) $\begin{cases} x_1+x_2+x_3+x_4+x_5=7, \\ 3x_1+2x_2+x_3+x_4-3x_5=-2, \\ x_2+2x_3+2x_4+6x_5=23, \\ 5x_1+4x_2+3x_3+3x_4-x_5=12; \end{cases}$ (6) $\begin{cases} x_1-2x_2+3x_3-x_4=1, \\ 3x_1-x_2+5x_3-3x_4=2, \\ 2x_1+x_2+2x_3-2x_4=3; \end{cases}$

(7) $\begin{cases} x_1-2x_2+4x_3=-5, \\ 2x_1+3x_2+x_3=4, \\ 3x_1+8x_2-2x_3=13, \\ 4x_1-x_2+9x_3=-6. \end{cases}$

3. 求解下列齐次线性方程组：

(1) $\begin{cases} x_1+2x_2+x_3-x_4=0, \\ 3x_1+6x_2-x_3-3x_4=0, \\ 5x_1+10x_2+x_3-5x_4=0; \end{cases}$ (2) $\begin{cases} x_1+2x_2+3x_3+x_4=0, \\ 2x_1+4x_2-x_4=0, \\ -x_1-2x_2+3x_3+2x_4=0, \\ x_1+2x_2-9x_3-5x_4=0; \end{cases}$

(3) $\begin{cases} x_1+2x_2-3x_3=0, \\ 2x_1+5x_2+2x_3=0, \\ 3x_1-x_2-4x_3=0. \end{cases}$

4. 设有非齐次线性方程组

$$\begin{cases} -2x_1+x_2+x_3=-2, \\ x_1-2x_2+x_3=\lambda, \\ x_1+x_2-2x_3=\lambda^2, \end{cases}$$

当 λ 取何值时，该方程组有解？并在有解时求出其通解.

5. 设有非齐次线性方程组

$$\begin{cases} 2x_1+kx_2-x_3=1, \\ kx_1-x_2+x_3=2, \\ 4x_1+5x_2-5x_3=-1, \end{cases}$$

当 k 取何值时，该方程组无解、有唯一解或有无穷多个解？并在有无穷多个解时，求出其通解.

6. 设有齐次线性方程组

$$\begin{cases} (1+a)x_1+x_2+x_3+x_4=0, \\ 2x_1+(2+a)x_2+2x_3+2x_4=0, \\ 3x_1+3x_2+(3+a)x_3+3x_4=0, \\ 4x_1+4x_2+4x_3+(4+a)x_4=0, \end{cases}$$

当 a 取何值时，该方程组有非零解？并在有非零解时求出其通解.

7. 设有非齐次线性方程组

$$\begin{cases} x_1+x_2+x_3+x_4=0, \\ x_2+2x_3+2x_4=1, \\ -x_2+(a-3)x_3-2x_4=b, \\ 3x_1+2x_2+x_3+ax_4=-1, \end{cases}$$

当 a,b 取何值时，该方程组无解、有唯一解或有无穷多个解？并在有无穷多个解时求出其通解.

8. 求下列矩阵的秩:

(1) $\begin{pmatrix} 3 & 1 & 0 & 2 \\ 1 & -1 & 2 & -1 \\ 1 & 3 & -4 & 4 \end{pmatrix}$;　　(2) $\begin{pmatrix} 1 & 2 & -3 & 1 & 4 \\ -2 & 1 & 2 & 1 & -1 \\ -1 & 3 & -1 & 2 & 3 \\ 4 & -7 & 0 & -5 & -5 \end{pmatrix}$.

9. 讨论矩阵 $\boldsymbol{A}=\begin{pmatrix} a+1 & 4 & 7 \\ 2a-1 & -1 & 2 \\ 1 & 5 & 6 \end{pmatrix}$ 的秩.

10. 讨论矩阵 $\boldsymbol{A}=\begin{pmatrix} x & 1 & 1 \\ 1 & x & 1 \\ 1 & 1 & x \end{pmatrix}$ 的秩.

11. 设 5×4 矩阵 $\boldsymbol{A}=\begin{pmatrix} 1 & 2 & 3 & 1 \\ 2 & -1 & k & 2 \\ 0 & 1 & 1 & 3 \\ 1 & -1 & 0 & 4 \\ 2 & 0 & 2 & 5 \end{pmatrix}$ 的秩为 3,求 k 的值.

12. 苏打水中含有碳酸氢钠($NaHCO_3$)和柠檬酸($C_6H_8O_7$).药片在水中溶解,按照如下化学反应方程式生成柠檬酸钠、水和二氧化碳:

$$NaHCO_3 + C_6H_8O_7 \longrightarrow Na_3C_6H_5O_7 + H_2O + CO_2,$$

试配平该化学反应方程式.

第二章 矩　　阵

上一章引入的矩阵，凭借其记号的简洁性和运算的方便性，在数学、工程、经济等领域被广泛采用，成为重要的数学工具．在这一章中，我们将介绍矩阵的一些基本性质和运算．

2.1　矩阵的表示

先来回顾上一章中矩阵的记号:对于一个 $m \times n$ 矩阵

$$\boldsymbol{A}=\begin{pmatrix} a_{11} & a_{12} & \cdots & a_{1n} \\ a_{21} & a_{22} & \cdots & a_{2n} \\ \vdots & \vdots & & \vdots \\ a_{m1} & a_{m2} & \cdots & a_{mn} \end{pmatrix},$$

我们可以用元素将其简记作 $\boldsymbol{A}=(a_{ij})_{m\times n}$(需要强调矩阵的形状) 或 $\boldsymbol{A}=(a_{ij})$(不强调矩阵的形状).

矩阵的行和列分别称为矩阵的**行向量**和**列向量**,我们分别用 $\boldsymbol{\alpha}_i$ 和 $\boldsymbol{\beta}_j$ 来表示 $\boldsymbol{A}$ 的第 $i(i=1,2,\cdots,m)$ 行和第 $j(j=1,2,\cdots,n)$ 列,即

$$\boldsymbol{\alpha}_i=(a_{i1},a_{i2},\cdots,a_{in}),\quad \boldsymbol{\beta}_j=\begin{pmatrix} a_{1j} \\ a_{2j} \\ \vdots \\ a_{mj} \end{pmatrix}.$$

例如,设矩阵

$$\boldsymbol{A}=\begin{pmatrix} 1 & 2 & 3 & 4 \\ 5 & 6 & 7 & 8 \\ 9 & 10 & 11 & 12 \end{pmatrix},$$

则

$$\boldsymbol{\alpha}_2=(5,6,7,8),\quad \boldsymbol{\beta}_3=\begin{pmatrix} 3 \\ 7 \\ 11 \end{pmatrix}.$$

判断两个矩阵是否相等,前提是两个矩阵有相同的形状,即有相同的行数和列数,然后比较每个对应位置上的元素.这与判断两个向量是否相等的方法是一致的.

定义 2.1.1　设有两个 $m \times n$ 矩阵 $\boldsymbol{A}=(a_{ij})$ 和 $\boldsymbol{B}=(b_{ij})$.若对于任意的 $i(i=1,2,\cdots,m)$ 和 $j(j=1,2,\cdots,n)$,都有 $a_{ij}=b_{ij}$,则称 $\boldsymbol{A}$ 和 $\boldsymbol{B}$ **相等**,记作 $\boldsymbol{A}=\boldsymbol{B}$.

2.2　矩阵的运算

下面介绍矩阵的基本运算.由于向量是特殊的矩阵,因此参考向量的加法和数乘运算,对

矩阵的运算有启发作用.

2.2.1 矩阵的加法

两个向量相加,要求两者具有相同的分量个数,向量的加法定义为对应位置元素相加,矩阵的加法也是如此定义的.

定义 2.2.1 设有两个 $m \times n$ 矩阵 $\boldsymbol{A}=(a_{ij})$,$\boldsymbol{B}=(b_{ij})$,则(i,j)元素为 $a_{ij}+b_{ij}$ $(i=1,2,\cdots,m;j=1,2,\cdots,n)$ 的 $m \times n$ 矩阵

$$\begin{pmatrix} a_{11}+b_{11} & a_{12}+b_{12} & \cdots & a_{1n}+b_{1n} \\ a_{21}+b_{21} & a_{22}+b_{22} & \cdots & a_{2n}+b_{2n} \\ \vdots & \vdots & & \vdots \\ a_{m1}+b_{m1} & a_{m2}+b_{m2} & \cdots & a_{mn}+b_{mn} \end{pmatrix}$$

称为 $\boldsymbol{A}$ 与 $\boldsymbol{B}$ 的和,记作 $\boldsymbol{A}+\boldsymbol{B}$,此运算称为**矩阵的加法**.

例 2.2.1 已知两个 2×3 矩阵分别为

$$\boldsymbol{A}=\begin{pmatrix} 1 & 2 & 3 \\ 4 & 5 & 6 \end{pmatrix}, \quad \boldsymbol{B}=\begin{pmatrix} 6 & 5 & 4 \\ 3 & 2 & 1 \end{pmatrix},$$

求 $\boldsymbol{A}+\boldsymbol{B}$.

解 按照定义,

$$\boldsymbol{A}+\boldsymbol{B}=\begin{pmatrix} 1+6 & 2+5 & 3+4 \\ 4+3 & 5+2 & 6+1 \end{pmatrix}=\begin{pmatrix} 7 & 7 & 7 \\ 7 & 7 & 7 \end{pmatrix}.$$

有一个特殊的矩阵,类似于数零的作用.

定义 2.2.2 每一个元素都为零的 $m \times n$ 矩阵称为 $m \times n$ **零矩阵**,记作 $\boldsymbol{O}_{m\times n}$.如果不强调行数和列数,则称为**零矩阵**,记作 $\boldsymbol{O}$.

2.2.2 矩阵的数乘

数与向量的数乘,在形式上是将向量的每一个分量都乘以这个数,矩阵的数乘也是如此定义的.

定义 2.2.3 设 $k \in \mathbf{R}$,$m \times n$ 矩阵 $\boldsymbol{A}=(a_{ij})$,则(i,j)元素为 ka_{ij} $(i=1,2,\cdots,m;j=1,2,\cdots,n)$ 的 $m \times n$ 矩阵

$$\begin{pmatrix} ka_{11} & ka_{12} & \cdots & ka_{1n} \\ ka_{21} & ka_{22} & \cdots & ka_{2n} \\ \vdots & \vdots & & \vdots \\ ka_{m1} & ka_{m2} & \cdots & ka_{mn} \end{pmatrix}$$

称为 k 与 $\boldsymbol{A}$ 的**数乘**,记作 $k\boldsymbol{A}$,此运算称为**矩阵的数乘**.

矩阵 $-\boldsymbol{A}=(-a_{ij})$ 称为矩阵 $\boldsymbol{A}=(a_{ij})$ 的**负矩阵**.容易验证,$-\boldsymbol{A}=(-1)\boldsymbol{A}$.

例 2.2.2 已知矩阵

$$A=\begin{pmatrix}1&2&3&4\\5&6&7&8\\9&10&11&12\end{pmatrix},$$

求 $-3A$.

解 按照定义，

$$-3A=\begin{pmatrix}-3&-6&-9&-12\\-15&-18&-21&-24\\-27&-30&-33&-36\end{pmatrix}.$$

有了矩阵的加法和数乘，可以约定矩阵的减法为

$$A-B=A+(-B).$$

例 2.2.3 已知矩阵

$$A=\begin{pmatrix}1&2&3\\4&5&6\end{pmatrix},\quad B=\begin{pmatrix}6&5&4\\3&2&1\end{pmatrix},$$

求 $A-B$.

解 按照定义，

$$A-B=\begin{pmatrix}1-6&2-5&3-4\\4-3&5-2&6-1\end{pmatrix}=\begin{pmatrix}-5&-3&-1\\1&3&5\end{pmatrix}.$$

设 A,B,C 为 $m\times n$ 矩阵，$k,k_1,k_2\in\mathbf{R}$，容易验证，矩阵的加法和数乘满足以下运算规律：

(1) $A+B=B+A$；

(2) $(A+B)+C=A+(B+C)$；

(3) $A+O=A$；

(4) $A+(-A)=O$；

(5) $k(A+B)=kA+kB$；

(6) $(k_1+k_2)A=k_1A+k_2A$；

(7) $k_1(k_2A)=(k_1k_2)A$；

(8) $1A=A$.

2.2.3 矩阵的乘法

我们试着从线性方程组出发，引出矩阵的乘法运算.对于线性方程组

$$\begin{cases}a_{11}x_1+a_{12}x_2+\cdots+a_{1n}x_n=b_1,\\a_{21}x_1+a_{22}x_2+\cdots+a_{2n}x_n=b_2,\\\qquad\cdots\cdots\\a_{m1}x_1+a_{m2}x_2+\cdots+a_{mn}x_n=b_m,\end{cases}\tag{2.1}$$

我们引入系数矩阵 $\boldsymbol{A}$、未知向量 $\boldsymbol{x}$ 和右边的常数项向量 $\boldsymbol{\beta}$：

$$\boldsymbol{A}=\begin{pmatrix} a_{11} & a_{12} & \cdots & a_{1n} \\ a_{21} & a_{22} & \cdots & a_{2n} \\ \vdots & \vdots & & \vdots \\ a_{m1} & a_{m2} & \cdots & a_{mn} \end{pmatrix},\quad \boldsymbol{x}=\begin{pmatrix} x_1 \\ x_2 \\ \vdots \\ x_n \end{pmatrix},\quad \boldsymbol{\beta}=\begin{pmatrix} b_1 \\ b_2 \\ \vdots \\ b_m \end{pmatrix}.$$

先看方程组(2.1) 的第一个方程

$$a_{11}x_1+a_{12}x_2+\cdots+a_{1n}x_n=b_1,$$

该方程的左边为 $\boldsymbol{A}$ 的第 1 行 $\boldsymbol{\alpha}_1$ 与 $\boldsymbol{x}$ 的对应分量相乘再相加.我们把 $\boldsymbol{\alpha}_1$ 与列向量 $\boldsymbol{x}$ 的上述运算记作 $\boldsymbol{\alpha}_1\boldsymbol{x}$，这样，方程组(2.1) 的第一个方程就可表示为

$$\boldsymbol{\alpha}_1\boldsymbol{x}=b_1,$$

上式在形式上非常像一个一元一次方程.类似地，方程组(2.1) 的第二个方程、第三个方程……一直到第 m 个方程可以分别表示为

$$\boldsymbol{\alpha}_2\boldsymbol{x}=b_2,\quad \boldsymbol{\alpha}_3\boldsymbol{x}=b_3,\quad \cdots,\quad \boldsymbol{\alpha}_m\boldsymbol{x}=b_m.$$

把上述 m 个方程写成方程组的形式，方程组(2.1) 可以表示为

$$\begin{cases} \boldsymbol{\alpha}_1\boldsymbol{x}=b_1, \\ \boldsymbol{\alpha}_2\boldsymbol{x}=b_2, \\ \quad\cdots\cdots \\ \boldsymbol{\alpha}_m\boldsymbol{x}=b_m. \end{cases}$$

由于系数矩阵 $\boldsymbol{A}$ 是一个整体，$\boldsymbol{x}$ 是一个列向量，而上述方程组右边的常数项可看成一个列向量，若以 $\boldsymbol{\alpha}_1\boldsymbol{x},\boldsymbol{\alpha}_2\boldsymbol{x},\cdots,\boldsymbol{\alpha}_m\boldsymbol{x}$ 为分量的列向量作为 $\boldsymbol{A}\boldsymbol{x}$ 的结果，那么方程组(2.1) 就可以非常简洁、高效地表示为

$$\boldsymbol{A}\boldsymbol{x}=\boldsymbol{\beta}.$$

这在形式上类似于一元一次方程.基于上述观察，下面我们如下定义一般矩阵的乘法.

定义 2.2.4　设有 $m\times l$ 矩阵 $\boldsymbol{A}=(a_{ik})$ 与 $l\times n$ 矩阵 $\boldsymbol{B}=(b_{kj})$，(i,j) 元素为

$$c_{ij}=\sum_{k=1}^{l}a_{ik}b_{kj}$$

的 $m\times n$ 矩阵称为 $\boldsymbol{A}$ 与 $\boldsymbol{B}$ 的**乘积**，记作 $\boldsymbol{AB}$，此运算称为**矩阵的乘法**.

注　(1) 在矩阵的乘法的定义中，第一个矩阵 $\boldsymbol{A}$ 的列数与第二个矩阵 $\boldsymbol{B}$ 的行数必须相等(均为 l)，否则无法进行矩阵的乘法.

(2) $\boldsymbol{AB}$ 的形状为 $m\times n$.

(3) 记 $\boldsymbol{\alpha}_i$ 为矩阵 $\boldsymbol{A}$ 的第 $i\,(i=1,2,\cdots,m)$ 行，$\boldsymbol{\beta}_j$ 为矩阵 $\boldsymbol{B}$ 的第 $j\,(j=1,2,\cdots,n)$ 列，则 c_{ij} 可看成是 $\boldsymbol{\alpha}_i$ 与 $\boldsymbol{\beta}_j$ 相乘的结果，即

$$c_{ij}=\boldsymbol{\alpha}_i\boldsymbol{\beta}_j.$$

例 2.2.4　已知矩阵

$$\boldsymbol{A}=\begin{pmatrix} 1 & 2 & 3 \\ 4 & 5 & 6 \end{pmatrix},\quad \boldsymbol{B}=\begin{pmatrix} 1 & 2 \\ 3 & 4 \end{pmatrix},\quad \boldsymbol{C}=\begin{pmatrix} 1 & 0 & -2 \\ 3 & -1 & 1 \\ 0 & 1 & 2 \end{pmatrix},$$

判断 $\boldsymbol{A},\boldsymbol{B},\boldsymbol{C}$ 中哪两个矩阵相乘有意义,并在有意义时计算它们的乘积.

解　由于 $\boldsymbol{A}$ 的列数是 3,$\boldsymbol{B}$ 的行数是 2,因此 $\boldsymbol{AB}$ 没有意义.同理,$\boldsymbol{BC},\boldsymbol{CA},\boldsymbol{CB}$ 都没有意义.而 $\boldsymbol{A}$ 的列数是 3,$\boldsymbol{C}$ 的行数是 3,因此 $\boldsymbol{AC}$ 有意义,且

$$\boldsymbol{AC}=\begin{pmatrix}1\times1+2\times3+3\times0 & 1\times0+2\times(-1)+3\times1 & 1\times(-2)+2\times1+3\times2\\4\times1+5\times3+6\times0 & 4\times0+5\times(-1)+6\times1 & 4\times(-2)+5\times1+6\times2\end{pmatrix}$$
$$=\begin{pmatrix}7&1&6\\19&1&9\end{pmatrix}.$$

同理,$\boldsymbol{BA}$ 有意义,且

$$\boldsymbol{BA}=\begin{pmatrix}9&12&15\\19&26&33\end{pmatrix}.$$

注　从例 2.2.4 可以看出,矩阵的乘法不满足交换律.即使 $\boldsymbol{AB}$ 和 $\boldsymbol{BA}$ 都有意义,它们一般也不相等,下面举例说明.

例 2.2.5　已知矩阵

$$\boldsymbol{A}=\begin{pmatrix}1&2\\3&4\end{pmatrix},\quad \boldsymbol{B}=\begin{pmatrix}1&3\\5&7\end{pmatrix},$$

求 $\boldsymbol{AB}$ 和 $\boldsymbol{BA}$.

解　按照矩阵的乘法的定义,有

$$\boldsymbol{AB}=\begin{pmatrix}11&17\\23&37\end{pmatrix},\quad \boldsymbol{BA}=\begin{pmatrix}10&14\\26&38\end{pmatrix}.$$

可见,$\boldsymbol{AB}\neq\boldsymbol{BA}$.

注　由于矩阵的乘法不满足交换律,因此我们把 $\boldsymbol{AB}$ 称为 $\boldsymbol{A}$ **左乘** $\boldsymbol{B}$,或者 $\boldsymbol{B}$ **右乘** $\boldsymbol{A}$.

对于两个 n 阶方阵 $\boldsymbol{A},\boldsymbol{B}$,若 $\boldsymbol{AB}=\boldsymbol{BA}$,则称 $\boldsymbol{A}$ 与 $\boldsymbol{B}$ 是**可交换**的.

例 2.2.6　一个食品公司生产 Ⅰ,Ⅱ,Ⅲ 三种产品,这三种产品所需鸡蛋、牛奶、巧克力三种原材料的单位成本(单位:万元 /t) 如表 2.1 所示,这三种产品在去年各季度的产量(单位:t) 如表 2.2 所示.试计算三种原材料在去年各季度的成本分布情况.

表 2.1

原材料	产品		
	Ⅰ	Ⅱ	Ⅲ
鸡蛋	3	2	1
牛奶	1	2	2
巧克力	2	2	3

表 2.2

产品	季度			
	第一季度	第二季度	第三季度	第四季度
Ⅰ	1 600	1 000	1 600	2 000
Ⅱ	1 000	1 000	1 000	1 000
Ⅲ	1 200	800	400	1 000

解 去年第一季度鸡蛋的成本(单位:万元)为

$$3\times 1\,600+2\times 1\,000+1\times 1\,200=8\,000.$$

注意到上式中的3,2,1是表2.1中“鸡蛋”所在行的数据,1 600,1 000,1 200是表2.2中“第一季度”所在列的数据,这里的计算其实就是矩阵的乘法.表2.1和2.2中的数据可用两个矩阵分别表示为

$$\boldsymbol{A}=\begin{pmatrix}3&2&1\\1&2&2\\2&2&3\end{pmatrix},\quad \boldsymbol{B}=\begin{pmatrix}1\,600&1\,000&1\,600&2\,000\\1\,000&1\,000&1\,000&1\,000\\1\,200&800&400&1\,000\end{pmatrix},$$

那么三种原材料在去年各季度的成本分布情况就可以用矩阵乘积 $\boldsymbol{AB}$ 表示,且

$$\boldsymbol{AB}=\begin{pmatrix}8\,000&5\,800&7\,200&9\,000\\6\,000&4\,600&4\,400&6\,000\\8\,800&6\,400&6\,400&9\,000\end{pmatrix}.$$

用表格的形式表示,计算结果如表2.3所示.

表 2.3

原材料	季度			
	第一季度	第二季度	第三季度	第四季度
鸡蛋	8 000	5 800	7 200	9 000
牛奶	6 000	4 600	4 400	6 000
巧克力	8 800	6 400	6 400	9 000

下面讨论矩阵的乘法的其他性质.

定理 2.2.1 **设 $\boldsymbol{A}$ 为 $m\times n$ 矩阵,$\boldsymbol{B}$ 为 $n\times p$ 矩阵,$\boldsymbol{C}$ 为 $p\times q$ 矩阵,那么**

$$(\boldsymbol{AB})\boldsymbol{C}=\boldsymbol{A}(\boldsymbol{BC}).$$

证 考虑等式左边的(i,j)元素,有

$$\begin{aligned}\sum_{l=1}^{p}\left(\sum_{k=1}^{n}a_{ik}b_{kl}\right)c_{lj}&=\sum_{l=1}^{p}\left(\sum_{k=1}^{n}a_{ik}b_{kl}c_{lj}\right)=\sum_{l=1}^{p}\sum_{k=1}^{n}a_{ik}b_{kl}c_{lj}\\&=\sum_{k=1}^{n}\sum_{l=1}^{p}a_{ik}b_{kl}c_{lj}=\sum_{k=1}^{n}\left(\sum_{l=1}^{p}a_{ik}b_{kl}c_{lj}\right)\\&=\sum_{k=1}^{n}a_{ik}\left(\sum_{l=1}^{p}b_{kl}c_{lj}\right),\end{aligned}$$

最后的结果便是等式右边的(i,j)元素.

由结合律,我们把 $\boldsymbol{A}(\boldsymbol{BC})$ 和 $(\boldsymbol{AB})\boldsymbol{C}$ 统一记作 $\boldsymbol{ABC}$.特别地,设 $\boldsymbol{A}$ 为 n 阶方阵,那么 $\boldsymbol{A}$ 与 $\boldsymbol{A}$ 自身是可以进行乘法运算的,对于正整数 k,$\boldsymbol{A}$ 的 k 次幂定义为

$$\boldsymbol{A}^k=\underbrace{\boldsymbol{AA}\cdots\boldsymbol{A}}_{k个}.$$

例 2.2.7　设矩阵

$$A=\begin{pmatrix}1&1\\0&1\end{pmatrix},$$

计算 $A^2,A^3,\cdots,A^k$.

解　按照矩阵的乘法的定义可得

$$A^2=\begin{pmatrix}1&1\\0&1\end{pmatrix}\begin{pmatrix}1&1\\0&1\end{pmatrix}=\begin{pmatrix}1&2\\0&1\end{pmatrix},$$

$$A^3=AAA=A^2A=\begin{pmatrix}1&2\\0&1\end{pmatrix}\begin{pmatrix}1&1\\0&1\end{pmatrix}=\begin{pmatrix}1&3\\0&1\end{pmatrix}.$$

利用数学归纳法可以证明

$$A^k=\begin{pmatrix}1&k\\0&1\end{pmatrix}.$$

矩阵的乘法还满足以下运算规律,读者可自行证明.

设 A,B 为 $m\times n$ 矩阵,C,D 为 $n\times l$ 矩阵,$k\in\mathbf{R}$,则

$$(A+B)C=AC+BC,$$
$$A(C+D)=AC+AD,$$
$$k(AC)=(kA)C=A(kC),$$
$$AO_{n\times l}=O_{m\times l}=O_{m\times n}C.$$

例 2.2.8　已知矩阵

$$A=\begin{pmatrix}1&2\\3&4\end{pmatrix},\quad B=\begin{pmatrix}1&-2\\-3&1\end{pmatrix},\quad C=\begin{pmatrix}0&1\\-2&5\end{pmatrix},$$

证明:$(A+B)C=AC+BC$.

证　分别计算$(A+B)C$ 和 $AC+BC$:

$$(A+B)C=\begin{pmatrix}2&0\\0&5\end{pmatrix}\begin{pmatrix}0&1\\-2&5\end{pmatrix}=\begin{pmatrix}0&2\\-10&25\end{pmatrix},$$

$$AC+BC=\begin{pmatrix}-4&11\\-8&23\end{pmatrix}+\begin{pmatrix}4&-9\\-2&2\end{pmatrix}=\begin{pmatrix}0&2\\-10&25\end{pmatrix},$$

因此

$$(A+B)C=AC+BC.$$

注　(1) 矩阵的乘法不满足消去律,即若 $AB=AC$,且 $A\neq O$,一般不能得出 $B=C$ 的结论.例如,取矩阵

$$A=\begin{pmatrix}2&-3\\-4&6\end{pmatrix},\quad B=\begin{pmatrix}8&4\\5&5\end{pmatrix},\quad C=\begin{pmatrix}5&-2\\3&1\end{pmatrix},$$

显然 $B\neq C$,但是

$$AB=\begin{pmatrix}1 & -7\\ -2 & 14\end{pmatrix}=AC.$$

(2) 若 $\boldsymbol{AB}=\boldsymbol{O}$，未必有 $\boldsymbol{A}=\boldsymbol{O}$ 或 $\boldsymbol{B}=\boldsymbol{O}$.例如，矩阵

$$\boldsymbol{A}=\boldsymbol{B}=\begin{pmatrix}0 & 1\\ 0 & 0\end{pmatrix}\neq\boldsymbol{O},$$

但是

$$\boldsymbol{AB}=\begin{pmatrix}0 & 0\\ 0 & 0\end{pmatrix}=\boldsymbol{O}.$$

在数的乘法中，数1有特殊的地位，即任何数乘以1都等于它自身.矩阵中也有一个这样的矩阵 —— 单位矩阵.

定义 2.2.5 对于一个 n 阶方阵，若其对角线元素都是1，其他元素都是零，则称该方阵为 n 阶**单位矩阵**，一般用符号 $\boldsymbol{E}_n$ 来表示，即

$$\boldsymbol{E}_n=\begin{pmatrix}1 & & & \\ & 1 & & \\ & & \ddots & \\ & & & 1\end{pmatrix}_{n\times n}.$$

如果不强调阶数，可省略下标，简记作 $\boldsymbol{E}$.

设 $\boldsymbol{A}$ 为任意 $m\times n$ 矩阵，则

$$\boldsymbol{E}_m\boldsymbol{A}=\boldsymbol{A}=\boldsymbol{A}\boldsymbol{E}_n.$$

2.2.4 矩阵的转置

有些情况下，需要交换矩阵的行与列，为此我们引入矩阵的转置运算.

定义 2.2.6 对于 $m\times n$ 矩阵 $\boldsymbol{A}=(a_{ij})$，(i,j) 元素为 a_{ji} 的 $n\times m$ 矩阵

$$\begin{pmatrix}a_{11} & a_{21} & \cdots & a_{m1}\\ a_{12} & a_{22} & \cdots & a_{m2}\\ \vdots & \vdots & & \vdots\\ a_{1n} & a_{2n} & \cdots & a_{mn}\end{pmatrix}$$

称为 $\boldsymbol{A}$ 的**转置矩阵**，记作 $\boldsymbol{A}^{\mathrm{T}}$.

例 2.2.9 设矩阵

$$\boldsymbol{A}=\begin{pmatrix}1 & 2 & 3\\ 4 & 5 & 6\end{pmatrix},$$

求 $\boldsymbol{A}^{\mathrm{T}}$.

解 按照定义得

$$\boldsymbol{A}^{\mathrm{T}}=\begin{pmatrix}1 & 4\\ 2 & 5\\ 3 & 6\end{pmatrix}.$$

定理 2.2.2　设 $\boldsymbol{A},\boldsymbol{B}$ 为 $m\times n$ 矩阵，$\boldsymbol{C}$ 为 $n\times l$ 矩阵，$k\in\mathbf{R}$，则

(1) $(\boldsymbol{A}^{\mathrm{T}})^{\mathrm{T}}=\boldsymbol{A}$；

(2) $(\boldsymbol{A}+\boldsymbol{B})^{\mathrm{T}}=\boldsymbol{A}^{\mathrm{T}}+\boldsymbol{B}^{\mathrm{T}}$；

(3) $(k\boldsymbol{A})^{\mathrm{T}}=k\boldsymbol{A}^{\mathrm{T}}$；

(4) $(\boldsymbol{AC})^{\mathrm{T}}=\boldsymbol{C}^{\mathrm{T}}\boldsymbol{A}^{\mathrm{T}}$.

证　我们仅证明性质(4)，其他的证明留给读者.首先 $(\boldsymbol{AC})^{\mathrm{T}}$ 和 $\boldsymbol{C}^{\mathrm{T}}\boldsymbol{A}^{\mathrm{T}}$ 都是 $l\times m$ 矩阵，接下来证明它们对应位置上的元素相等.设 $\boldsymbol{A}=(a_{ik})$，$\boldsymbol{C}=(c_{kj})$，矩阵 $(\boldsymbol{AC})^{\mathrm{T}}$ 的 (i,j) 元素是矩阵 $\boldsymbol{AC}$ 的 (j,i) 元素，即

$$\sum_{k=1}^{n}a_{jk}c_{ki}. \tag{2.2}$$

再看 $\boldsymbol{C}^{\mathrm{T}}\boldsymbol{A}^{\mathrm{T}}$ 的 (i,j) 元素，它等于 $\boldsymbol{C}^{\mathrm{T}}$ 第 i 行 $(c_{1i},c_{2i},\cdots,c_{ni})$ 与 $\boldsymbol{A}^{\mathrm{T}}$ 第 j 列 $\begin{pmatrix}a_{j1}\\a_{j2}\\\vdots\\a_{jn}\end{pmatrix}$ 的积，即

$$\sum_{k=1}^{n}c_{ki}a_{jk}. \tag{2.3}$$

显然，式(2.2)和式(2.3)相等，从而 $(\boldsymbol{AC})^{\mathrm{T}}$ 和 $\boldsymbol{C}^{\mathrm{T}}\boldsymbol{A}^{\mathrm{T}}$ 对应位置上的元素相等，性质(4)得证.

有一类方阵，其在转置前后是相等的，下面给出其定义.

定义 2.2.7　若一个 n 阶方阵 $\boldsymbol{A}$ 满足 $\boldsymbol{A}^{\mathrm{T}}=\boldsymbol{A}$，则称 $\boldsymbol{A}$ 为**对称矩阵**.

容易验证，n 阶方阵 $\boldsymbol{A}=(a_{ij})$ 是对称矩阵当且仅当 $a_{ij}=a_{ji}\,(i,j=1,2,\cdots,n)$，即元素关于其主对角线对称.例如，单位矩阵都是对称矩阵，下面的矩阵也都是对称矩阵：

$$\begin{pmatrix}0&-1\\-1&0\end{pmatrix},\quad\begin{pmatrix}1&-2&3\\-2&-4&5\\3&5&-6\end{pmatrix},\quad\begin{pmatrix}1&0&0\\0&-2&0\\0&0&3\end{pmatrix}.$$

在后面的章节我们将进一步研究这一类矩阵的性质.

2.3　矩阵的逆与初等矩阵

如 2.2.3 小节中介绍，利用矩阵的乘法，线性方程组(2.1)可以表示为

$$\boldsymbol{Ax}=\boldsymbol{\beta}. \tag{2.4}$$

借助矩阵的运算，我们将用两种方式探讨线性方程组的求解过程.

2.3.1　矩阵的逆

求解线性方程组的一种方式来自方程组(2.4)形式上的启发：一元一次方程的求解.例如方程 $2x=5$，两边同乘以 $\frac{1}{2}$，则得到 $x=\frac{5}{2}$.对于方程组(2.4)，采用类似的想法，如果存在矩阵

$\boldsymbol{B}$,使得 $\boldsymbol{BA}=\boldsymbol{E}$,在等式两边同时左乘矩阵 $\boldsymbol{B}$,那么就可求出 $\boldsymbol{x}$,这便引出了逆矩阵的概念.本书只讨论方阵的逆矩阵,不讨论一般矩阵的相关理论.

定义 2.3.1 对于一个 n 阶方阵 $\boldsymbol{A}$,若存在一个 n 阶方阵 $\boldsymbol{B}$,使得

$$\boldsymbol{AB}=\boldsymbol{BA}=\boldsymbol{E}_n,$$

则称方阵 $\boldsymbol{A}$ 是**可逆**的,且称 $\boldsymbol{B}$ 是 $\boldsymbol{A}$ 的**逆矩阵**.若不存在 n 阶方阵 $\boldsymbol{B}$ 使得上式成立,则称 $\boldsymbol{A}$ 是**不可逆**的.

注 若方阵 $\boldsymbol{A}$ 可逆,那么 $\boldsymbol{A}$ 的逆矩阵是唯一的.事实上,若 $\boldsymbol{B}$ 和 $\boldsymbol{C}$ 都是 $\boldsymbol{A}$ 的逆矩阵,那么

$$\boldsymbol{B}=\boldsymbol{BE}=\boldsymbol{B}(\boldsymbol{AC})=(\boldsymbol{BA})\boldsymbol{C}=\boldsymbol{EC}=\boldsymbol{C}.$$

因此,我们把 $\boldsymbol{A}$ 的逆矩阵记作 $\boldsymbol{A}^{-1}$.

根据定义 2.3.1,可逆矩阵 $\boldsymbol{A}$ 的逆矩阵 $\boldsymbol{A}^{-1}$ 也是可逆的,并且

$$(\boldsymbol{A}^{-1})^{-1}=\boldsymbol{A},$$

因此我们也称 $\boldsymbol{A}$ 与 $\boldsymbol{A}^{-1}$ 互为逆矩阵.

对于单位矩阵 $\boldsymbol{E}_n$,由于 $\boldsymbol{E}_n\boldsymbol{E}_n=\boldsymbol{E}_n$,因此单位矩阵 $\boldsymbol{E}_n$ 是可逆的,并且 $\boldsymbol{E}_n^{-1}=\boldsymbol{E}_n$.

例 2.3.1 设矩阵

$$\boldsymbol{A}=\begin{pmatrix}1&2&3\\0&4&5\\0&0&6\end{pmatrix},\quad \boldsymbol{B}=\begin{pmatrix}1&-\frac{1}{2}&-\frac{1}{12}\\0&\frac{1}{4}&-\frac{5}{24}\\0&0&\frac{1}{6}\end{pmatrix},$$

证明:$\boldsymbol{A}$ 与 $\boldsymbol{B}$ 互为逆矩阵.

证 容易验证,

$$\boldsymbol{AB}=\boldsymbol{BA}=\boldsymbol{E}_3,$$

因此 $\boldsymbol{A}$ 与 $\boldsymbol{B}$ 互为逆矩阵.

由于 n 阶零矩阵与任意 n 阶方阵的乘积都是零矩阵,因此 n 阶零矩阵是不可逆的.

例 2.3.2 设矩阵

$$\boldsymbol{A}=\begin{pmatrix}0&0\\1&0\end{pmatrix},$$

证明:$\boldsymbol{A}$ 不可逆.

证 对于任意的二阶方阵

$$\boldsymbol{B}=\begin{pmatrix}b_{11}&b_{12}\\b_{21}&b_{22}\end{pmatrix},$$

有

$$BA=\begin{pmatrix}b_{12}&0\\b_{22}&0\end{pmatrix}\neq E_2,$$

因此 A 是不可逆的.

定理 2.3.1　**若 n 阶方阵 A,B 都可逆,那么 AB 也是可逆的,并且**

$$(AB)^{-1}=B^{-1}A^{-1}.$$

证　根据逆矩阵的定义,有

$$(AB)(B^{-1}A^{-1})=A(BB^{-1})A^{-1}=AE_nA^{-1}=(AE_n)A^{-1}=AA^{-1}=E_n,$$

$$(B^{-1}A^{-1})(AB)=B^{-1}(A^{-1}A)B=B^{-1}E_nB=(B^{-1}E_n)B=B^{-1}B=E_n.$$

利用数学归纳法可以证明,若 n 阶方阵 $A_1,A_2,\cdots,A_k$ 都是可逆的,那么矩阵 $A_1A_2\cdots A_k$ 也是可逆的,并且

$$(A_1A_2\cdots A_k)^{-1}=A_k^{-1}\cdots A_2^{-1}A_1^{-1}.$$

矩阵的乘法一般不满足消去律,但在一类特殊情况下,下面形式的消去律成立.设 A 为 n 阶可逆矩阵,B,C 为 $n\times k$ 矩阵,D 为 k 阶可逆矩阵,

(1) 若 $AB=AC$,则 $B=C$;

(2) 若 $BD=CD$,则 $B=C$.

对于(1),我们同时用 A^{-1} 左乘等式两边可得,而对于(2),同时用 D^{-1} 右乘等式两边可得.特别地,把上面的性质(1)应用到一类特殊的线性方程组,如果 n 阶方阵 A 是可逆的,那么线性方程组

$$Ax=\beta$$

的解是唯一的,并且 $x=A^{-1}\beta$.

定理 2.3.2　**设 $k\in\mathbf{R}$,且 $k\neq0$.若 A 为可逆矩阵,则 kA 也是可逆的,并且**

$$(kA)^{-1}=k^{-1}A^{-1}.$$

此定理的证明和定理 2.3.1 的证明类似,留给读者自己完成.

矩阵的加法与求逆运算一般没有关系.例如矩阵 $A=E_n$,$B=-E_n$ 都可逆,而 $A+B=O_n$ 是不可逆的.即使 $A+B$ 可逆,也不一定满足 $(A+B)^{-1}=A^{-1}+B^{-1}$.例如,取矩阵

$$A=B=E_2,$$

那么

$$A+B=\begin{pmatrix}2&0\\0&2\end{pmatrix}=2E_2.$$

利用矩阵的数乘与逆矩阵的关系,有

$$(A+B)^{-1}=(2E_2)^{-1}=\frac{1}{2}E_2^{-1}=\frac{1}{2}E_2,$$

$$A^{-1}+B^{-1}=E_2+E_2=2E_2.$$

可见，虽然 $\boldsymbol{A}+\boldsymbol{B}$ 可逆，但$(\boldsymbol{A}+\boldsymbol{B})^{-1}\neq\boldsymbol{A}^{-1}+\boldsymbol{B}^{-1}$.

定理 2.3.3 **设 $\boldsymbol{A}$ 为可逆矩阵，则 $\boldsymbol{A}^{\mathrm{T}}$ 也是可逆的，并且**

$$(\boldsymbol{A}^{\mathrm{T}})^{-1}=(\boldsymbol{A}^{-1})^{\mathrm{T}}.$$

证 根据逆矩阵的定义以及转置的性质，有

$$(\boldsymbol{A}^{-1})^{\mathrm{T}}\boldsymbol{A}^{\mathrm{T}}=(\boldsymbol{A}\boldsymbol{A}^{-1})^{\mathrm{T}}=\boldsymbol{E}^{\mathrm{T}}=\boldsymbol{E},$$
$$\boldsymbol{A}^{\mathrm{T}}(\boldsymbol{A}^{-1})^{\mathrm{T}}=(\boldsymbol{A}^{-1}\boldsymbol{A})^{\mathrm{T}}=\boldsymbol{E}^{\mathrm{T}}=\boldsymbol{E}.$$

2.3.2 初等矩阵

求解线性方程组的另一种方式是将初等行变换(高斯消元法)用矩阵运算的方式重新进行表示.

定理 2.3.4 **设 $\boldsymbol{A}$ 是一个 $m\times n$ 矩阵，$\boldsymbol{\beta}\in\mathbf{R}^m$，$\boldsymbol{M}$ 是一个 m 阶可逆矩阵，那么下面两个线性方程组同解：**

(1) $\boldsymbol{Ax}=\boldsymbol{\beta}$；

(2) $\boldsymbol{MAx}=\boldsymbol{M\beta}$.

证 设 $\boldsymbol{x}$ 是第一个方程组的解，那么 $\boldsymbol{Ax}=\boldsymbol{\beta}$ 成立.用 $\boldsymbol{M}$ 左乘该等式两边，则有 $\boldsymbol{MAx}=\boldsymbol{M\beta}$. 也就是说，第一个方程组的解都是第二个方程组的解.若设 $\boldsymbol{x}$ 是第二个方程组的解，那么 $\boldsymbol{MAx}=\boldsymbol{M\beta}$ 成立.用 $\boldsymbol{M}^{-1}$ 左乘该等式两边，则有 $\boldsymbol{M}^{-1}\boldsymbol{MAx}=\boldsymbol{M}^{-1}\boldsymbol{M\beta}$，即 $\boldsymbol{Ax}=\boldsymbol{\beta}$，因此第二个方程组的解都是第一个方程组的解.

这个定理说明，对于线性方程组，等式两边同时左乘一个可逆矩阵，方程组的解集不会发生改变.而高斯消元法中三种类型的初等行变换都保持线性方程组同解，如果能够找到某个可逆矩阵，使其左乘线性方程组的增广矩阵等同于对该增广矩阵进行某种初等行变换，那么高斯消元法就可以表示成矩阵的乘法的形式.下面对此进行讨论.

先看定义 1.2.2 中的第(1) 种初等行变换：互换两行.我们把 n 阶单位矩阵 $\boldsymbol{E}_n$ 的第 i 行与第 j 行互换位置得到的矩阵记作

$$\boldsymbol{E}(i,j)=\begin{pmatrix}1&&&&&&&&\\&\ddots&&&&&&&\\&&1&&&&&&\\&&&0&\cdots&1&&&\\&&&&1&&&&\\&&&\vdots&\ddots&\vdots&&&\\&&&&&1&&&\\&&&1&\cdots&0&&&\\&&&&&&1&&\\&&&&&&&\ddots&\\&&&&&&&&1\end{pmatrix}\begin{matrix}\\\\\\\leftarrow\text{第 }i\text{ 行}\\\\\\\\\leftarrow\text{第 }j\text{ 行}\\\\\\\\\end{matrix}.$$

例 2.3.3　已知矩阵

$$E(2,4)=\begin{pmatrix}1&0&0&0\\0&0&0&1\\0&0&1&0\\0&1&0&0\end{pmatrix},\quad A=\begin{pmatrix}a_{11}&a_{12}&a_{13}&a_{14}\\a_{21}&a_{22}&a_{23}&a_{24}\\a_{31}&a_{32}&a_{33}&a_{34}\\a_{41}&a_{42}&a_{43}&a_{44}\end{pmatrix},$$

求 $\boldsymbol{E}(2,4)\boldsymbol{A}$ 和 $\boldsymbol{AE}(2,4)$.

解

$$E(2,4)A=\begin{pmatrix}a_{11}&a_{12}&a_{13}&a_{14}\\a_{41}&a_{42}&a_{43}&a_{44}\\a_{31}&a_{32}&a_{33}&a_{34}\\a_{21}&a_{22}&a_{23}&a_{24}\end{pmatrix},$$

可见 $\boldsymbol{E}(2,4)$ 左乘 $\boldsymbol{A}$,相当于交换 $\boldsymbol{A}$ 的第 2 行和第 4 行.

$$AE(2,4)=\begin{pmatrix}a_{11}&a_{14}&a_{13}&a_{12}\\a_{21}&a_{24}&a_{23}&a_{22}\\a_{31}&a_{34}&a_{33}&a_{32}\\a_{41}&a_{44}&a_{43}&a_{42}\end{pmatrix},$$

可见 $\boldsymbol{E}(2,4)$ 右乘 $\boldsymbol{A}$,相当于交换 $\boldsymbol{A}$ 的第 2 列和第 4 列.

再看定义 1.2.2 中的第(2)种初等行变换:用一个非零数乘以矩阵的某一行.设 $k\neq 0$,我们把 n 阶单位矩阵 $\boldsymbol{E}_n$ 的第 i 行乘以 k 得到的矩阵记作

$$E(i(k))=\begin{pmatrix}1&&&&&&\\&\ddots&&&&&\\&&1&&&&\\&&&k&&&\\&&&&1&&\\&&&&&\ddots&\\&&&&&&1\end{pmatrix}\leftarrow\text{第 } i \text{ 行}.$$

例 2.3.4　已知矩阵

$$E(2(-3))=\begin{pmatrix}1&0&0&0\\0&-3&0&0\\0&0&1&0\\0&0&0&1\end{pmatrix},\quad A=\begin{pmatrix}a_{11}&a_{12}&a_{13}&a_{14}\\a_{21}&a_{22}&a_{23}&a_{24}\\a_{31}&a_{32}&a_{33}&a_{34}\\a_{41}&a_{42}&a_{43}&a_{44}\end{pmatrix},$$

求 $\boldsymbol{E}(2(-3))\boldsymbol{A}$ 和 $\boldsymbol{AE}(2(-3))$.

解

$$E(2(-3))A=\begin{pmatrix} a_{11} & a_{12} & a_{13} & a_{14} \\ -3a_{21} & -3a_{22} & -3a_{23} & -3a_{24} \\ a_{31} & a_{32} & a_{33} & a_{34} \\ a_{41} & a_{42} & a_{43} & a_{44} \end{pmatrix},$$

可见 $\boldsymbol{E}(2(-3))$ 左乘 $\boldsymbol{A}$，相当于将 $\boldsymbol{A}$ 的第 2 行乘以 -3.

$$AE(2(-3))=\begin{pmatrix} a_{11} & -3a_{12} & a_{13} & a_{14} \\ a_{21} & -3a_{22} & a_{23} & a_{24} \\ a_{31} & -3a_{32} & a_{33} & a_{34} \\ a_{41} & -3a_{42} & a_{43} & a_{44} \end{pmatrix},$$

可见 $\boldsymbol{E}(2(-3))$ 右乘 $\boldsymbol{A}$，相当于将 $\boldsymbol{A}$ 的第 2 列乘以 -3.

最后考察定义 1.2.2 中的第(3) 种初等行变换：用一个数乘以矩阵的某一行后加到另一行上.设 $k\in\mathbf{R}$，我们把 n 阶单位矩阵 $\boldsymbol{E}_n$ 的第 j 行乘以 k 后加到第 i 行上得到的矩阵记作

$$E(i,j(k))=\begin{pmatrix} 1 & & & & & \\ & \ddots & & & & \\ & & 1 & \cdots & k & & \\ & & & \ddots & \vdots & & \\ & & & & 1 & & \\ & & & & & \ddots & \\ & & & & & & 1 \end{pmatrix}\begin{matrix} \\ \\ \leftarrow 第\,i\,行 \\ \\ \leftarrow 第\,j\,行 \\ \\ \\ \end{matrix}.$$

例 2.3.5 已知矩阵

$$E(2,4(-2))=\begin{pmatrix} 1 & 0 & 0 & 0 \\ 0 & 1 & 0 & -2 \\ 0 & 0 & 1 & 0 \\ 0 & 0 & 0 & 1 \end{pmatrix},\quad A=\begin{pmatrix} a_{11} & a_{12} & a_{13} & a_{14} \\ a_{21} & a_{22} & a_{23} & a_{24} \\ a_{31} & a_{32} & a_{33} & a_{34} \\ a_{41} & a_{42} & a_{43} & a_{44} \end{pmatrix},$$

求 $\boldsymbol{E}(2,4(-2))\boldsymbol{A}$ 和 $\boldsymbol{AE}(2,4(-2))$.

解

$$E(2,4(-2))A=\begin{pmatrix} a_{11} & a_{12} & a_{13} & a_{14} \\ a_{21}-2a_{41} & a_{22}-2a_{42} & a_{23}-2a_{43} & a_{24}-2a_{44} \\ a_{31} & a_{32} & a_{33} & a_{34} \\ a_{41} & a_{42} & a_{43} & a_{44} \end{pmatrix},$$

可见 $\boldsymbol{E}(2,4(-2))$ 左乘 $\boldsymbol{A}$，相当于将 $\boldsymbol{A}$ 的第 4 行乘以 -2 后加到第 2 行上.

$$AE(2,4(-2))=\begin{pmatrix} a_{11} & a_{12} & a_{13} & a_{14}-2a_{12} \\ a_{21} & a_{22} & a_{23} & a_{24}-2a_{22} \\ a_{31} & a_{32} & a_{33} & a_{34}-2a_{32} \\ a_{41} & a_{42} & a_{43} & a_{44}-2a_{42} \end{pmatrix},$$

可见 $E(2,4(-2))$ 右乘 A，相当于将 A 的第 2 列乘以 -2 后加到第 4 列上.

定义 2.3.2 形如 $E(i,j)$，$E(i(k_1))(k_1 \neq 0)$，$E(i,j(k_2))(k_2 \in \mathbf{R})$ 的矩阵称为初等矩阵.

根据定义，对单位矩阵施行一次初等行变换所得的矩阵即为初等矩阵.如上述三个例子所示，我们可以证明下面的定理，其证明过程将在本章最后一节中给出.

定理 2.3.5 **设有 $m \times n$ 矩阵 A，对 A 施行一次初等行变换，等同于在 A 的左边乘相应的 m 阶初等矩阵，对 A 施行一次初等列变换，等同于在 A 的右边乘相应的 n 阶初等矩阵.**

初等矩阵的可逆性由下面的定理说明.

定理 2.3.6 **初等矩阵是可逆的，且其逆矩阵也是初等矩阵.**

证 先来看初等矩阵 $E(i,j)$.根据定义，有

$$E \xrightarrow{r_i \leftrightarrow r_j} E(i,j),$$

那么

$$E(i,j) \xrightarrow{r_i \leftrightarrow r_j} E.$$

于是，由定理 2.3.5 可得

$$E(i,j)E(i,j)=E.$$

因此 $E(i,j)$ 可逆，且 $E(i,j)^{-1}=E(i,j)$.

再来看初等矩阵 $E(i(k))(k \neq 0)$.根据定义，有

$$E \xrightarrow{kr_i} E(i(k)),$$

那么

$$E(i(k)) \xrightarrow{\frac{1}{k}r_i} E.$$

于是，根据定理 2.3.5 可得

$$E\left(i\left(\frac{1}{k}\right)\right)E(i(k))=E.$$

把 k 换成 $\dfrac{1}{k}$，类似的论述可推出

$$E(i(k))E\left(i\left(\frac{1}{k}\right)\right)=E.$$

因此 $E(i(k))$ 可逆，且 $E(i(k))^{-1}=E\left(i\left(\dfrac{1}{k}\right)\right)$.

最后来看初等矩阵 $E(i,j(k))$.根据定义，有

$$E \xrightarrow{r_i+kr_j} E(i,j(k)),$$

那么

$$\boldsymbol{E}(i,j(k)) \xrightarrow{r_i+(-k)r_j} \boldsymbol{E}.$$

于是，根据定理 2.3.5 可得

$$\boldsymbol{E}(i,j(-k))\boldsymbol{E}(i,j(k))=\boldsymbol{E}.$$

把 k 换成 $-k$，类似的论述可推出

$$\boldsymbol{E}(i,j(k))\boldsymbol{E}(i,j(-k))=\boldsymbol{E}.$$

因此 $\boldsymbol{E}(i,j(k))$ 可逆，且 $\boldsymbol{E}(i,j(k))^{-1}=\boldsymbol{E}(i,j(-k))$.

定义 2.3.3 对于 $m\times n$ 矩阵 $\boldsymbol{A},\boldsymbol{B}$，若存在有限个 m 阶初等矩阵 $\boldsymbol{P}_1,\boldsymbol{P}_2,\cdots,\boldsymbol{P}_k$，使得

$$\boldsymbol{P}_k\cdots\boldsymbol{P}_2\boldsymbol{P}_1\boldsymbol{A}=\boldsymbol{B},$$

则称 $\boldsymbol{A}$ 与 $\boldsymbol{B}$ 是**行等价**的.

有了上述准备，高斯消元法可以叙述如下.

定义 2.3.4 对于由 m 个方程和 n 个未知量组成的线性方程组

$$\boldsymbol{Ax}=\boldsymbol{\beta},$$

将其增广矩阵

$$(\boldsymbol{A}\ \vdots\ \boldsymbol{\beta})$$

化为与之行等价的矩阵，且变换后的系数矩阵为行最简形矩阵，即存在若干个 m 阶初等矩阵 $\boldsymbol{P}_1,\boldsymbol{P}_2,\cdots,\boldsymbol{P}_k$，使得

$$\boldsymbol{P}_k\cdots\boldsymbol{P}_2\boldsymbol{P}_1(\boldsymbol{A}\ \vdots\ \boldsymbol{\beta})=(\boldsymbol{B}\ \vdots\ \boldsymbol{\beta}'),$$

其中 $\boldsymbol{B}$ 是一个行最简形矩阵，称这样的变换为**高斯消元法**.

2.3.3 逆矩阵的初等行变换求法

初等行变换是求逆矩阵的一个重要方法，下面先证明这个方法的理论基础.

定理 2.3.7 **设 $\boldsymbol{A}$ 为 n 阶方阵，则以下三个命题等价：**

(1) $\boldsymbol{A}$ 可逆；

(2) 齐次线性方程组 $\boldsymbol{Ax}=\boldsymbol{0}$ 只有零解；

(3) $\boldsymbol{A}$ 与单位矩阵 $\boldsymbol{E}$ 行等价.

证 按照"(1)⇒(2)⇒(3)⇒(1)"的顺序来证明.先证"(1)⇒(2)".若 $\boldsymbol{A}$ 可逆，设 $\boldsymbol{x}$ 是齐次线性方程组 $\boldsymbol{Ax}=\boldsymbol{0}$ 的解，同时用 $\boldsymbol{A}^{-1}$ 左乘该方程组两边，得到 $\boldsymbol{x}=\boldsymbol{0}$，因此该方程组只有零解.

再证"(2)⇒(3)".采用高斯消元法对齐次线性方程组 $\boldsymbol{Ax}=\boldsymbol{0}$ 进行变换，化为 $\boldsymbol{Bx}=\boldsymbol{0}$ 的形式，其中 $\boldsymbol{B}$ 为行最简形矩阵.若 $\boldsymbol{B}$ 的对角线元素有零，那么 $\boldsymbol{B}$ 一定有零行，根据推论 1.3.1，则 $\boldsymbol{Ax}=\boldsymbol{0}$ 有非零解，这与命题(2)矛盾.因此，$\boldsymbol{B}$ 的对角线元素都是 1，根据行最简形矩阵的定义，$\boldsymbol{B}$ 只能是单位矩阵 $\boldsymbol{E}$.

最后证"(3)⇒(1)".设 $\boldsymbol{A}$ 与单位矩阵 $\boldsymbol{E}$ 行等价，根据定义，存在初等矩阵 $\boldsymbol{P}_1,\boldsymbol{P}_2,\cdots,\boldsymbol{P}_k$，使得

$$\boldsymbol{P}_k\cdots\boldsymbol{P}_2\boldsymbol{P}_1\boldsymbol{A}=\boldsymbol{E}. \tag{2.5}$$

用 $\boldsymbol{P}_k^{-1},\cdots,\boldsymbol{P}_2^{-1},\boldsymbol{P}_1^{-1}$ 依次左乘上式的两边，得到

$$\boldsymbol{P}_1^{-1}\boldsymbol{P}_2^{-1}\cdots\boldsymbol{P}_k^{-1}\boldsymbol{P}_k\cdots\boldsymbol{P}_2\boldsymbol{P}_1\boldsymbol{A}=\boldsymbol{P}_1^{-1}\boldsymbol{P}_2^{-1}\cdots\boldsymbol{P}_k^{-1}\boldsymbol{E},$$

即

$$A = P_1^{-1} P_2^{-1} \cdots P_k^{-1}.$$

然后再用 $P_k, \cdots, P_2, P_1$ 依次右乘上式的两边，则有

$$AP_k \cdots P_2 P_1 = P_1^{-1} P_2^{-1} \cdots P_k^{-1} P_k \cdots P_2 P_1 = E. \tag{2.6}$$

综合式(2.5) 和式(2.6) 可知，A 是可逆的，且其逆矩阵 $A^{-1} = P_k \cdots P_2 P_1$.

推论 2.3.1　设 A 为 n 阶方阵，则非齐次线性方程组 $Ax = \beta$ 有唯一解当且仅当 A 可逆.

证　若 A 可逆，容易验证 $x = A^{-1}\beta$ 为 $Ax = \beta$ 的唯一解.若 $Ax = \beta$ 有唯一解 x，我们不妨先假设 A 不可逆，那么根据定理 2.3.7，此时 $Ax = 0$ 有一个非零解 x_0，那么 $x + x_0 \neq x$ 也是 $Ax = \beta$ 的一个解，这与解的唯一性是矛盾的，因此 A 可逆.

定理 2.3.7 的证明提供了一个判断 n 阶方阵 A 是否可逆的方法：若 A 通过初等行变换化为行最简形矩阵不是单位矩阵，那么 A 是不可逆的；若 A 经过初等行变换可化为单位矩阵，那么 A 是可逆的.在 A 可逆的情况下，存在初等矩阵 $P_1, P_2, \cdots, P_k$，使得

$$P_k \cdots P_2 P_1 A = E,$$

同时有

$$P_k \cdots P_2 P_1 E = P_k \cdots P_2 P_1 = A^{-1}.$$

也就是说，若同时对 A 和 E 进行相同的初等行变换，只要把 A 化为 E，那么 E 就化为 A^{-1}.

我们可将上述想法设计成算法.为了对方阵 A 和单位矩阵 E 施行相同的初等行变换，可把 A 和 E 合写成一个 $n \times 2n$ 矩阵

$$(A \mid E)_{n \times 2n}.$$

对这个矩阵施行初等行变换把左半部分 A 化为行最简形矩阵 U：

$$(A \mid E) \xrightarrow{\text{初等行变换}} (U \mid B).$$

如果 U 不是单位矩阵，那么 A 不可逆；如果 U 是单位矩阵，那么 A 可逆，且 $B = A^{-1}$.

注　定理 2.3.7 的证明指出，可逆矩阵的逆矩阵是若干个初等矩阵的乘积，但是上面的算法表明，我们并不需要把这一系列初等矩阵找出来，而只需用初等行变换来求逆矩阵.

例 2.3.6　判断矩阵

$$A = \begin{pmatrix} 1 & 2 & 3 \\ 4 & 5 & 6 \\ 7 & 8 & 9 \end{pmatrix}$$

是否可逆，若可逆，求其逆矩阵.

解　按照上述求逆矩阵的算法，有

$$(A \mid E) = \left(\begin{array}{ccc:ccc} 1 & 2 & 3 & 1 & 0 & 0 \\ 4 & 5 & 6 & 0 & 1 & 0 \\ 7 & 8 & 9 & 0 & 0 & 1 \end{array}\right) \xrightarrow[r_3 + (-7)r_1]{r_2 + (-4)r_1} \left(\begin{array}{ccc:ccc} 1 & 2 & 3 & 1 & 0 & 0 \\ 0 & -3 & -6 & -4 & 1 & 0 \\ 0 & -6 & -12 & -7 & 0 & 1 \end{array}\right)$$

$$\xrightarrow{r_3 + (-2)r_2} \left(\begin{array}{ccc:ccc} 1 & 2 & 3 & 1 & 0 & 0 \\ 0 & -3 & -6 & -4 & 1 & 0 \\ 0 & 0 & 0 & 1 & -2 & 1 \end{array}\right).$$

虽然到这里我们没有把 A 化为行最简形矩阵，但是左边已经出现一个零行，即 A 不可能再化为单位矩阵，因此 A 不可逆.

例 2.3.7 判断矩阵

$$A=\begin{pmatrix}1&2&3\\4&5&6\\7&8&8\end{pmatrix}$$

是否可逆,若可逆,求其逆矩阵.

解 按照上述求逆矩阵的算法,有

$$(A\,\vdots\,E)=\left(\begin{array}{ccc:ccc}1&2&3&1&0&0\\4&5&6&0&1&0\\7&8&8&0&0&1\end{array}\right)\xrightarrow[r_3+(-7)r_1]{r_2+(-4)r_1}\left(\begin{array}{ccc:ccc}1&2&3&1&0&0\\0&-3&-6&-4&1&0\\0&-6&-13&-7&0&1\end{array}\right)$$

$$\xrightarrow{-\frac{1}{3}r_2}\left(\begin{array}{ccc:ccc}1&2&3&1&0&0\\0&1&2&\frac{4}{3}&-\frac{1}{3}&0\\0&-6&-13&-7&0&1\end{array}\right)\xrightarrow{r_3+6r_2}\left(\begin{array}{ccc:ccc}1&2&3&1&0&0\\0&1&2&\frac{4}{3}&-\frac{1}{3}&0\\0&0&-1&1&-2&1\end{array}\right)$$

$$\xrightarrow{-r_3}\left(\begin{array}{ccc:ccc}1&2&3&1&0&0\\0&1&2&\frac{4}{3}&-\frac{1}{3}&0\\0&0&1&-1&2&-1\end{array}\right)\xrightarrow[r_2+(-2)r_3]{r_1+(-3)r_3}\left(\begin{array}{ccc:ccc}1&2&0&4&-6&3\\0&1&0&\frac{10}{3}&-\frac{13}{3}&2\\0&0&1&-1&2&-1\end{array}\right)$$

$$\xrightarrow{r_1+(-2)r_2}\left(\begin{array}{ccc:ccc}1&0&0&-\frac{8}{3}&\frac{8}{3}&-1\\0&1&0&\frac{10}{3}&-\frac{13}{3}&2\\0&0&1&-1&2&-1\end{array}\right),$$

因此 A 可逆,且其逆矩阵为

$$A^{-1}=\begin{pmatrix}-\frac{8}{3}&\frac{8}{3}&-1\\\frac{10}{3}&-\frac{13}{3}&2\\-1&2&-1\end{pmatrix}.$$

2.4 矩阵的分块

线性方程组的增广矩阵由系数矩阵和一个列向量组成.这种把一个矩阵分成若干个小矩阵的方法便是分块矩阵的概念.

2.4.1　分块矩阵的定义

定义 2.4.1　用矩阵 $\boldsymbol{A}$ 的行或列之间的横线或竖线把矩阵的行或列分成若干组，由一组行和一组列公共部分的元素按原来的位置排列组成的矩阵称为 $\boldsymbol{A}$ 的**子矩阵**.由子矩阵组成的矩阵称为**分块矩阵**.分块矩阵一般用下述符号表示：

$$\boldsymbol{A}=\begin{pmatrix}\boldsymbol{A}_{11} & \boldsymbol{A}_{12} & \cdots & \boldsymbol{A}_{1t}\\ \boldsymbol{A}_{21} & \boldsymbol{A}_{22} & \cdots & \boldsymbol{A}_{2t}\\ \vdots & \vdots & & \vdots\\ \boldsymbol{A}_{s1} & \boldsymbol{A}_{s2} & \cdots & \boldsymbol{A}_{st}\end{pmatrix},$$

或简记作 $\boldsymbol{A}=(\boldsymbol{A}_{ij})_{s\times t}$，其中 $\boldsymbol{A}_{ij}\,(i=1,2,\cdots,s;j=1,2,\cdots,t)$ 为 $\boldsymbol{A}$ 的子矩阵.

例如，设矩阵

$$\boldsymbol{A}=\begin{pmatrix}2 & 1 & -3 & 1 & 7\\ 1 & -3 & 0 & -6 & -5\\ 0 & 2 & -1 & 2 & 4\\ 1 & 4 & -7 & 6 & 12\end{pmatrix},$$

用 3，4 两列之间的竖线把列分成两组，用 1，2 两行之间的横线以及 3，4 两行之间的横线把行分成三组，则矩阵 $\boldsymbol{A}$ 被分成 6 块，如下所示：

$$\boldsymbol{A}=\left(\begin{array}{ccc:cc}2 & 1 & -3 & 1 & 7\\ \hdashline 1 & -3 & 0 & -6 & -5\\ 0 & 2 & -1 & 2 & 4\\ \hdashline 1 & 4 & -7 & 6 & 12\end{array}\right).$$

注　分块矩阵中行或列之间的横线或竖线必须贯穿整个矩阵，如对上面的矩阵 $\boldsymbol{A}$ 进行如下的划分并不是一个分块矩阵：

$$\left(\begin{array}{c:cc:cc}2 & 1 & -3 & 1 & 7\\ \cline{1-1} 1 & -3 & 0 & -6 & -5\\ \cline{2-5} 0 & 2 & -1 & 2 & 4\\ \cline{4-5} 1 & 4 & -7 & 6 & 12\end{array}\right).$$

$m\times n$ 矩阵 $\boldsymbol{A}$ 按其行或列进行分块是常用的分块方式：

$$\boldsymbol{A}=\begin{pmatrix}\boldsymbol{\alpha}_1\\ \boldsymbol{\alpha}_2\\ \vdots\\ \boldsymbol{\alpha}_m\end{pmatrix}=(\boldsymbol{\beta}_1,\boldsymbol{\beta}_2,\cdots,\boldsymbol{\beta}_n),$$

其中 $\boldsymbol{\alpha}_i\,(i=1,2,\cdots,m)$ 是 $\boldsymbol{A}$ 的第 i 个行向量，$\boldsymbol{\beta}_j\,(j=1,2,\cdots,n)$ 是 $\boldsymbol{A}$ 的第 j 个列向量.

2.4.2　分块矩阵的运算

下面讨论分块矩阵的运算.

(1) 分块矩阵的加法：设有分块矩阵 $\boldsymbol{A}=(\boldsymbol{A}_{ij})_{s\times t}$，$\boldsymbol{B}=(\boldsymbol{B}_{ij})_{s\times t}$，且所有对应的子矩阵 $\boldsymbol{A}_{ij}$ 与 $\boldsymbol{B}_{ij}\,(i=1,2,\cdots,s;j=1,2,\cdots,t)$ 有相同的形状，那么

$$\boldsymbol{A}+\boldsymbol{B}=(\boldsymbol{A}_{ij}+\boldsymbol{B}_{ij})_{s\times t}.$$

(2) 分块矩阵的数乘：设有数 k 与分块矩阵 $\boldsymbol{A}=(\boldsymbol{A}_{ij})_{s\times t}$，那么

$$k\boldsymbol{A}=(k\boldsymbol{A}_{ij})_{s\times t}.$$

(3) 分块矩阵的乘法：设有分块矩阵 $\boldsymbol{A}=(\boldsymbol{A}_{il})_{s\times t}$，$\boldsymbol{B}=(\boldsymbol{B}_{lj})_{t\times p}$，且子矩阵 $\boldsymbol{A}_{il}(i=1,2,\cdots,s;l=1,2,\cdots,t)$ 的列数与子矩阵 $\boldsymbol{B}_{lj}(l=1,2,\cdots,t;j=1,2,\cdots,p)$ 的行数相等，那么

$$\boldsymbol{AB}=\begin{pmatrix}\boldsymbol{A}_{11} & \boldsymbol{A}_{12} & \cdots & \boldsymbol{A}_{1t}\\ \boldsymbol{A}_{21} & \boldsymbol{A}_{22} & \cdots & \boldsymbol{A}_{2t}\\ \vdots & \vdots & & \vdots\\ \boldsymbol{A}_{s1} & \boldsymbol{A}_{s2} & \cdots & \boldsymbol{A}_{st}\end{pmatrix}\begin{pmatrix}\boldsymbol{B}_{11} & \boldsymbol{B}_{12} & \cdots & \boldsymbol{B}_{1p}\\ \boldsymbol{B}_{21} & \boldsymbol{B}_{22} & \cdots & \boldsymbol{B}_{2p}\\ \vdots & \vdots & & \vdots\\ \boldsymbol{B}_{t1} & \boldsymbol{B}_{t2} & \cdots & \boldsymbol{B}_{tp}\end{pmatrix}=(\boldsymbol{C}_{ij})_{s\times p},$$

其中 $\boldsymbol{C}_{ij}=\boldsymbol{A}_{i1}\boldsymbol{B}_{1j}+\boldsymbol{A}_{i2}\boldsymbol{B}_{2j}+\cdots+\boldsymbol{A}_{it}\boldsymbol{B}_{tj}$.

(4) 分块矩阵的转置：设有分块矩阵 $\boldsymbol{A}=\begin{pmatrix}\boldsymbol{A}_{11} & \boldsymbol{A}_{12} & \cdots & \boldsymbol{A}_{1t}\\ \boldsymbol{A}_{21} & \boldsymbol{A}_{22} & \cdots & \boldsymbol{A}_{2t}\\ \vdots & \vdots & & \vdots\\ \boldsymbol{A}_{s1} & \boldsymbol{A}_{s2} & \cdots & \boldsymbol{A}_{st}\end{pmatrix}$，那么

$$\boldsymbol{A}^{\mathrm{T}}=\begin{pmatrix}\boldsymbol{A}_{11}^{\mathrm{T}} & \boldsymbol{A}_{21}^{\mathrm{T}} & \cdots & \boldsymbol{A}_{s1}^{\mathrm{T}}\\ \boldsymbol{A}_{12}^{\mathrm{T}} & \boldsymbol{A}_{22}^{\mathrm{T}} & \cdots & \boldsymbol{A}_{s2}^{\mathrm{T}}\\ \vdots & \vdots & & \vdots\\ \boldsymbol{A}_{1t}^{\mathrm{T}} & \boldsymbol{A}_{2t}^{\mathrm{T}} & \cdots & \boldsymbol{A}_{st}^{\mathrm{T}}\end{pmatrix}.$$

例 2.4.1 已知矩阵

$$\boldsymbol{A}=\begin{pmatrix}1 & 2 & 3 & 4\\ 5 & 6 & 7 & 8\\ 9 & 10 & 11 & 12\end{pmatrix},\quad \boldsymbol{B}=\begin{pmatrix}1 & 1 & 0 & 0\\ 2 & 2 & 0 & 0\\ 3 & 3 & 4 & 4\\ 4 & 4 & 5 & 5\end{pmatrix},$$

求 $\boldsymbol{AB}$.

解 观察到 $\boldsymbol{B}$ 有较多零元素，且其右上角有一个零子矩阵，因此我们可将 $\boldsymbol{B}$ 进行如下分块：

$$\boldsymbol{B}=\left(\begin{array}{cc:cc}1 & 1 & 0 & 0\\ 2 & 2 & 0 & 0\\ \hdashline 3 & 3 & 4 & 4\\ 4 & 4 & 5 & 5\end{array}\right)=\begin{pmatrix}\boldsymbol{B}_{11} & \boldsymbol{O}\\ \boldsymbol{B}_{21} & \boldsymbol{B}_{22}\end{pmatrix}.$$

由于 $\boldsymbol{B}$ 的行分成两组，每组均有两行，因此 $\boldsymbol{A}$ 的列也要分成两组，且每组包含两列，即

$$\boldsymbol{A}=\left(\begin{array}{cc:cc}1 & 2 & 3 & 4\\ 5 & 6 & 7 & 8\\ 9 & 10 & 11 & 12\end{array}\right)=(\boldsymbol{A}_{11},\boldsymbol{A}_{12}).$$

按照分块矩阵的乘法运算法则，有

$$\begin{aligned}\boldsymbol{AB}&=(\boldsymbol{A}_{11}\boldsymbol{B}_{11}+\boldsymbol{A}_{12}\boldsymbol{B}_{21},\boldsymbol{A}_{11}\boldsymbol{O}+\boldsymbol{A}_{12}\boldsymbol{B}_{22})=(\boldsymbol{A}_{11}\boldsymbol{B}_{11}+\boldsymbol{A}_{12}\boldsymbol{B}_{21},\boldsymbol{A}_{12}\boldsymbol{B}_{22})\\ &=\begin{pmatrix}30 & 30 & 32 & 32\\ 70 & 70 & 68 & 68\\ 110 & 110 & 104 & 104\end{pmatrix}.\end{aligned}$$

如例 2.4.1 所示，当参与乘法运算的矩阵中含有零子矩阵时，选择合适的分块会使得计算简洁一些.

例 2.4.2　设 n 阶方阵

$$\boldsymbol{A}=\begin{pmatrix}\boldsymbol{A}_{11} & \boldsymbol{O}\\ \boldsymbol{O} & \boldsymbol{A}_{22}\end{pmatrix},$$

其中 $\boldsymbol{A}_{11}$ 为 $k(1\leqslant k<n)$ 阶方阵.证明：$\boldsymbol{A}$ 可逆当且仅当 $\boldsymbol{A}_{11}$ 和 $\boldsymbol{A}_{22}$ 都可逆.

证　根据题意，$\boldsymbol{A}_{22}$ 是 $n-k$ 阶方阵，(1,2) 位置的零矩阵为 $\boldsymbol{O}_{k\times(n-k)}$，(2,1) 位置的零矩阵为 $\boldsymbol{O}_{(n-k)\times k}$.

若 $\boldsymbol{A}_{11}$ 和 $\boldsymbol{A}_{22}$ 都可逆，那么有

$$\begin{pmatrix}\boldsymbol{A}_{11} & \boldsymbol{O}\\ \boldsymbol{O} & \boldsymbol{A}_{22}\end{pmatrix}\begin{pmatrix}\boldsymbol{A}_{11}^{-1} & \boldsymbol{O}\\ \boldsymbol{O} & \boldsymbol{A}_{22}^{-1}\end{pmatrix}=\begin{pmatrix}\boldsymbol{E}_k & \boldsymbol{O}\\ \boldsymbol{O} & \boldsymbol{E}_{n-k}\end{pmatrix}=\begin{pmatrix}\boldsymbol{A}_{11}^{-1} & \boldsymbol{O}\\ \boldsymbol{O} & \boldsymbol{A}_{22}^{-1}\end{pmatrix}\begin{pmatrix}\boldsymbol{A}_{11} & \boldsymbol{O}\\ \boldsymbol{O} & \boldsymbol{A}_{22}\end{pmatrix},$$

即 $\boldsymbol{A}$ 是可逆的，并且其逆矩阵为

$$\begin{pmatrix}\boldsymbol{A}_{11}^{-1} & \boldsymbol{O}\\ \boldsymbol{O} & \boldsymbol{A}_{22}^{-1}\end{pmatrix}.$$

反之，若 $\boldsymbol{A}$ 可逆，设其逆矩阵为

$$\boldsymbol{B}=\begin{pmatrix}\boldsymbol{B}_{11} & \boldsymbol{B}_{12}\\ \boldsymbol{B}_{21} & \boldsymbol{B}_{22}\end{pmatrix},$$

那么有

$$\begin{pmatrix}\boldsymbol{E}_k & \boldsymbol{O}\\ \boldsymbol{O} & \boldsymbol{E}_{n-k}\end{pmatrix}=\boldsymbol{AB}=\begin{pmatrix}\boldsymbol{A}_{11}\boldsymbol{B}_{11} & \boldsymbol{A}_{11}\boldsymbol{B}_{12}\\ \boldsymbol{A}_{22}\boldsymbol{B}_{21} & \boldsymbol{A}_{22}\boldsymbol{B}_{22}\end{pmatrix},$$

$$\begin{pmatrix}\boldsymbol{E}_k & \boldsymbol{O}\\ \boldsymbol{O} & \boldsymbol{E}_{n-k}\end{pmatrix}=\boldsymbol{BA}=\begin{pmatrix}\boldsymbol{B}_{11}\boldsymbol{A}_{11} & \boldsymbol{B}_{12}\boldsymbol{A}_{22}\\ \boldsymbol{B}_{21}\boldsymbol{A}_{11} & \boldsymbol{B}_{22}\boldsymbol{A}_{22}\end{pmatrix}.$$

因此

$$\boldsymbol{E}_k=\boldsymbol{A}_{11}\boldsymbol{B}_{11}=\boldsymbol{B}_{11}\boldsymbol{A}_{11},\quad \boldsymbol{E}_{n-k}=\boldsymbol{A}_{22}\boldsymbol{B}_{22}=\boldsymbol{B}_{22}\boldsymbol{A}_{22}.$$

故 $\boldsymbol{A}_{11}$，$\boldsymbol{A}_{22}$ 都是可逆的.

2.4.3　分块矩阵的应用

下面从分块矩阵的观点讨论矩阵的乘法的两种形式：列向量形式与行向量形式.

先看列向量形式.设有 $m\times n$ 矩阵 $\boldsymbol{A}=(a_{ij})$，$n\times k$ 矩阵 $\boldsymbol{B}=(b_{ij})$，将 $\boldsymbol{A}$ 按列向量分成 n 块：

$$\boldsymbol{A}=(\boldsymbol{\alpha}_1,\boldsymbol{\alpha}_2,\cdots,\boldsymbol{\alpha}_n).$$

按照分块矩阵的乘法运算法则，有

$$\boldsymbol{AB}=(\boldsymbol{\alpha}_1,\boldsymbol{\alpha}_2,\cdots,\boldsymbol{\alpha}_n)\begin{pmatrix}b_{11} & b_{12} & \cdots & b_{1k}\\ b_{21} & b_{22} & \cdots & b_{2k}\\ \vdots & \vdots & & \vdots\\ b_{n1} & b_{n2} & \cdots & b_{nk}\end{pmatrix}$$

$$=\left(\sum_{l=1}^{n}b_{l1}\boldsymbol{\alpha}_l,\sum_{l=1}^{n}b_{l2}\boldsymbol{\alpha}_l,\cdots,\sum_{l=1}^{n}b_{lk}\boldsymbol{\alpha}_l\right).$$

这便是矩阵的乘法的列向量形式.

再看行向量形式.将 $\boldsymbol{B}$ 按行向量分成 n 块：

$$\boldsymbol{B}=\begin{pmatrix}\boldsymbol{\beta}_1\\ \boldsymbol{\beta}_2\\ \vdots\\ \boldsymbol{\beta}_n\end{pmatrix}.$$

根据分块矩阵的乘法运算法则,有

$$\boldsymbol{AB}=\begin{pmatrix}a_{11} & a_{12} & \cdots & a_{1n}\\ a_{21} & a_{22} & \cdots & a_{2n}\\ \vdots & \vdots & & \vdots\\ a_{m1} & a_{m2} & \cdots & a_{mn}\end{pmatrix}\begin{pmatrix}\boldsymbol{\beta}_1\\ \boldsymbol{\beta}_2\\ \vdots\\ \boldsymbol{\beta}_n\end{pmatrix}=\begin{pmatrix}\sum\limits_{l=1}^{n}a_{1l}\boldsymbol{\beta}_l\\ \sum\limits_{l=1}^{n}a_{2l}\boldsymbol{\beta}_l\\ \vdots\\ \sum\limits_{l=1}^{n}a_{ml}\boldsymbol{\beta}_l\end{pmatrix}.$$

这便是矩阵的乘法的行向量形式.

例 2.4.3 已知矩阵

$$\boldsymbol{A}=\begin{pmatrix}1 & 2 & 3\\ 4 & 5 & 6\end{pmatrix},\quad \boldsymbol{C}=\begin{pmatrix}1 & 0 & -2\\ 3 & -1 & 1\\ 0 & 1 & 2\end{pmatrix},$$

用矩阵的乘法的列向量形式和行向量形式分别计算 $\boldsymbol{AC}$.

解 将矩阵 $\boldsymbol{A}$ 按列向量分块,根据矩阵的乘法的列向量形式,有

$$\begin{aligned}\boldsymbol{AC}&=\left(\begin{pmatrix}1\\4\end{pmatrix},\begin{pmatrix}2\\5\end{pmatrix},\begin{pmatrix}3\\6\end{pmatrix}\right)\begin{pmatrix}1 & 0 & -2\\ 3 & -1 & 1\\ 0 & 1 & 2\end{pmatrix}\\ &=\left(1\times\begin{pmatrix}1\\4\end{pmatrix}+3\times\begin{pmatrix}2\\5\end{pmatrix}+0\times\begin{pmatrix}3\\6\end{pmatrix},\right.\\ &\qquad\left.0\times\begin{pmatrix}1\\4\end{pmatrix}+(-1)\times\begin{pmatrix}2\\5\end{pmatrix}+1\times\begin{pmatrix}3\\6\end{pmatrix},-2\times\begin{pmatrix}1\\4\end{pmatrix}+1\times\begin{pmatrix}2\\5\end{pmatrix}+2\times\begin{pmatrix}3\\6\end{pmatrix}\right)\\ &=\begin{pmatrix}7 & 1 & 6\\ 19 & 1 & 9\end{pmatrix}.\end{aligned}$$

将矩阵 $\boldsymbol{C}$ 按行向量分块,根据矩阵的乘法的行向量形式,有

$$AC=\begin{pmatrix}1&2&3\\4&5&6\end{pmatrix}\begin{pmatrix}(1,0,-2)\\(3,-1,1)\\(0,1,2)\end{pmatrix}$$
$$=\begin{pmatrix}1\times(1,0,-2)+2\times(3,-1,1)+3\times(0,1,2)\\4\times(1,0,-2)+5\times(3,-1,1)+6\times(0,1,2)\end{pmatrix}$$
$$=\begin{pmatrix}7&1&6\\19&1&9\end{pmatrix}.$$

将此计算与例 2.2.4 相比,结果是一样的.

下面利用矩阵的乘法的上述两种形式来证明定理 2.3.5,并以定义 2.3.2 中第三种初等矩阵的左乘情形为例(有兴趣的读者可类似地证明其他情形).设有 $m\times n$ 矩阵 $\boldsymbol{A}$,m 阶初等矩阵 $\boldsymbol{E}(i,j(k))$,$k\in\mathbf{R}$,为了计算 $\boldsymbol{E}(i,j(k))\boldsymbol{A}$,先将 $\boldsymbol{A}$ 按行分块:

$$\boldsymbol{A}=\begin{pmatrix}\boldsymbol{\alpha}_1\\\boldsymbol{\alpha}_2\\\vdots\\\boldsymbol{\alpha}_m\end{pmatrix},$$

那么

$$\boldsymbol{E}(i,j(k))\boldsymbol{A}=\begin{pmatrix}1&&&&&\\&\ddots&&&&\\&&1&\cdots&k&\\&&&\ddots&\vdots&\\&&&&1&\\&&&&&\ddots&\\&&&&&&1\end{pmatrix}\begin{pmatrix}\boldsymbol{\alpha}_1\\\vdots\\\boldsymbol{\alpha}_i\\\vdots\\\boldsymbol{\alpha}_j\\\vdots\\\boldsymbol{\alpha}_m\end{pmatrix}=\begin{pmatrix}\boldsymbol{\alpha}_1\\\vdots\\\boldsymbol{\alpha}_i+k\boldsymbol{\alpha}_j\\\vdots\\\boldsymbol{\alpha}_j\\\vdots\\\boldsymbol{\alpha}_m\end{pmatrix}.$$

可见 $\boldsymbol{E}(i,j(k))$ 左乘 $\boldsymbol{A}$,相当于将 $\boldsymbol{A}$ 的第 j 行乘以 k 后加到第 i 行上.

习 题 二

1. 已知矩阵

$$\boldsymbol{A}=\begin{pmatrix}-1&2&1\\0&-1&2\end{pmatrix},\quad \boldsymbol{B}=\begin{pmatrix}1&0&3\\2&1&-1\end{pmatrix},$$

(1) 求 $2\boldsymbol{A}-\boldsymbol{B}$;

(2) 若 $3\boldsymbol{A}-\boldsymbol{X}=\boldsymbol{B}$,求 $\boldsymbol{X}$.

2. 求下列矩阵的乘积:

(1) $(a_1,a_2,\cdots,a_n)\begin{pmatrix}b_1\\b_2\\\vdots\\b_n\end{pmatrix}$；　(2) $\begin{pmatrix}a_1\\a_2\\\vdots\\a_n\end{pmatrix}(b_1,b_2,\cdots,b_n)$；

(3) $(x_1,x_2,x_3)\begin{pmatrix}a_{11}&a_{12}&a_{13}\\a_{12}&a_{22}&a_{23}\\a_{13}&a_{23}&a_{33}\end{pmatrix}\begin{pmatrix}x_1\\x_2\\x_3\end{pmatrix}$.

3. 求下列矩阵的乘积：

(1) $\begin{pmatrix}2&3\\-1&-2\\1&0\end{pmatrix}\begin{pmatrix}1&2&-1\\-3&0&1\end{pmatrix}$；　(2) $\begin{pmatrix}1&0&3&-1\\2&1&0&2\end{pmatrix}\begin{pmatrix}4&1&0\\-1&1&3\\2&0&1\\1&3&4\end{pmatrix}$；

(3) $\begin{pmatrix}1&-1\\-1&1\end{pmatrix}\begin{pmatrix}1&2\\1&2\end{pmatrix}$；　(4) $\begin{pmatrix}2&-1\\4&-2\\-2&1\end{pmatrix}\begin{pmatrix}2&1\\4&2\end{pmatrix}$；

(5) $\begin{pmatrix}a_1&b_1&c_1\\a_2&b_2&c_2\\\vdots&\vdots&\vdots\\a_n&b_n&c_n\end{pmatrix}\begin{pmatrix}0&0&0\\0&1&0\\0&0&2\end{pmatrix}$.

4. 设矩阵 $\boldsymbol{A}=\begin{pmatrix}\lambda&1&0\\0&\lambda&1\\0&0&\lambda\end{pmatrix}$，求 $\boldsymbol{A}^3$.

5. 设矩阵

$$\boldsymbol{A}=\begin{pmatrix}1&1&1\\-1&1&1\\1&-1&1\end{pmatrix},\quad \boldsymbol{B}=\begin{pmatrix}1&2&1\\1&3&-1\\2&1&4\end{pmatrix},$$

(1) 求 $\boldsymbol{AB}-2\boldsymbol{A}$；

(2) 求 $\boldsymbol{AB}-\boldsymbol{BA}$；

(3) 问：$(\boldsymbol{A}+\boldsymbol{B})(\boldsymbol{A}-\boldsymbol{B})=\boldsymbol{A}^2-\boldsymbol{B}^2$ 是否成立？

6. 设矩阵 $\boldsymbol{A}=\begin{pmatrix}1&1\\1&1\end{pmatrix}$，试求所有与 $\boldsymbol{A}$ 可交换的矩阵.

7. 求出满足 $\boldsymbol{A}^2=\boldsymbol{E}$ 的所有二阶方阵 $\boldsymbol{A}$.

8. 求出满足 $\boldsymbol{A}^2=\boldsymbol{O}$ 的所有二阶方阵 $\boldsymbol{A}$.

9. 设有 $\boldsymbol{y}=\boldsymbol{Ax}$，其中矩阵 $\boldsymbol{A}=\begin{pmatrix}\cos\theta&-\sin\theta\\\sin\theta&\cos\theta\end{pmatrix}$，$\theta$ 分别取 $\frac{\pi}{4}$，$\frac{\pi}{2}$ 时，试求出向量 $\boldsymbol{x}=\begin{pmatrix}1\\1\end{pmatrix}$ 对应的变量 $\boldsymbol{y}$，并指出该乘积的几何意义.

10. Ⅰ，Ⅱ，Ⅲ，Ⅳ 四个工厂生产 A，B，C 三种产品，一年中各工厂生产产品的数量（单位：万件）如表 2.4 所示，各产品的单位价格（单位：元 / 件）及单位利润（单位：元 / 件）如表 2.5 所示，问：各工厂一年的总收入及总利润如何？

表 2.4

工厂	产品		
	A	B	C
Ⅰ	5	10	20
Ⅱ	6	15	10
Ⅲ	4	20	8
Ⅳ	8	12	6

表 2.5

产品	价格	利润
A	4	1
B	5	2
C	4.5	1.5

11. 某公司为了技术更新，计划对职工实行分批脱产轮训.已知该公司现有 2 000 人正在脱产轮训，而不脱产职工有 8 000 人.若每年从不脱产职工中抽调 30% 的人脱产轮训，同时又有 60% 脱产轮训职工结业回到生产岗位.设职工总数不变，令矩阵 $\boldsymbol{A}=\begin{pmatrix}0.7 & 0.6\\0.3 & 0.4\end{pmatrix}$，$\boldsymbol{X}=\begin{pmatrix}8\,000\\2\,000\end{pmatrix}$，试用 $\boldsymbol{A}$ 与 $\boldsymbol{X}$ 通过矩阵运算表示一年后和两年后的职工状况，并据此计算届时不脱产职工与脱产职工各有多少人.

12. 某村庄可以接收到的无线电广播来自两个电台，分别是新闻电台和音乐电台.两个电台的广播每隔半小时都会中断休息.每当出现中断时，新闻电台的听众有 70% 的会继续收听新闻电台，30% 的会换到音乐电台；音乐电台的听众有 60% 的会换到新闻电台，40% 的会继续收听音乐电台.假设上午 8:15 所有人都在收听音乐电台，

(1) 给出描述无线电听众在中断时换台的矩阵；

(2) 给出初始的状态向量；

(3) 上午 9:25 音乐电台的听众所占百分比是多少(假设两个电台都在上午 8:30 和 9:00 中断休息)?

13. 求下列矩阵的转置矩阵：

(1) $\boldsymbol{A}=(x_1,x_2,\cdots,x_n)$；　　(2) $\boldsymbol{A}=\begin{pmatrix}5 & 3\\-2 & 4\\1 & -1\end{pmatrix}$.

14. 设矩阵

$$\boldsymbol{A}=\begin{pmatrix}1 & 1 & 1\\1 & 1 & -1\\1 & -1 & 1\end{pmatrix},\quad \boldsymbol{B}=\begin{pmatrix}1 & 2 & 3\\-1 & -2 & 4\\0 & 5 & 1\end{pmatrix},$$

求 $3\boldsymbol{AB}-2\boldsymbol{B}^{\mathrm{T}}$.

15. 设矩阵

$$\boldsymbol{A}=\begin{pmatrix}2 & 0 & -1\\1 & 3 & 2\end{pmatrix},\quad \boldsymbol{B}=\begin{pmatrix}1 & 7 & -1\\4 & 2 & 3\\2 & 0 & 1\end{pmatrix},$$

求 $(\boldsymbol{AB})^{\mathrm{T}}$.

16. 设向量 $\boldsymbol{\alpha}=(1,2,3,4)$，$\boldsymbol{\beta}=\left(1,\frac{1}{2},\frac{1}{3},\frac{1}{4}\right)$，$\boldsymbol{A}=\boldsymbol{\alpha}^{\mathrm{T}}\boldsymbol{\beta}$，求 $\boldsymbol{A}^n$.

17. 设 $\boldsymbol{\alpha}$ 是 n 维单位列向量，$\boldsymbol{A}=\boldsymbol{\alpha}\boldsymbol{\alpha}^{\mathrm{T}}$，证明：对任意正整数 n，都有 $\boldsymbol{A}^n=\boldsymbol{A}$.

18. 设 $\boldsymbol{A}$ 为 n 阶方阵,证明:若 $\boldsymbol{A}=\boldsymbol{A}^{\mathrm{T}}$,且 $\boldsymbol{A}^2=\boldsymbol{O}$,则 $\boldsymbol{A}=\boldsymbol{O}$.

19. 对任意的 n 阶方阵 $\boldsymbol{A}$,证明:$\boldsymbol{A}^{\mathrm{T}}\boldsymbol{A}$ 为对称矩阵.

20. 设 $\boldsymbol{M},\boldsymbol{N}$ 均为 n 阶方阵,且 $\boldsymbol{N}$ 为对称矩阵,证明:$\boldsymbol{M}^{\mathrm{T}}\boldsymbol{N}\boldsymbol{M}$ 是对称矩阵.

21. 用初等变换判定下列矩阵是否可逆,并在可逆时,求其逆矩阵:

(1) $\begin{pmatrix}3&2&1\\3&1&5\\3&2&3\end{pmatrix}$; (2) $\begin{pmatrix}2&3&1\\1&2&0\\-1&2&-2\end{pmatrix}$;

(3) $\begin{pmatrix}3&-2&0&-1\\0&2&2&1\\1&-2&-3&-2\\0&1&2&1\end{pmatrix}$; (4) $\begin{pmatrix}3&2&9&6\\-1&-3&2&1\\1&4&-7&3\\3&3&6&8\end{pmatrix}$.

22. (1) 设矩阵

$$\boldsymbol{A}=\begin{pmatrix}4&1&-2\\2&2&1\\3&1&-1\end{pmatrix},\quad \boldsymbol{B}=\begin{pmatrix}1&-3\\2&2\\3&-1\end{pmatrix},$$

求矩阵 $\boldsymbol{X}$,使得 $\boldsymbol{A}\boldsymbol{X}=\boldsymbol{B}$;

(2) 设矩阵

$$\boldsymbol{A}=\begin{pmatrix}0&2&1\\2&-1&3\\-3&3&-4\end{pmatrix},\quad \boldsymbol{B}=\begin{pmatrix}1&2&3\\1&-3&1\end{pmatrix},$$

求矩阵 $\boldsymbol{X}$,使得 $\boldsymbol{X}\boldsymbol{A}=\boldsymbol{B}$;

(3) 设矩阵

$$\boldsymbol{A}=\begin{pmatrix}1&-1&0\\0&1&-1\\-1&0&1\end{pmatrix},$$

求矩阵 $\boldsymbol{X}$,使得 $\boldsymbol{A}\boldsymbol{X}=2\boldsymbol{X}+\boldsymbol{A}$;

(4) 设

$$\begin{pmatrix}0&1&0\\1&0&0\\0&0&1\end{pmatrix}\boldsymbol{X}\begin{pmatrix}1&0&0\\-2&1&0\\0&0&1\end{pmatrix}=\begin{pmatrix}1&-4&3\\2&0&-1\\0&-2&1\end{pmatrix},$$

求矩阵 $\boldsymbol{X}$.

23. 设 $\left(\dfrac{1}{2}\boldsymbol{A}\right)^{-1}=\begin{pmatrix}0&-1&3\\0&1&-1\\-2&0&0\end{pmatrix}$,求矩阵 $\boldsymbol{A}$.

24. 设 $\boldsymbol{P}^{-1}\boldsymbol{A}\boldsymbol{P}=\boldsymbol{\Lambda}$,其中矩阵 $\boldsymbol{P}=\begin{pmatrix}-1&-4\\1&1\end{pmatrix}$,$\boldsymbol{\Lambda}=\begin{pmatrix}-1&0\\0&2\end{pmatrix}$,求 $\boldsymbol{A}^{11}$.

25. 设 $\boldsymbol{A}\boldsymbol{P}=\boldsymbol{P}\boldsymbol{B}$,其中矩阵 $\boldsymbol{B}=\begin{pmatrix}1&0&0\\0&0&0\\0&0&-1\end{pmatrix}$,$\boldsymbol{P}=\begin{pmatrix}1&0&0\\2&-1&0\\2&1&1\end{pmatrix}$,求 $\boldsymbol{A}^{99}$.

26. 设 m 次多项式 $f(x)=a_0+a_1x+a_2x^2+\cdots+a_mx^m$，记 $f(\boldsymbol{A})=a_0\boldsymbol{E}+a_1\boldsymbol{A}+a_2\boldsymbol{A}^2+\cdots+a_m\boldsymbol{A}^m$（规定 $\boldsymbol{A}^0=\boldsymbol{E}$），则称 $f(\boldsymbol{A})$ 为 n 阶方阵 $\boldsymbol{A}$ 的 m 次多项式. 又已知矩阵

$$\boldsymbol{\Lambda}=\begin{pmatrix}\lambda_1 & & & \\ & \lambda_2 & & \\ & & \ddots & \\ & & & \lambda_n\end{pmatrix},$$

(1) 证明：$f(\boldsymbol{\Lambda})=\begin{pmatrix}f(\lambda_1) & & & \\ & f(\lambda_2) & & \\ & & \ddots & \\ & & & f(\lambda_n)\end{pmatrix}$；

(2) 若 $\boldsymbol{A}=\boldsymbol{P\Lambda P}^{-1}$，证明：$f(\boldsymbol{A})=\boldsymbol{P}f(\boldsymbol{\Lambda})\boldsymbol{P}^{-1}$.

27. 设 n 阶方阵 $\boldsymbol{A}$ 满足 $\boldsymbol{A}^2-\boldsymbol{A}-2\boldsymbol{E}=\boldsymbol{O}$，证明：$\boldsymbol{A}$ 与 $\boldsymbol{A}+2\boldsymbol{E}$ 都可逆，并求 $\boldsymbol{A}^{-1}$ 与 $(\boldsymbol{A}+2\boldsymbol{E})^{-1}$.

28. 设 n 阶方阵 $\boldsymbol{A}$ 满足 $\boldsymbol{A}^2-2\boldsymbol{A}+3\boldsymbol{E}=\boldsymbol{O}$，证明：$\boldsymbol{A}$ 与 $\boldsymbol{A}-3\boldsymbol{E}$ 都可逆，并求 $\boldsymbol{A}^{-1}$ 与 $(\boldsymbol{A}-3\boldsymbol{E})^{-1}$.

29. 设 $\boldsymbol{A}^3=2\boldsymbol{E}$，证明：$\boldsymbol{A}+2\boldsymbol{E}$ 可逆，并求 $(\boldsymbol{A}+2\boldsymbol{E})^{-1}$.

30. 设矩阵

$$\boldsymbol{A}=\begin{pmatrix}3 & -1 & 1 & -1\\ 1 & -2 & 2 & 1\\ -2 & 3 & -3 & 1\end{pmatrix},\quad \boldsymbol{B}=\begin{pmatrix}4 & 2 & 2\\ 2 & 3 & 1\\ 1 & 2 & 1\\ 3 & 3 & 2\end{pmatrix},\quad \boldsymbol{C}=\begin{pmatrix}-2 & 3 & 1\\ 1 & -2 & 3\\ 3 & 1 & -2\end{pmatrix},$$

求 $(\boldsymbol{AB}+2\boldsymbol{C})\boldsymbol{E}(2,3)$，其中 $\boldsymbol{E}(2,3)$ 是三阶初等矩阵.

31. 已知 $\boldsymbol{A}$，$\boldsymbol{B}$ 均是三阶方阵，将 $\boldsymbol{A}$ 中第 3 行乘以 -2 后加到第 2 行上得到矩阵 $\boldsymbol{A}_1$，将 $\boldsymbol{B}$ 中第 2 列加到第 1 列得到矩阵 $\boldsymbol{B}_1$，且 $\boldsymbol{A}_1\boldsymbol{B}_1=\begin{pmatrix}1 & 1 & 1\\ 0 & 2 & 2\\ 0 & 0 & 3\end{pmatrix}$，求 $\boldsymbol{AB}$.

32. 设 $\boldsymbol{A}$ 是三阶方阵，交换 $\boldsymbol{A}$ 的第 1 列和第 2 列得到矩阵 $\boldsymbol{B}$，将 $\boldsymbol{B}$ 的第 2 列加到第 3 列得到矩阵 $\boldsymbol{C}$，求可逆矩阵 $\boldsymbol{Q}$，使得 $\boldsymbol{AQ}=\boldsymbol{C}$.

33. 设矩阵 $\boldsymbol{A}=\begin{pmatrix}2 & 1 & 0 & 0 & 0\\ 0 & 2 & 0 & 0 & 0\\ 0 & 0 & 3 & 0 & 0\\ 0 & 0 & 0 & 3 & 0\\ 0 & 0 & 0 & 0 & 3\end{pmatrix}$，求 $\boldsymbol{A}^n\ (n=1,2,\cdots)$.

34. 用分块矩阵求下列矩阵的乘积：

(1) $\begin{pmatrix}5 & 2 & 0 & 0\\ 2 & 1 & 0 & 0\\ 0 & 0 & 8 & 3\\ 0 & 0 & 5 & 2\end{pmatrix}\begin{pmatrix}3 & 2 & 0 & 0\\ 4 & 5 & 0 & 0\\ 0 & 0 & 4 & 1\\ 0 & 0 & 6 & 2\end{pmatrix}$；

(2) $\begin{pmatrix} 1 & 0 & 1 & 0 & 0 \\ 0 & 2 & -1 & 0 & 0 \\ 3 & 1 & 0 & 0 & 0 \\ 0 & 0 & 0 & -2 & 0 \\ 0 & 0 & 0 & 0 & -2 \end{pmatrix}\begin{pmatrix} 1 & 0 & 1 & 0 & 0 \\ 0 & 2 & 0 & 0 & 0 \\ 0 & 0 & 3 & 0 & 0 \\ 0 & 0 & 0 & -1 & 3 \\ 0 & 0 & 0 & 4 & 2 \end{pmatrix}$.

35. 设矩阵 $\boldsymbol{A}=\begin{pmatrix} 1 & 2 & 0 & 0 \\ -1 & 1 & 0 & 0 \\ 0 & 0 & 3 & 1 \\ 0 & 0 & 2 & -1 \end{pmatrix}$，试用分块矩阵求 $\boldsymbol{A}^{-1}$.

36. 设 $\boldsymbol{A}$ 是 $n\times m$ 矩阵，$\boldsymbol{B}$ 是 m 阶可逆矩阵，$\boldsymbol{C}$ 是 n 阶可逆矩阵，求下列分块矩阵的逆矩阵：

(1) $\begin{pmatrix} \boldsymbol{O} & \boldsymbol{B} \\ \boldsymbol{C} & \boldsymbol{O} \end{pmatrix}$；　　(2) $\begin{pmatrix} \boldsymbol{B} & \boldsymbol{O} \\ \boldsymbol{A} & \boldsymbol{C} \end{pmatrix}$.

37. 用分块矩阵求矩阵 $\begin{pmatrix} 0 & a_1 & 0 & \cdots & 0 \\ 0 & 0 & a_2 & \cdots & 0 \\ \vdots & \vdots & \vdots & & \vdots \\ 0 & 0 & 0 & \cdots & a_{n-1} \\ a_n & 0 & 0 & \cdots & 0 \end{pmatrix}$ 的逆矩阵，其中 $a_1a_2\cdots a_n\neq 0$.

第三章　方阵的行列式

行列式是线性代数的基础．本章将介绍 n 阶行列式的定义、性质、计算和应用，以及行列式的等价定义等内容．

3.1 行列式的定义

3.1.1 二阶行列式

本书第一章介绍了用高斯消元法求解线性方程组，在本章中，对含有 n 个未知量 n 个方程的线性方程组，我们将在存在唯一解的情形下给出解的一个公式.

设有一个二元线性方程组

$$\begin{cases} a_{11}x_1 + a_{12}x_2 = b_1, \\ a_{21}x_1 + a_{22}x_2 = b_2. \end{cases} \tag{3.1}$$

用 a_{22} 乘以方程组(3.1) 中第 1 个方程的两边，用 $-a_{12}$ 乘以方程组(3.1) 中第 2 个方程的两边，再用新得到的第 1 个方程加上新得到的第 2 个方程，可得

$$(a_{11}a_{22} - a_{12}a_{21})x_1 = b_1a_{22} - b_2a_{12}.$$

采用类似的方法可得

$$(a_{11}a_{22} - a_{12}a_{21})x_2 = b_2a_{11} - b_1a_{21}.$$

当 $a_{11}a_{22} - a_{12}a_{21} \neq 0$ 时，方程组有唯一解，且

$$x_1 = \frac{b_1a_{22} - b_2a_{12}}{a_{11}a_{22} - a_{12}a_{21}}, \quad x_2 = \frac{b_2a_{11} - b_1a_{21}}{a_{11}a_{22} - a_{12}a_{21}}.$$

上面这个公式不方便记忆，为此我们引入记号

$$\begin{vmatrix} a_{11} & a_{12} \\ a_{21} & a_{22} \end{vmatrix} = a_{11}a_{22} - a_{12}a_{21},$$

并把它称为**二阶行列式**，则上述方程组的解可用二阶行列式简单地表示为

$$x_1 = \frac{\begin{vmatrix} b_1 & a_{12} \\ b_2 & a_{22} \end{vmatrix}}{\begin{vmatrix} a_{11} & a_{12} \\ a_{21} & a_{22} \end{vmatrix}}, \quad x_2 = \frac{\begin{vmatrix} a_{11} & b_1 \\ a_{21} & b_2 \end{vmatrix}}{\begin{vmatrix} a_{11} & a_{12} \\ a_{21} & a_{22} \end{vmatrix}}. \tag{3.2}$$

注 用二阶行列式表示的解公式(3.2) 中，它们的分母都相同，分子行列式由分母行列式去掉对应 x_i 的第 $i(i=1,2)$ 列，换上了常数列.

3.1.2 三阶行列式

设有三元线性方程组

$$\begin{cases} a_{11}x_1 + a_{12}x_2 + a_{13}x_3 = b_1, \\ a_{21}x_1 + a_{22}x_2 + a_{23}x_3 = b_2, \\ a_{31}x_1 + a_{32}x_2 + a_{33}x_3 = b_3. \end{cases} \tag{3.3}$$

类似二元线性方程组的处理，假定存在 3 个数 A_{11}, A_{21}, A_{31}，分别用它们乘以上述方程组的第 1、第 2 和第 3 个方程，再将 3 个方程相加，恰好使 x_2, x_3 的系数均为零，即

$$\begin{cases} a_{12}A_{11}+a_{22}A_{21}+a_{32}A_{31}=0, \\ a_{13}A_{11}+a_{23}A_{21}+a_{33}A_{31}=0 \end{cases} \tag{3.4}$$

及

$$(a_{11}A_{11}+a_{21}A_{21}+a_{31}A_{31})x_1=b_1A_{11}+b_2A_{21}+b_3A_{31}. \tag{3.5}$$

为得出 A_{11},A_{21},A_{31} 的值,不妨设 $A_{11}\neq 0$,则式(3.4) 可改写为

$$\begin{cases} a_{22}\dfrac{A_{21}}{A_{11}}+a_{32}\dfrac{A_{31}}{A_{11}}=-a_{12}, \\ a_{23}\dfrac{A_{21}}{A_{11}}+a_{33}\dfrac{A_{31}}{A_{11}}=-a_{13}. \end{cases} \tag{3.6}$$

把$\dfrac{A_{21}}{A_{11}},\dfrac{A_{31}}{A_{11}}$看成未知量,用二阶行列式求出它们的解为

$$\frac{A_{21}}{A_{11}}=\frac{\begin{vmatrix} -a_{12} & a_{32} \\ -a_{13} & a_{33} \end{vmatrix}}{\begin{vmatrix} a_{22} & a_{32} \\ a_{23} & a_{33} \end{vmatrix}}=\frac{-\begin{vmatrix} a_{12} & a_{13} \\ a_{32} & a_{33} \end{vmatrix}}{\begin{vmatrix} a_{22} & a_{32} \\ a_{23} & a_{33} \end{vmatrix}},\quad \frac{A_{31}}{A_{11}}=\frac{\begin{vmatrix} a_{22} & -a_{12} \\ a_{23} & -a_{13} \end{vmatrix}}{\begin{vmatrix} a_{22} & a_{32} \\ a_{23} & a_{33} \end{vmatrix}}=\frac{\begin{vmatrix} a_{12} & a_{13} \\ a_{22} & a_{23} \end{vmatrix}}{\begin{vmatrix} a_{22} & a_{32} \\ a_{23} & a_{33} \end{vmatrix}}.$$

不妨令

$$A_{11}=\begin{vmatrix} a_{22} & a_{32} \\ a_{23} & a_{33} \end{vmatrix},\quad A_{21}=-\begin{vmatrix} a_{12} & a_{13} \\ a_{32} & a_{33} \end{vmatrix},\quad A_{31}=\begin{vmatrix} a_{12} & a_{13} \\ a_{22} & a_{23} \end{vmatrix},$$

则 A_{11},A_{21},A_{31} 满足式(3.4).

注 为了更清楚地显示出规律性,上式中$\dfrac{A_{21}}{A_{11}},\dfrac{A_{31}}{A_{11}}$的分子部分进行了改写:

$$\begin{vmatrix} -a_{12} & a_{32} \\ -a_{13} & a_{33} \end{vmatrix}=-a_{12}a_{33}+a_{13}a_{32}=-(a_{12}a_{33}-a_{13}a_{32})=-\begin{vmatrix} a_{12} & a_{13} \\ a_{32} & a_{33} \end{vmatrix},$$

$$\begin{vmatrix} a_{22} & -a_{12} \\ a_{23} & -a_{13} \end{vmatrix}=-a_{22}a_{13}+a_{23}a_{12}=a_{12}a_{23}-a_{22}a_{13}=\begin{vmatrix} a_{12} & a_{13} \\ a_{22} & a_{23} \end{vmatrix}.$$

引入三阶行列式

$$\begin{vmatrix} a_{11} & a_{12} & a_{13} \\ a_{21} & a_{22} & a_{23} \\ a_{31} & a_{32} & a_{33} \end{vmatrix}=a_{11}\begin{vmatrix} a_{22} & a_{23} \\ a_{32} & a_{33} \end{vmatrix}-a_{21}\begin{vmatrix} a_{12} & a_{13} \\ a_{32} & a_{33} \end{vmatrix}+a_{31}\begin{vmatrix} a_{12} & a_{13} \\ a_{22} & a_{23} \end{vmatrix}.$$

当$\begin{vmatrix} a_{11} & a_{12} & a_{13} \\ a_{21} & a_{22} & a_{23} \\ a_{31} & a_{32} & a_{33} \end{vmatrix}\neq 0$时,由式(3.5) 可得

$$x_1=\frac{\begin{vmatrix} b_1 & a_{12} & a_{13} \\ b_2 & a_{22} & a_{23} \\ b_3 & a_{32} & a_{33} \end{vmatrix}}{\begin{vmatrix} a_{11} & a_{12} & a_{13} \\ a_{21} & a_{22} & a_{23} \\ a_{31} & a_{32} & a_{33} \end{vmatrix}}.$$

类似地,可得

$$x_2=\frac{\begin{vmatrix} a_{11} & b_1 & a_{13}\\ a_{21} & b_2 & a_{23}\\ a_{31} & b_3 & a_{33}\end{vmatrix}}{\begin{vmatrix} a_{11} & a_{12} & a_{13}\\ a_{21} & a_{22} & a_{23}\\ a_{31} & a_{32} & a_{33}\end{vmatrix}},\quad x_3=\frac{\begin{vmatrix} a_{11} & a_{12} & b_1\\ a_{21} & a_{22} & b_2\\ a_{31} & a_{32} & b_3\end{vmatrix}}{\begin{vmatrix} a_{11} & a_{12} & a_{13}\\ a_{21} & a_{22} & a_{23}\\ a_{31} & a_{32} & a_{33}\end{vmatrix}}.$$

注　用三阶行列式表示的上述解公式中,它们的分子和分母的特点同二元线性方程组是一样的.我们希望用类似的方法,给出含有 n 个未知量 n 个方程的线性方程组存在唯一解时的解公式.

例 3.1.1　计算行列式 $\begin{vmatrix} 1 & 2 & 3\\ 0 & 2 & 0\\ 2 & 3 & 1\end{vmatrix}$.

解　$\begin{vmatrix} 1 & 2 & 3\\ 0 & 2 & 0\\ 2 & 3 & 1\end{vmatrix}=1\begin{vmatrix} 2 & 0\\ 3 & 1\end{vmatrix}-0\begin{vmatrix} 2 & 3\\ 3 & 1\end{vmatrix}+2\begin{vmatrix} 2 & 3\\ 2 & 0\end{vmatrix}=1(2-0)-0+2(0-6)=-10.$

3.1.3　n 阶行列式

为给出含有 n 个未知量 n 个方程的线性方程组存在唯一解时的解公式,我们先引进 n 阶行列式的定义.令 n 阶方阵

$$\boldsymbol{A}=\begin{pmatrix} a_{11} & a_{12} & \cdots & a_{1n}\\ a_{21} & a_{22} & \cdots & a_{2n}\\ \vdots & \vdots & & \vdots\\ a_{n1} & a_{n2} & \cdots & a_{nn}\end{pmatrix},\tag{3.7}$$

假设 $\boldsymbol{A}$ 中划去第 $i(i=1,2,\cdots,n)$ 行和第 $j(j=1,2,\cdots,n)$ 列后剩下的 $n-1$ 阶子矩阵

$$\boldsymbol{B}_{ij}=\begin{pmatrix} a_{11} & \cdots & a_{1,j-1} & a_{1,j+1} & \cdots & a_{1n}\\ \vdots & & \vdots & \vdots & & \vdots\\ a_{i-1,1} & \cdots & a_{i-1,j-1} & a_{i-1,j+1} & \cdots & a_{i-1,n}\\ a_{i+1,1} & \cdots & a_{i+1,j-1} & a_{i+1,j+1} & \cdots & a_{i+1,n}\\ \vdots & & \vdots & \vdots & & \vdots\\ a_{n1} & \cdots & a_{n,j-1} & a_{n,j+1} & \cdots & a_{nn}\end{pmatrix}$$

的行列式

$$M_{ij}=\begin{vmatrix} a_{11} & \cdots & a_{1,j-1} & a_{1,j+1} & \cdots & a_{1n}\\ \vdots & & \vdots & \vdots & & \vdots\\ a_{i-1,1} & \cdots & a_{i-1,j-1} & a_{i-1,j+1} & \cdots & a_{i-1,n}\\ a_{i+1,1} & \cdots & a_{i+1,j-1} & a_{i+1,j+1} & \cdots & a_{i+1,n}\\ \vdots & & \vdots & \vdots & & \vdots\\ a_{n1} & \cdots & a_{n,j-1} & a_{n,j+1} & \cdots & a_{nn}\end{vmatrix}$$

已经定义好,由此可得下面的定义.

定义 3.1.1 设有式(3.7)所示的 n 阶方阵 $\boldsymbol{A}$,称 $M_{ij}(i=1,2,\cdots,n;j=1,2,\cdots,n)$ 为 a_{ij} 的**余子式**,$A_{ij}=(-1)^{i+j}M_{ij}$ 为 a_{ij} 的**代数余子式**,则 n 阶方阵 $\boldsymbol{A}$ 的行列式为

$$|\boldsymbol{A}|=\begin{cases}a_{11}, & n=1,\\ a_{11}A_{11}+a_{21}A_{21}+\cdots+a_{n1}A_{n1}, & n>1.\end{cases}$$

例 3.1.2 设上三角矩阵

$$\boldsymbol{A}=\begin{pmatrix}a_{11} & a_{12} & \cdots & a_{1,n-1} & a_{1n}\\ 0 & a_{22} & \cdots & a_{2,n-1} & a_{2n}\\ \vdots & \vdots & & \vdots & \vdots\\ 0 & 0 & \cdots & a_{n-1,n-1} & a_{n-1,n}\\ 0 & 0 & \cdots & 0 & a_{nn}\end{pmatrix},$$

证明:$\boldsymbol{A}$ 的行列式为对角线元素的乘积.

证 当 $n=1$ 时,结论显然成立.

当 $n>1$ 时,

$$|\boldsymbol{A}|=\begin{vmatrix}a_{11} & a_{12} & \cdots & a_{1,n-1} & a_{1n}\\ 0 & a_{22} & \cdots & a_{2,n-1} & a_{2n}\\ \vdots & \vdots & & \vdots & \vdots\\ 0 & 0 & \cdots & a_{n-1,n-1} & a_{n-1,n}\\ 0 & 0 & \cdots & 0 & a_{nn}\end{vmatrix}=a_{11}\begin{vmatrix}a_{22} & \cdots & a_{2,n-1} & a_{2n}\\ \vdots & & \vdots & \vdots\\ 0 & \cdots & a_{n-1,n-1} & a_{n-1,n}\\ 0 & \cdots & 0 & a_{nn}\end{vmatrix}$$

$$=\cdots=a_{11}a_{22}\cdots a_{n-2,n-2}\begin{vmatrix}a_{n-1,n-1} & a_{n-1,n}\\ 0 & a_{nn}\end{vmatrix}=a_{11}a_{22}\cdots a_{nn}.$$

3.2 行列式的性质

行列式的计算是一个重要的问题,但直接由定义出发来计算行列式非常麻烦,因此有必要进一步讨论行列式的性质,并利用这些性质来简化行列式的计算.

性质 1 互换行列式任意两行(列),行列式改变符号.

证 仅证行的情形,列的情形类似可证.只需对相邻两行互换,证明结论成立即可.因为任意两行,如 $k,l(k<l)$ 行的互换,可以通过 $k,k+1$ 两行互换,$k+1,k+2$ 两行互换 $\cdots\cdots l-1,l$ 两行互换,$l-1,l-2$ 两行互换 $\cdots\cdots k+1,k$ 两行互换,共 $2(l-k-1)+1=2(l-k)-1$ 次相邻两行互换得到.

下面用数学归纳法证明相邻两行 $k,k+1$ 行互换,行列式变号.

(1) 当 $n=2$ 时,

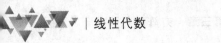

$$\begin{vmatrix} a_{21} & a_{22} \\ a_{11} & a_{12} \end{vmatrix} = a_{21}a_{12} - a_{22}a_{11} = -(a_{11}a_{22} - a_{12}a_{21}) = -\begin{vmatrix} a_{11} & a_{12} \\ a_{21} & a_{22} \end{vmatrix},$$

结论成立.

(2) 假设行列式的阶数为 $n-1$ 时,结论成立.当行列式的阶数为 n 时,令

$$|\boldsymbol{B}| = \begin{vmatrix} a_{11} & a_{12} & \cdots & a_{1n} \\ \vdots & \vdots & & \vdots \\ a_{k+1,1} & a_{k+1,2} & \cdots & a_{k+1,n} \\ a_{k1} & a_{k2} & \cdots & a_{kn} \\ \vdots & \vdots & & \vdots \\ a_{n1} & a_{n2} & \cdots & a_{nn} \end{vmatrix}, \quad |\boldsymbol{A}| = \begin{vmatrix} a_{11} & a_{12} & \cdots & a_{1n} \\ \vdots & \vdots & & \vdots \\ a_{k1} & a_{k2} & \cdots & a_{kn} \\ a_{k+1,1} & a_{k+1,2} & \cdots & a_{k+1,n} \\ \vdots & \vdots & & \vdots \\ a_{n1} & a_{n2} & \cdots & a_{nn} \end{vmatrix},$$

则根据行列式的定义,有

$$|\boldsymbol{B}| = (-1)^{1+1}a_{11}N_{11} + \cdots + (-1)^{k+1}a_{k+1,1}N_{k1} + (-1)^{k+2}a_{k1}N_{k+1,1} + \cdots + (-1)^{n+1}a_{n1}N_{n1},$$
$$|\boldsymbol{A}| = (-1)^{1+1}a_{11}M_{11} + \cdots + (-1)^{k+1}a_{k1}M_{k1} + (-1)^{k+2}a_{k+1,1}M_{k+1,1} + \cdots + (-1)^{n+1}a_{n1}M_{n1},$$

其中 N_{i1} 和 M_{i1} 分别是 $|\boldsymbol{B}|$ 和 $|\boldsymbol{A}|$ 的第 $i(i=1,2,\cdots,n)$ 行第 1 列元素的余子式.由归纳假设及余子式的定义知,

$$N_{i1} = -M_{i1} \quad (i \neq k, k+1), \quad N_{k1} = M_{k+1,1}, \quad N_{k+1,1} = M_{k1}.$$

因此,$|\boldsymbol{B}| = -|\boldsymbol{A}|$,结论成立.

综上所述,对任意阶数 n,结论成立.

推论 3.2.1　若行列式有两行(列)相同,则该行列式等于零.

性质 2　行列式的某一行(列)乘以一个数 c,等于用数 c 乘这个行列式.

证　仅证行的情形,列的情形类似可证.下面用数学归纳法来证明.

令

$$|\boldsymbol{B}| = \begin{vmatrix} a_{11} & a_{12} & \cdots & a_{1n} \\ \vdots & & & \vdots \\ ca_{k1} & ca_{k2} & \cdots & ca_{kn} \\ \vdots & \vdots & & \vdots \\ a_{n1} & a_{n2} & \cdots & a_{nn} \end{vmatrix}, \quad |\boldsymbol{A}| = \begin{vmatrix} a_{11} & a_{12} & \cdots & a_{1n} \\ \vdots & & & \vdots \\ a_{k1} & a_{k2} & \cdots & a_{kn} \\ \vdots & \vdots & & \vdots \\ a_{n1} & a_{n2} & \cdots & a_{nn} \end{vmatrix}.$$

(1) 当 $n=1$ 时,结论成立.

(2) 假设行列式的阶数为 $n-1$ 时,结论成立.当行列式的阶数为 n 时,有

$$|\boldsymbol{B}| = (-1)^{1+1}a_{11}N_{11} + \cdots + (-1)^{k+1}ca_{k1}N_{k1} + \cdots + (-1)^{n+1}a_{n1}N_{n1},$$
$$|\boldsymbol{A}| = (-1)^{1+1}a_{11}M_{11} + \cdots + (-1)^{k+1}a_{k1}M_{k1} + \cdots + (-1)^{n+1}a_{n1}M_{n1},$$

其中 N_{i1} 和 M_{i1} 分别是 $|\boldsymbol{B}|$ 和 $|\boldsymbol{A}|$ 的第 $i(i=1,2,\cdots,n)$ 行第 1 列元素的余子式.由归纳假设及余子式的定义知,$N_{i1}=cM_{i1}(i \neq k)$,$N_{k1}=M_{k1}$.因此,$|\boldsymbol{B}|=c|\boldsymbol{A}|$,结论成立.

综上所述,对任意阶数 n,结论成立.

推论 3.2.2　若行列式中某一行(列)的元素均为零,则该行列式等于零.

推论 3.2.3　若行列式中有两行(列)成比例,则该行列式等于零.

性质 3　若行列式某一行(列)的元素都是两数之和,如第 k 行的元素都是两数之和:

$$|\boldsymbol{A}|=\begin{vmatrix} a_{11} & a_{12} & \cdots & a_{1n} \\ \vdots & \vdots & & \vdots \\ b_{k1}+c_{k1} & b_{k2}+c_{k2} & \cdots & b_{kn}+c_{kn} \\ \vdots & \vdots & & \vdots \\ a_{n1} & a_{n2} & \cdots & a_{nn} \end{vmatrix},$$

则

$$|\boldsymbol{A}|=\begin{vmatrix} a_{11} & a_{12} & \cdots & a_{1n} \\ \vdots & \vdots & & \vdots \\ b_{k1} & b_{k2} & \cdots & b_{kn} \\ \vdots & \vdots & & \vdots \\ a_{n1} & a_{n2} & \cdots & a_{nn} \end{vmatrix}+\begin{vmatrix} a_{11} & a_{12} & \cdots & a_{1n} \\ \vdots & \vdots & & \vdots \\ c_{k1} & c_{k2} & \cdots & c_{kn} \\ \vdots & \vdots & & \vdots \\ a_{n1} & a_{n2} & \cdots & a_{nn} \end{vmatrix}.$$

证明留给读者自己完成.

性质 4 把行列式的某一行(列)乘以一个数 c 后加到另一行(列)上,行列式不变.例如,把行列式第 l 行的各元素乘以常数 c 后加到第 k 行对应的元素上,有

$$\begin{vmatrix} a_{11} & a_{12} & \cdots & a_{1n} \\ \vdots & \vdots & & \vdots \\ a_{k1} & a_{k2} & \cdots & a_{kn} \\ \vdots & \vdots & & \vdots \\ a_{l1} & a_{l2} & \cdots & a_{ln} \\ \vdots & \vdots & & \vdots \\ a_{n1} & a_{n2} & \cdots & a_{nn} \end{vmatrix}=\begin{vmatrix} a_{11} & a_{12} & \cdots & a_{1n} \\ \vdots & \vdots & & \vdots \\ a_{k1}+ca_{l1} & a_{k2}+ca_{l2} & \cdots & a_{kn}+ca_{ln} \\ \vdots & \vdots & & \vdots \\ a_{l1} & a_{l2} & \cdots & a_{ln} \\ \vdots & \vdots & & \vdots \\ a_{n1} & a_{n2} & \cdots & a_{nn} \end{vmatrix}.$$

证 由性质 3 及推论 3.2.3 可得.

定理 3.2.1 **设 $\boldsymbol{A}$ 是 n 阶方阵,$\boldsymbol{P}$ 是 n 阶初等矩阵,则**

$$|\boldsymbol{PA}|=|\boldsymbol{P}||\boldsymbol{A}|,\quad |\boldsymbol{AP}|=|\boldsymbol{A}||\boldsymbol{P}|,$$

其中

$$|\boldsymbol{P}|=\begin{cases} -1, & \boldsymbol{P}=\boldsymbol{E}(i,j), \\ k, & \boldsymbol{P}=\boldsymbol{E}(i(k)), \\ 1, & \boldsymbol{P}=\boldsymbol{E}(i,j(k)). \end{cases}$$

定理 3.2.2 **n 阶方阵 $\boldsymbol{A}$ 可逆当且仅当 $|\boldsymbol{A}|\neq 0$.**

证 方阵 $\boldsymbol{A}$ 可以通过初等行变换化为行最简形矩阵 $\boldsymbol{U}$,即存在若干个初等矩阵 $\boldsymbol{P}_1$,$\boldsymbol{P}_2,\cdots,\boldsymbol{P}_k$,使得

$$\boldsymbol{U}=\boldsymbol{P}_k\cdots\boldsymbol{P}_2\boldsymbol{P}_1\boldsymbol{A}.$$

显然,$\boldsymbol{A}$ 可逆当且仅当 $\boldsymbol{U}$ 是单位矩阵 $\boldsymbol{E}$,此时 $|\boldsymbol{U}|=|\boldsymbol{E}|=1\neq 0$.又由定理 3.2.1 知,

$$|\boldsymbol{U}|=|\boldsymbol{P}_k\cdots\boldsymbol{P}_2\boldsymbol{P}_1\boldsymbol{A}|=|\boldsymbol{P}_k|\cdots|\boldsymbol{P}_2||\boldsymbol{P}_1||\boldsymbol{A}|,$$

则 $\boldsymbol{U}$ 是单位矩阵 $\boldsymbol{E}$ 当且仅当 $|\boldsymbol{A}|\neq 0$.因此可得,$\boldsymbol{A}$ 可逆当且仅当 $|\boldsymbol{A}|\neq 0$.

定理 3.2.3 **设 $\boldsymbol{A},\boldsymbol{B}$ 是 n 阶方阵,则**

$$|\boldsymbol{AB}|=|\boldsymbol{A}||\boldsymbol{B}|.$$

证　若方阵 $\boldsymbol{A}$ 不可逆，由初等行变换可知，存在初等矩阵 $\boldsymbol{P}_1,\boldsymbol{P}_2,\cdots,\boldsymbol{P}_k$，使得 $\boldsymbol{P}_k\cdots\boldsymbol{P}_2\boldsymbol{P}_1\boldsymbol{A}$ 有零行，则 $\boldsymbol{P}_k\cdots\boldsymbol{P}_2\boldsymbol{P}_1\boldsymbol{AB}$ 有零行，即 $|\boldsymbol{P}_k\cdots\boldsymbol{P}_2\boldsymbol{P}_1\boldsymbol{AB}|=0$，从而由定理 3.2.1 知 $|\boldsymbol{AB}|=0$.又 $\boldsymbol{A}$ 不可逆，则 $|\boldsymbol{A}|=0$，从而可得 $|\boldsymbol{AB}|=|\boldsymbol{A}||\boldsymbol{B}|$.

若方阵 $\boldsymbol{A}$ 可逆，则 $\boldsymbol{A}$ 可写成若干个初等矩阵的乘积，即存在初等矩阵 $\boldsymbol{P}_1,\boldsymbol{P}_2,\cdots,\boldsymbol{P}_k$，使得 $\boldsymbol{A}=\boldsymbol{P}_1\boldsymbol{P}_2\cdots\boldsymbol{P}_k$.因此有

$$|\boldsymbol{AB}|=|\boldsymbol{P}_1\boldsymbol{P}_2\cdots\boldsymbol{P}_k\boldsymbol{B}|=|\boldsymbol{P}_1||\boldsymbol{P}_2|\cdots|\boldsymbol{P}_k||\boldsymbol{B}|=|\boldsymbol{P}_1\boldsymbol{P}_2\cdots\boldsymbol{P}_k||\boldsymbol{B}|=|\boldsymbol{A}||\boldsymbol{B}|.$$

作为行列式性质的应用，下面来看一个化简行列式的方法 —— 化为**上三角行列式**（上三角矩阵对应的行列式称为上三角行列式）：此方法类似于将矩阵化为行阶梯形矩阵，差别在于行列式可以同时使用初等列变换.

例 3.2.1　计算行列式

$$|\boldsymbol{A}|=\begin{vmatrix}1&2&3&4\\2&3&4&1\\3&4&1&2\\4&1&2&3\end{vmatrix}.$$

解

$$|\boldsymbol{A}|\xlongequal[r_4-4r_1]{\substack{r_2-2r_1\\r_3-3r_1}}\begin{vmatrix}1&2&3&4\\0&-1&-2&-7\\0&-2&-8&-10\\0&-7&-10&-13\end{vmatrix}\xlongequal[r_4-7r_2]{r_3-2r_2}\begin{vmatrix}1&2&3&4\\0&-1&-2&-7\\0&0&-4&4\\0&0&4&36\end{vmatrix}$$

$$\xlongequal{r_4+r_3}\begin{vmatrix}1&2&3&4\\0&-1&-2&-7\\0&0&-4&4\\0&0&0&40\end{vmatrix}=160.$$

3.3　行列式按行(列)展开

按定义计算行列式有诸多不便，若行列式可按任意行(列)展开，则将大大简化计算.本节就来讨论行列式的按行(列)展开公式.

定理 3.3.1　**设** $|\boldsymbol{A}|$ **是** n **阶行列式，**A_{ik} **是** $|\boldsymbol{A}|$ **的第** $i(i=1,2,\cdots,n)$ **行第** $k(k=1,2,\cdots,n)$ **列元素** a_{ik} **的代数余子式，则有**

$$|\boldsymbol{A}|=a_{1k}A_{1k}+a_{2k}A_{2k}+\cdots+a_{nk}A_{nk}.$$

证　令

$$|\boldsymbol{A}|=\begin{vmatrix} a_{11} & \cdots & a_{1,k-1} & a_{1k} & a_{1,k+1} & \cdots & a_{1n} \\ a_{21} & \cdots & a_{2,k-1} & a_{2k} & a_{2,k+1} & \cdots & a_{2n} \\ \vdots & & \vdots & \vdots & \vdots & & \vdots \\ a_{n1} & \cdots & a_{n,k-1} & a_{nk} & a_{n,k+1} & \cdots & a_{nn} \end{vmatrix},$$

利用行列式的性质 1 可得

$$\begin{aligned} |\boldsymbol{A}| &= (-1)^{k-1}\begin{vmatrix} a_{1k} & a_{11} & \cdots & a_{1,k-1} & a_{1,k+1} & \cdots & a_{1n} \\ a_{2k} & a_{21} & \cdots & a_{2,k-1} & a_{2,k+1} & \cdots & a_{2n} \\ \vdots & \vdots & & \vdots & \vdots & & \vdots \\ a_{nk} & a_{n1} & \cdots & a_{n,k-1} & a_{n,k+1} & \cdots & a_{nn} \end{vmatrix} \\ &= (-1)^{k-1}[a_{1k}N_{11}-a_{2k}N_{21}+\cdots+(-1)^{n+1}a_{nk}N_{n1}] \\ &= (-1)^{k-1}[a_{1k}M_{1k}-a_{2k}M_{2k}+\cdots+(-1)^{n+1}a_{nk}M_{nk}] \\ &= (-1)^{1+k}a_{1k}M_{1k}+(-1)^{2+k}a_{2k}M_{2k}+\cdots+(-1)^{n+k}a_{nk}M_{nk} \\ &= a_{1k}A_{1k}+a_{2k}A_{2k}+\cdots+a_{nk}A_{nk}, \end{aligned}$$

其中 N_{i1} 是 $\begin{vmatrix} a_{1k} & a_{11} & \cdots & a_{1,k-1} & a_{1,k+1} & \cdots & a_{1n} \\ a_{2k} & a_{21} & \cdots & a_{2,k-1} & a_{2,k+1} & \cdots & a_{2n} \\ \vdots & \vdots & & \vdots & \vdots & & \vdots \\ a_{nk} & a_{n1} & \cdots & a_{n,k-1} & a_{n,k+1} & \cdots & a_{nn} \end{vmatrix}$ 的第 i 行第 1 列元素 $a_{i1}\,(i=1,2,\cdots,n)$ 的余子式，M_{ik} 是 $|\boldsymbol{A}|$ 的第 i 行第 k 列元素 $a_{ik}\,(i=1,2,\cdots,n;k=1,2,\cdots,n)$ 的余子式.

例 3.3.1 计算行列式

$$|\boldsymbol{A}|=\begin{vmatrix} 0 & -1 & -1 & 2 \\ 1 & -1 & 0 & 2 \\ -1 & 2 & -1 & 0 \\ 2 & 1 & 1 & 0 \end{vmatrix}.$$

解
$$\begin{aligned} |\boldsymbol{A}| &= \begin{vmatrix} 0 & -1 & -1 & 2 \\ 1 & 0 & 1 & 0 \\ -1 & 2 & -1 & 0 \\ 2 & 1 & 1 & 0 \end{vmatrix} = -2\begin{vmatrix} 1 & 0 & 1 \\ -1 & 2 & -1 \\ 2 & 1 & 1 \end{vmatrix} \\ &= -2\begin{vmatrix} 1 & 0 & 0 \\ -1 & 2 & 0 \\ 2 & 1 & -1 \end{vmatrix} = -2\begin{vmatrix} 2 & 0 \\ 1 & -1 \end{vmatrix} = 4. \end{aligned}$$

定理 3.3.2 设 $|\boldsymbol{A}|$ 是 n 阶行列式，A_{kj} 是 $|\boldsymbol{A}|$ 的第 $k\,(k=1,2,\cdots,n)$ 行第 $j\,(j=1,2,\cdots,n)$ 列元素 a_{kj} 的代数余子式，则有

$$|\boldsymbol{A}|=a_{k1}A_{k1}+a_{k2}A_{k2}+\cdots+a_{kn}A_{kn}.$$

证 仅对 $k=1$ 的情形加以证明，其余同理可证.

令

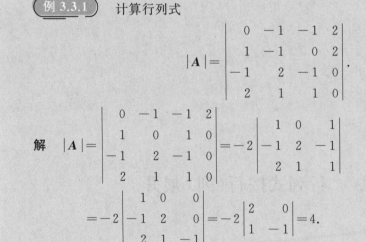

$$|\boldsymbol{A}|=\begin{vmatrix} a_{11} & a_{12} & \cdots & a_{1n} \\ a_{21} & a_{22} & \cdots & a_{2n} \\ \vdots & \vdots & & \vdots \\ a_{n1} & a_{n2} & \cdots & a_{nn} \end{vmatrix},$$

利用行列式的性质 3 及定理 3.3.1 可得

$$\begin{aligned}|\boldsymbol{A}|&=\begin{vmatrix} a_{11} & 0 & \cdots & 0 \\ a_{21} & a_{22} & \cdots & a_{2n} \\ \vdots & \vdots & & \vdots \\ a_{n1} & a_{n2} & \cdots & a_{nn} \end{vmatrix}+\begin{vmatrix} 0 & a_{12} & \cdots & 0 \\ a_{21} & a_{22} & \cdots & a_{2n} \\ \vdots & \vdots & & \vdots \\ a_{n1} & a_{n2} & \cdots & a_{nn} \end{vmatrix}+\cdots+\begin{vmatrix} 0 & 0 & \cdots & a_{1n} \\ a_{21} & a_{22} & \cdots & a_{2n} \\ \vdots & \vdots & & \vdots \\ a_{n1} & a_{n2} & \cdots & a_{nn} \end{vmatrix}\\ &=a_{11}A_{11}+a_{12}A_{12}+\cdots+a_{1n}A_{1n}.\end{aligned}$$

例 3.3.2　计算行列式

$$|\boldsymbol{A}|=\begin{vmatrix} 3 & 0 & 4 & 0 \\ 2 & 2 & 2 & 2 \\ 0 & -7 & 0 & 0 \\ 5 & 3 & -2 & 2 \end{vmatrix}.$$

解　$$\begin{aligned}|\boldsymbol{A}|&=(-7)\times(-1)^{3+2}\begin{vmatrix} 3 & 4 & 0 \\ 2 & 2 & 2 \\ 5 & -2 & 2 \end{vmatrix}=7\begin{vmatrix} 3 & 4 & 0 \\ 2 & 2 & 2 \\ 3 & -4 & 0 \end{vmatrix}\\ &=7\times2\times(-1)^{2+3}\begin{vmatrix} 3 & 4 \\ 3 & -4 \end{vmatrix}=336.\end{aligned}$$

例 3.3.3　计算行列式

$$|\boldsymbol{A}|=\begin{vmatrix} 1 & 2 & 0 & 0 \\ 3 & 4 & 0 & 0 \\ 4 & 5 & -1 & 2 \\ 6 & 3 & 1 & 0 \end{vmatrix}.$$

解　$$|\boldsymbol{A}|=2\times(-1)^{3+4}\begin{vmatrix} 1 & 2 & 0 \\ 3 & 4 & 0 \\ 6 & 3 & 1 \end{vmatrix}=-2\times1\times(-1)^{3+3}\begin{vmatrix} 1 & 2 \\ 3 & 4 \end{vmatrix}=4.$$

注　从例 3.3.3 的结果发现

$$\begin{vmatrix} 1 & 2 & 0 & 0 \\ 3 & 4 & 0 & 0 \\ 4 & 5 & -1 & 2 \\ 6 & 3 & 1 & 0 \end{vmatrix}=\begin{vmatrix} 1 & 2 \\ 3 & 4 \end{vmatrix}\begin{vmatrix} -1 & 2 \\ 1 & 0 \end{vmatrix}.$$

事实上,它对一般情形也是成立的,即

$$\begin{vmatrix} a_{11} & \cdots & a_{1k} & 0 & \cdots & 0 \\ \vdots & & \vdots & \vdots & & \vdots \\ a_{k1} & \cdots & a_{kk} & 0 & \cdots & 0 \\ c_{11} & \cdots & c_{1k} & b_{11} & \cdots & b_{1n} \\ \vdots & & \vdots & \vdots & & \vdots \\ c_{n1} & \cdots & c_{nk} & b_{n1} & \cdots & b_{nn} \end{vmatrix} = \begin{vmatrix} a_{11} & \cdots & a_{1k} \\ \vdots & & \vdots \\ a_{k1} & \cdots & a_{kk} \end{vmatrix} \begin{vmatrix} b_{11} & \cdots & b_{1n} \\ \vdots & & \vdots \\ b_{n1} & \cdots & b_{nn} \end{vmatrix}.$$

例 3.3.4 当 $n \geqslant 2$ 时，证明：范德蒙德(Vandermonde)行列式

$$D_n = \begin{vmatrix} 1 & 1 & 1 & \cdots & 1 \\ a_1 & a_2 & a_3 & \cdots & a_n \\ a_1^2 & a_2^2 & a_3^2 & \cdots & a_n^2 \\ \vdots & \vdots & \vdots & & \vdots \\ a_1^{n-1} & a_2^{n-1} & a_3^{n-1} & \cdots & a_n^{n-1} \end{vmatrix} = \prod_{1 \leqslant i < j \leqslant n} (a_j - a_i).$$

证 用数学归纳法证明.

当 $n=2$ 时，

$$\begin{vmatrix} 1 & 1 \\ a_1 & a_2 \end{vmatrix} = a_2 - a_1,$$

结论成立.

设对 $n-1$ 阶范德蒙德行列式，上述结论成立，下面来看 n 阶的情形.从第 n 行开始，依次将后一行减去前一行的 a_1 倍，即

$$D_n \xrightarrow[i=n,n-1,\cdots,2]{r_i - a_1 r_{i-1}} \begin{vmatrix} 1 & 1 & 1 & \cdots & 1 \\ 0 & a_2 - a_1 & a_3 - a_1 & \cdots & a_n - a_1 \\ 0 & a_2(a_2 - a_1) & a_3(a_3 - a_1) & \cdots & a_n(a_n - a_1) \\ \vdots & \vdots & \vdots & & \vdots \\ 0 & a_2^{n-2}(a_2 - a_1) & a_3^{n-2}(a_3 - a_1) & \cdots & a_n^{n-2}(a_n - a_1) \end{vmatrix}$$

$$= 1 \times (-1)^{1+1} \begin{vmatrix} a_2 - a_1 & a_3 - a_1 & \cdots & a_n - a_1 \\ a_2(a_2 - a_1) & a_3(a_3 - a_1) & \cdots & a_n(a_n - a_1) \\ \vdots & \vdots & & \vdots \\ a_2^{n-2}(a_2 - a_1) & a_3^{n-2}(a_3 - a_1) & \cdots & a_n^{n-2}(a_n - a_1) \end{vmatrix}$$

$$= \prod_{2 \leqslant j \leqslant n} (a_j - a_1) \begin{vmatrix} 1 & 1 & \cdots & 1 \\ a_2 & a_3 & \cdots & a_n \\ \vdots & \vdots & & \vdots \\ a_2^{n-2} & a_3^{n-2} & \cdots & a_n^{n-2} \end{vmatrix}.$$

根据归纳假设，

$$\begin{vmatrix} 1 & 1 & \cdots & 1 \\ a_2 & a_3 & \cdots & a_n \\ \vdots & \vdots & & \vdots \\ a_2^{n-2} & a_3^{n-2} & \cdots & a_n^{n-2} \end{vmatrix} = \prod_{2 \leqslant i < j \leqslant n} (a_j - a_i),$$

于是 $D_n = \prod\limits_{1 \leqslant i < j \leqslant n} (a_j - a_i)$，结论成立.

综上所述，对任意的 n 阶范德蒙德行列式，结论成立.

定理 3.3.3　**设 A 为 n 阶方阵，则 $|A^{\mathrm{T}}| = |A|$.**

证　用数学归纳法证明.

当 $n=1$ 时，$A=(a_{11})=A^{\mathrm{T}}$，故 $|A^{\mathrm{T}}|=|A|=a_{11}$，结论成立.

假设对 $n-1$ 阶方阵，上述结论成立，下面来看 n 阶的情形.

令 $|A| = \begin{vmatrix} a_{11} & a_{12} & \cdots & a_{1n} \\ a_{21} & a_{22} & \cdots & a_{2n} \\ \vdots & \vdots & & \vdots \\ a_{n1} & a_{n2} & \cdots & a_{nn} \end{vmatrix}$，则

$$\begin{aligned} |A^{\mathrm{T}}| &= \begin{vmatrix} a_{11} & a_{21} & \cdots & a_{n1} \\ a_{12} & a_{22} & \cdots & a_{n2} \\ \vdots & \vdots & & \vdots \\ a_{1n} & a_{2n} & \cdots & a_{nn} \end{vmatrix} \\ &= (-1)^{1+1} a_{11} \begin{vmatrix} a_{22} & a_{32} & \cdots & a_{n2} \\ a_{23} & a_{33} & \cdots & a_{n3} \\ \vdots & \vdots & & \vdots \\ a_{2n} & a_{3n} & \cdots & a_{nn} \end{vmatrix} + (-1)^{2+1} a_{12} \begin{vmatrix} a_{21} & a_{31} & \cdots & a_{n1} \\ a_{23} & a_{33} & \cdots & a_{n3} \\ \vdots & \vdots & & \vdots \\ a_{2n} & a_{3n} & \cdots & a_{nn} \end{vmatrix} \\ &\quad + \cdots + (-1)^{n+1} a_{1n} \begin{vmatrix} a_{21} & a_{31} & \cdots & a_{n1} \\ a_{22} & a_{32} & \cdots & a_{n2} \\ \vdots & \vdots & & \vdots \\ a_{2,n-1} & a_{3,n-1} & \cdots & a_{n,n-1} \end{vmatrix}. \end{aligned}$$

由归纳假设，上式可改写成

$$\begin{aligned} |A^{\mathrm{T}}| &= (-1)^{1+1} a_{11} \begin{vmatrix} a_{22} & a_{23} & \cdots & a_{2n} \\ a_{32} & a_{33} & \cdots & a_{3n} \\ \vdots & \vdots & & \vdots \\ a_{n2} & a_{n3} & \cdots & a_{nn} \end{vmatrix} + (-1)^{1+2} a_{12} \begin{vmatrix} a_{21} & a_{23} & \cdots & a_{2n} \\ a_{31} & a_{33} & \cdots & a_{3n} \\ \vdots & \vdots & & \vdots \\ a_{n1} & a_{n3} & \cdots & a_{nn} \end{vmatrix} \\ &\quad + \cdots + (-1)^{1+n} a_{1n} \begin{vmatrix} a_{21} & a_{22} & \cdots & a_{2,n-1} \\ a_{31} & a_{32} & \cdots & a_{3,n-1} \\ \vdots & \vdots & & \vdots \\ a_{n1} & a_{n2} & \cdots & a_{n,n-1} \end{vmatrix}, \end{aligned}$$

即$|\boldsymbol{A}^{\mathrm{T}}|=|\boldsymbol{A}|$,结论成立.

综上所述,对任意n阶方阵$\boldsymbol{A}$,有$|\boldsymbol{A}^{\mathrm{T}}|=|\boldsymbol{A}|$.

定理 3.3.4 **设$\boldsymbol{A}=(a_{ij})$为n阶方阵,$A_{ij}(i=1,2,\cdots,n;j=1,2,\cdots,n)$为$a_{ij}$的代数余子式,则当$i\neq j$时,**

$$a_{i1}A_{j1}+a_{i2}A_{j2}+\cdots+a_{in}A_{jn}=0,$$
$$a_{1i}A_{1j}+a_{2i}A_{2j}+\cdots+a_{ni}A_{nj}=0.$$

在证明该定理之前,我们先用一个简单的例子来解释定理 3.3.4 所表达的意思.设有两个行列式

$$|\boldsymbol{A}|=\begin{vmatrix}2&5&4\\3&1&2\\5&4&6\end{vmatrix},\quad |\boldsymbol{B}|=\begin{vmatrix}a&b&c\\3&1&2\\5&4&6\end{vmatrix},$$

这两个行列式除第一行外,其余元素都是一样的,这意味着这两个行列式第一行元素对应的代数余子式是一致的.设A_{11},A_{12},A_{13}为$|\boldsymbol{A}|$第一行元素对应的代数余子式,则

$$|\boldsymbol{B}|=\begin{vmatrix}a&b&c\\3&1&2\\5&4&6\end{vmatrix}=aA_{11}+bA_{12}+cA_{13}.$$

证 很显然,当$i\neq j$(不妨设$i<j$)时,由推论 3.2.1,有

$$a_{i1}A_{j1}+a_{i2}A_{j2}+\cdots+a_{in}A_{jn}=\begin{vmatrix}a_{11}&a_{12}&\cdots&a_{1n}\\\vdots&\vdots&&\vdots\\a_{i1}&a_{i2}&\cdots&a_{in}\\\vdots&\vdots&&\vdots\\a_{i1}&a_{i2}&\cdots&a_{in}\\\vdots&\vdots&&\vdots\\a_{n1}&a_{n2}&\cdots&a_{nn}\end{vmatrix}\begin{matrix}\\\\\leftarrow\text{第 }i\text{ 行}\\\\\leftarrow\text{第 }j\text{ 行}\\\\\\\end{matrix}=0.$$

同理可证

$$a_{1i}A_{1j}+a_{2i}A_{2j}+\cdots+a_{ni}A_{nj}=0.$$

例 3.3.5 已知行列式

$$|\boldsymbol{A}|=\begin{vmatrix}-2&3&2&4\\1&-2&3&2\\3&2&3&4\\0&4&-2&5\end{vmatrix},$$

$A_{ij}(i=1,2,3,4;j=1,2,3,4)$是元素$a_{ij}$的代数余子式,求$3A_{21}+2A_{22}+3A_{23}+4A_{24}$.

解　$3A_{21}+2A_{22}+3A_{23}+4A_{24}=\begin{vmatrix}-2&3&2&4\\3&2&3&4\\3&2&3&4\\0&4&-2&5\end{vmatrix}=0.$

3.4 行列式的应用

本节利用前面几节介绍的理论导出一些具有重要理论意义的公式,并给出行列式的几何解释.

3.4.1 克拉默法则

含有 n 个未知量 n 个方程的线性方程组存在唯一解时的解公式可由克拉默(Cramer)法则给出.克拉默法则在各种理论计算中是经常用到的.例如,它可用来研究线性方程组 $\boldsymbol{Ax}=\boldsymbol{\beta}$ 的解因 $\boldsymbol{\beta}$ 中的元素变化会产生什么样的影响.

定理 3.4.1　**(克拉默法则) 如果线性方程组**

$$\begin{cases}a_{11}x_1+a_{12}x_2+\cdots+a_{1n}x_n=b_1,\\a_{21}x_1+a_{22}x_2+\cdots+a_{2n}x_n=b_2,\\\cdots\cdots\\a_{n1}x_1+a_{n2}x_2+\cdots+a_{nn}x_n=b_n\end{cases}\tag{3.8}$$

的系数矩阵

$$\boldsymbol{A}=\begin{pmatrix}a_{11}&a_{12}&\cdots&a_{1n}\\a_{21}&a_{22}&\cdots&a_{2n}\\\vdots&\vdots&&\vdots\\a_{n1}&a_{n2}&\cdots&a_{nn}\end{pmatrix}\tag{3.9}$$

的行列式(称为系数行列式) 不为零,即

$$D=|\boldsymbol{A}|\neq 0,$$

那么线性方程组(3.8) **存在唯一解,且解可以表示为**

$$x_1=\frac{D_1}{D},\quad x_2=\frac{D_2}{D},\quad\cdots,\quad x_n=\frac{D_n}{D},\tag{3.10}$$

其中 $D_j\,(j=1,2,\cdots,n)$ **是把** $\boldsymbol{A}$ **中第** j **列换成线性方程组**(3.8) **的常数项** $b_1,b_2,\cdots,b_n$ **所成的矩阵的行列式,即**

$$D_j=\begin{vmatrix} a_{11} & a_{12} & \cdots & a_{1,j-1} & b_1 & a_{1,j+1} & \cdots & a_{1n} \\ a_{21} & a_{22} & \cdots & a_{2,j-1} & b_2 & a_{2,j+1} & \cdots & a_{2n} \\ \vdots & \vdots & & \vdots & \vdots & \vdots & & \vdots \\ a_{n1} & a_{n2} & \cdots & a_{n,j-1} & b_n & a_{n,j+1} & \cdots & a_{nn} \end{vmatrix}. \tag{3.11}$$

证 当 $n=1$ 时,结论是显然的.设 $n>1$,分别以 $A_{1j},A_{2j},\cdots,A_{nj}\ (j=1,2,\cdots,n)$ 乘线性方程组(3.8) 的第 $1,2,\cdots,n$ 个方程,然后相加,得

$$(a_{11}A_{1j}+a_{21}A_{2j}+\cdots+a_{n1}A_{nj})x_1+(a_{12}A_{1j}+a_{22}A_{2j}+\cdots+a_{n2}A_{nj})x_2+\cdots$$
$$+(a_{1n}A_{1j}+a_{2n}A_{2j}+\cdots+a_{nn}A_{nj})x_n=b_1A_{1j}+b_2A_{2j}+\cdots+b_nA_{nj}.$$

由定理 3.3.4 及行列式按行(列) 展开公式,上述等式可化简为

$$Dx_1=D_1,\quad Dx_2=D_2,\quad \cdots,\quad Dx_n=D_n. \tag{3.12}$$

当 $D\neq 0$ 时,线性方程组(3.8) 有唯一解,即式(3.10).

下面证明式(3.10) 是线性方程组(3.8) 的解.把式(3.10) 直接代入线性方程组(3.8),则其第 $i\,(i=1,2,\cdots,n)$ 个方程的左边,有

$$\begin{aligned} a_{i1}\frac{D_1}{D}+a_{i2}\frac{D_2}{D}+\cdots+a_{in}\frac{D_n}{D} &= \frac{1}{D}(a_{i1}D_1+a_{i2}D_2+\cdots+a_{in}D_n) \\ &= \frac{1}{D}[a_{i1}(b_1A_{11}+b_2A_{21}+\cdots+b_nA_{n1}) \\ &\quad +a_{i2}(b_1A_{12}+b_2A_{22}+\cdots+b_nA_{n2})+\cdots \\ &\quad +a_{in}(b_1A_{1n}+b_2A_{2n}+\cdots+b_nA_{nn})] \\ &= \frac{1}{D}[b_1(a_{i1}A_{11}+a_{i2}A_{12}+\cdots+a_{in}A_{1n}) \\ &\quad +b_2(a_{i1}A_{21}+a_{i2}A_{22}+\cdots+a_{in}A_{2n})+\cdots \\ &\quad +b_n(a_{i1}A_{n1}+a_{i2}A_{n2}+\cdots+a_{in}A_{nn})] \\ &= \frac{1}{D}(b_iD)=b_i, \end{aligned}$$

即把式(3.10) 代入线性方程组(3.8) 的每个方程,它们均成立.因此,式(3.10) 是线性方程组(3.8) 的解.

综上所述,当 $D\neq 0$ 时,线性方程组(3.8) 有唯一解,且这个解由式(3.10) 给出.

例 3.4.1 利用克拉默法则求解线性方程组

$$\begin{cases} 2x_1+x_2-5x_3=7, \\ x_1-3x_2=15, \\ 2x_2-x_3=-7. \end{cases}$$

解 这个方程组的系数行列式

$$D=\begin{vmatrix} 2 & 1 & -5 \\ 1 & -3 & 0 \\ 0 & 2 & -1 \end{vmatrix}=-3\neq 0,$$

应用克拉默法则,有

$$D_1=\begin{vmatrix}7&1&-5\\15&-3&0\\-7&2&-1\end{vmatrix}=-9,\quad D_2=\begin{vmatrix}2&7&-5\\1&15&0\\0&-7&-1\end{vmatrix}=12,\quad D_3=\begin{vmatrix}2&1&7\\1&-3&15\\0&2&-7\end{vmatrix}=3,$$

得方程组的解为

$$x_1=\frac{D_1}{D}=3,\quad x_2=\frac{D_2}{D}=-4,\quad x_3=\frac{D_3}{D}=-1.$$

3.4.2　公式法求逆矩阵

由克拉默法则可以容易导出一个求逆矩阵的一般公式.设 $\boldsymbol{A}$ 是一个 n 阶可逆矩阵,则 $\boldsymbol{A}^{-1}$ 的第 $j(j=1,2,\cdots,n)$ 列 $\boldsymbol{x}_j=\begin{pmatrix}x_{j1}\\x_{j2}\\\vdots\\x_{jn}\end{pmatrix}$ 满足 $\boldsymbol{A}\boldsymbol{x}_j=\boldsymbol{e}_j$,其中 $\boldsymbol{e}_j$ 是 n 阶单位矩阵 $\boldsymbol{E}$ 的第 j 列.因此,由克拉默法则可知,

$$x_{ji}=\frac{1}{|\boldsymbol{A}|}\begin{vmatrix}a_{11}&\cdots&a_{1,i-1}&0&a_{1,i+1}&\cdots&a_{1n}\\a_{21}&\cdots&a_{2,i-1}&0&a_{2,i+1}&\cdots&a_{2n}\\\vdots&&\vdots&\vdots&\vdots&&\vdots\\a_{j1}&\cdots&a_{j,i-1}&1&a_{j,i+1}&\cdots&a_{jn}\\\vdots&&\vdots&\vdots&\vdots&&\vdots\\a_{n1}&\cdots&a_{n,i-1}&0&a_{n,i+1}&\cdots&a_{nn}\end{vmatrix}=\frac{A_{ji}}{|\boldsymbol{A}|},$$

即

$$\boldsymbol{A}^{-1}=\frac{1}{|\boldsymbol{A}|}\begin{pmatrix}A_{11}&A_{21}&\cdots&A_{n1}\\A_{12}&A_{22}&\cdots&A_{n2}\\\vdots&\vdots&&\vdots\\A_{1n}&A_{2n}&\cdots&A_{nn}\end{pmatrix},$$

其中 $A_{ij}(i=1,2,\cdots,n;j=1,2,\cdots,n)$ 为元素 a_{ij} 的代数余子式.

定义 3.4.1　称

$$\boldsymbol{A}^*=\begin{pmatrix}A_{11}&A_{21}&\cdots&A_{n1}\\A_{12}&A_{22}&\cdots&A_{n2}\\\vdots&\vdots&&\vdots\\A_{1n}&A_{2n}&\cdots&A_{nn}\end{pmatrix}$$

为 $\boldsymbol{A}$ 的伴随矩阵.

定理 3.4.2　设 $\boldsymbol{A}$ 是 n 阶可逆矩阵,则

$$\boldsymbol{A}^{-1}=\frac{1}{|\boldsymbol{A}|}\boldsymbol{A}^*.$$

例 3.4.2 求矩阵 $\boldsymbol{A}=\begin{pmatrix}1 & 1 & 1\\ 2 & -1 & 1\\ 1 & 2 & 0\end{pmatrix}$ 的逆矩阵.

解 $\boldsymbol{A}$ 的 9 个元素的代数余子式分别为

$$A_{11}=(-1)^{1+1}\begin{vmatrix}-1 & 1\\ 2 & 0\end{vmatrix}=-2,\quad A_{21}=(-1)^{2+1}\begin{vmatrix}1 & 1\\ 2 & 0\end{vmatrix}=2,$$

$$A_{31}=(-1)^{3+1}\begin{vmatrix}1 & 1\\ -1 & 1\end{vmatrix}=2,\quad A_{12}=(-1)^{1+2}\begin{vmatrix}2 & 1\\ 1 & 0\end{vmatrix}=1,$$

$$A_{22}=(-1)^{2+2}\begin{vmatrix}1 & 1\\ 1 & 0\end{vmatrix}=-1,\quad A_{32}=(-1)^{3+2}\begin{vmatrix}1 & 1\\ 2 & 1\end{vmatrix}=1,$$

$$A_{13}=(-1)^{1+3}\begin{vmatrix}2 & -1\\ 1 & 2\end{vmatrix}=5,\quad A_{23}=(-1)^{2+3}\begin{vmatrix}1 & 1\\ 1 & 2\end{vmatrix}=-1,$$

$$A_{33}=(-1)^{3+3}\begin{vmatrix}1 & 1\\ 2 & -1\end{vmatrix}=-3,$$

又 $|\boldsymbol{A}|=\begin{vmatrix}1 & 1 & 1\\ 2 & -1 & 1\\ 1 & 2 & 0\end{vmatrix}=4$,因此

$$\boldsymbol{A}^{-1}=\frac{1}{|\boldsymbol{A}|}\boldsymbol{A}^{*}=\frac{1}{4}\begin{pmatrix}-2 & 2 & 2\\ 1 & -1 & 1\\ 5 & -1 & -3\end{pmatrix}=\begin{pmatrix}-\frac{1}{2} & \frac{1}{2} & \frac{1}{2}\\ \frac{1}{4} & -\frac{1}{4} & \frac{1}{4}\\ \frac{5}{4} & -\frac{1}{4} & -\frac{3}{4}\end{pmatrix}.$$

定理 3.4.2 除了用来求二阶、三阶等低阶矩阵的逆矩阵外,主要用于理论上的计算.

3.4.3 矩阵的秩

行列式也可用来计算矩阵的秩.

定义 3.4.2 在 $m\times n$ 矩阵 $\boldsymbol{A}$ 中,任取 k 行 k 列($k\leqslant m$ 且 $k\leqslant n$),位于交叉点的元素(不改变元素的相对位置)所构成的 k 阶行列式叫作矩阵 $\boldsymbol{A}$ 的一个 k **阶子式**.

考察行阶梯形矩阵 $\boldsymbol{A}=\begin{pmatrix}2 & -1 & 4 & 3 & 0\\ 0 & 3 & 4 & 1 & 1\\ 0 & 0 & 2 & 1 & 1\\ 0 & 0 & 0 & 0 & 0\end{pmatrix}$,已知 $\mathrm{r}(\boldsymbol{A})=3$.观察 $\boldsymbol{A}$ 的所有子式,发现有一个非零的三阶子式 $\begin{vmatrix}2 & -1 & 4\\ 0 & 3 & 4\\ 0 & 0 & 2\end{vmatrix}=12$,并且所有的四阶子式都是零.

定义 3.4.3 设 $\boldsymbol{A}$ 是一个 $m\times n$ 矩阵,如果 $\boldsymbol{A}$ 有一个非零的 r 阶子式,并且 $\boldsymbol{A}$ 中所有

$r+1$ 阶子式全为零,就称 $\boldsymbol{A}$ 的**秩**为 r.特别地,规定零矩阵的秩为零.

下面的定理告诉我们,第一章中秩的定义与定义 3.4.3 是一致的.

定理 3.4.3　**初等变换不改变矩阵的秩.**

证　不妨对第三种初等行变换证明此结论,其余情况类似可证.

设 $\boldsymbol{A},\boldsymbol{B}$ 是 $m\times n$ 矩阵,且 $\boldsymbol{A}\xrightarrow{r_i+kr_j}\boldsymbol{B}$,要证明 $\mathrm{r}(\boldsymbol{A})=\mathrm{r}(\boldsymbol{B})$,只需证明 $\mathrm{r}(\boldsymbol{B})\leqslant\mathrm{r}(\boldsymbol{A})$.因为若不等式成立,则由 $\boldsymbol{B}\xrightarrow{r_i-kr_j}\boldsymbol{A}$ 可得 $\mathrm{r}(\boldsymbol{A})\leqslant\mathrm{r}(\boldsymbol{B})$,两者结合得 $\mathrm{r}(\boldsymbol{A})=\mathrm{r}(\boldsymbol{B})$.

设矩阵 $\boldsymbol{A}$ 的第 j 行乘以数 k 后加到第 i 行上得到矩阵 $\boldsymbol{B}$,即

$$\boldsymbol{A}=\begin{pmatrix} a_{11} & a_{12} & \cdots & a_{1n}\\ \vdots & \vdots & & \vdots\\ a_{i1} & a_{i2} & \cdots & a_{in}\\ \vdots & \vdots & & \vdots\\ a_{j1} & a_{j2} & \cdots & a_{jn}\\ \vdots & \vdots & & \vdots\\ a_{m1} & a_{m2} & \cdots & a_{mn}\end{pmatrix},\quad \boldsymbol{B}=\begin{pmatrix} a_{11} & a_{12} & \cdots & a_{1n}\\ \vdots & \vdots & & \vdots\\ a_{i1}+ka_{j1} & a_{i2}+ka_{j2} & \cdots & a_{in}+ka_{jn}\\ \vdots & \vdots & & \vdots\\ a_{j1} & a_{j2} & \cdots & a_{jn}\\ \vdots & \vdots & & \vdots\\ a_{m1} & a_{m2} & \cdots & a_{mn}\end{pmatrix},$$

并且 $\boldsymbol{A}$ 的秩是 r.

若矩阵 $\boldsymbol{B}$ 没有阶数大于 r 的子式,则 $\mathrm{r}(\boldsymbol{B})\leqslant r=\mathrm{r}(\boldsymbol{A})$.

若矩阵 $\boldsymbol{B}$ 有阶数大于 r 的子式,设矩阵 $\boldsymbol{B}$ 有 $s(s>r)$ 阶子式 D,那么有以下三种情形.

(1) D 不含第 i 行的元素.此时 D 也是矩阵 $\boldsymbol{A}$ 的一个 s 阶子式,而 s 大于 $\boldsymbol{A}$ 的秩,因此 $D=0$.

(2) D 含第 i 行的元素,也含第 j 行的元素.此时

$$D=\begin{vmatrix} a_{ht_1} & a_{ht_2} & \cdots & a_{ht_s}\\ \vdots & \vdots & & \vdots\\ a_{it_1}+ka_{jt_1} & a_{it_2}+ka_{jt_2} & \cdots & a_{it_s}+ka_{jt_s}\\ \vdots & \vdots & & \vdots\\ a_{jt_1} & a_{jt_2} & \cdots & a_{jt_s}\\ \vdots & \vdots & & \vdots\\ a_{kt_1} & a_{kt_2} & \cdots & a_{kt_s}\end{vmatrix}=\begin{vmatrix} a_{ht_1} & a_{ht_2} & \cdots & a_{ht_s}\\ \vdots & \vdots & & \vdots\\ a_{it_1} & a_{it_2} & \cdots & a_{it_s}\\ \vdots & \vdots & & \vdots\\ a_{jt_1} & a_{jt_2} & \cdots & a_{jt_s}\\ \vdots & \vdots & & \vdots\\ a_{kt_1} & a_{kt_2} & \cdots & a_{kt_s}\end{vmatrix}=0.$$

这是因为后一个行列式是矩阵 $\boldsymbol{A}$ 的一个 s 阶子式.

(3) D 含第 i 行的元素,但不含第 j 行的元素.此时

$$D=\begin{vmatrix} a_{ht_1} & a_{ht_2} & \cdots & a_{ht_s}\\ \vdots & \vdots & & \vdots\\ a_{it_1}+ka_{jt_1} & a_{it_2}+ka_{jt_2} & \cdots & a_{it_s}+ka_{jt_s}\\ \vdots & \vdots & & \vdots\\ a_{kt_1} & a_{kt_2} & \cdots & a_{kt_s}\end{vmatrix}=D_1+kD_2,$$

其中

$$D_1=\begin{vmatrix} a_{ht_1} & a_{ht_2} & \cdots & a_{ht_s} \\ \vdots & \vdots & & \vdots \\ a_{it_1} & a_{it_2} & \cdots & a_{it_s} \\ \vdots & \vdots & & \vdots \\ a_{kt_1} & a_{kt_2} & \cdots & a_{kt_s} \end{vmatrix},\quad D_2=\begin{vmatrix} a_{ht_1} & a_{ht_2} & \cdots & a_{ht_s} \\ \vdots & \vdots & & \vdots \\ a_{jt_1} & a_{jt_2} & \cdots & a_{jt_s} \\ \vdots & \vdots & & \vdots \\ a_{kt_1} & a_{kt_2} & \cdots & a_{kt_s} \end{vmatrix}.$$

由于 D_1 是矩阵 $\boldsymbol{A}$ 的一个 s 阶子式，而 D_2 与 $\boldsymbol{A}$ 的一个 s 阶子式最多差一个正负号，因此这两个行列式都为零，从而 $D=0$.

综上所述，在任何情形，都有 $\mathrm{r}(\boldsymbol{B})\leqslant \mathrm{r}(\boldsymbol{A})$，从而有 $\mathrm{r}(\boldsymbol{B})=\mathrm{r}(\boldsymbol{A})$.

例 3.4.3 试讨论：λ 取不同值时，矩阵 $\boldsymbol{A}=\begin{pmatrix} -1 & 2 & \lambda & 1 \\ -6 & 1 & 10 & 1 \\ \lambda & 5 & -1 & 2 \end{pmatrix}$ 的秩分别是多少.

解 取 $\boldsymbol{A}$ 的一个三阶子式

$$\begin{vmatrix} 2 & \lambda & 1 \\ 1 & 10 & 1 \\ 5 & -1 & 2 \end{vmatrix}=3\lambda-9.$$

当 $\lambda\neq 3$ 时，$\mathrm{r}(\boldsymbol{A})=3$；当 $\lambda=3$ 时，

$$\boldsymbol{A}=\begin{pmatrix} -1 & 2 & 3 & 1 \\ -6 & 1 & 10 & 1 \\ 3 & 5 & -1 & 2 \end{pmatrix}\longrightarrow\begin{pmatrix} -1 & 2 & 3 & 1 \\ 0 & -11 & -8 & -5 \\ 0 & 0 & 0 & 0 \end{pmatrix},$$

从而 $\mathrm{r}(\boldsymbol{A})=2$.

定理 3.4.4 设 $\boldsymbol{A}$ 是 n 阶方阵，则 $|\boldsymbol{A}|\neq 0$ 当且仅当 $\mathrm{r}(\boldsymbol{A})=n$.

3.4.4 用行列式表示面积或体积

下面来阐述行列式的几何解释.在此之前，首先介绍部分向量的有关概念.

在三维空间 $\mathbf{R}^3$ 中，$\boldsymbol{\alpha}=(a_1,a_2,a_3)$，$\boldsymbol{\beta}=(b_1,b_2,b_3)$ 的数量积 $\boldsymbol{\alpha}\cdot\boldsymbol{\beta}=|\boldsymbol{\alpha}||\boldsymbol{\beta}|\cos\langle\boldsymbol{\alpha},\boldsymbol{\beta}\rangle$，其中 $|\boldsymbol{\alpha}|$，$|\boldsymbol{\beta}|$ 为向量 $\boldsymbol{\alpha}$ 与 $\boldsymbol{\beta}$ 的长度，$\langle\boldsymbol{\alpha},\boldsymbol{\beta}\rangle$ 为向量 $\boldsymbol{\alpha}$ 与 $\boldsymbol{\beta}$ 的夹角.

$\boldsymbol{\alpha}=(a_1,a_2,a_3)$，$\boldsymbol{\beta}=(b_1,b_2,b_3)$ 的向量积 $\boldsymbol{\alpha}\times\boldsymbol{\beta}$ 是一个向量，它的长度为 $|\boldsymbol{\alpha}\times\boldsymbol{\beta}|=|\boldsymbol{\alpha}||\boldsymbol{\beta}|\sin\langle\boldsymbol{\alpha},\boldsymbol{\beta}\rangle$，方向与 $\boldsymbol{\alpha}$，$\boldsymbol{\beta}$ 均垂直，并使 $(\boldsymbol{\alpha},\boldsymbol{\beta},\boldsymbol{\alpha}\times\boldsymbol{\beta})$ 成右手系.

在空间直角坐标系 $Oxyz$ 中，

$$\boldsymbol{\alpha}\times\boldsymbol{\beta}=\begin{vmatrix} \boldsymbol{i} & \boldsymbol{j} & \boldsymbol{k} \\ a_1 & a_2 & a_3 \\ b_1 & b_2 & b_3 \end{vmatrix}=(a_2b_3-a_3b_2,a_3b_1-a_1b_3,a_1b_2-a_2b_1).$$

考察二阶行列式 $D=\begin{vmatrix} a_{11} & a_{12} \\ a_{21} & a_{22} \end{vmatrix}$，有

$$D=\begin{vmatrix} \boldsymbol{i} & \boldsymbol{j} & \boldsymbol{k} \\ a_{11} & a_{12} & 0 \\ a_{21} & a_{22} & 0 \end{vmatrix}\cdot \boldsymbol{k}=[(a_{11},a_{12},0)\times(a_{21},a_{22},0)]\cdot \boldsymbol{k}$$

是由向量$(a_{11},a_{12},0)$，$(a_{21},a_{22},0)$，$\boldsymbol{k}$ 张成的平行六面体的有向体积，也可简单看成平面上由向量(a_{11},a_{12})，(a_{21},a_{22}) 张成的平行四边形的有向面积.具体地，当(a_{11},a_{12}) 逆时针可以以不超过 π 的角度转到(a_{21},a_{22}) 的位置时，$D>0$，且是由向量(a_{11},a_{12})，(a_{21},a_{22}) 张成的平行四边形的面积；当(a_{11},a_{12}) 顺时针可以以不超过 π 的角度转到(a_{21},a_{22}) 的位置时，$D<0$，且是由向量(a_{11},a_{12})，(a_{21},a_{22}) 张成的平行四边形的面积的相反数.

例 3.4.4　已知平面上 3 点 $A=(1,0)$，$B=(4,1)$，$C=(0,4)$，求三角形 ABC 的面积.

解　$S_{\triangle ABC}=\dfrac{1}{2}\,|\,\overrightarrow{AB}\times\overrightarrow{AC}\,|=\dfrac{1}{2}\left|\begin{vmatrix} 3 & 1 \\ -1 & 4 \end{vmatrix}\right|=\dfrac{13}{2}.$

考察三阶行列式 $D=\begin{vmatrix} a_{11} & a_{12} & a_{13} \\ a_{21} & a_{22} & a_{23} \\ a_{31} & a_{32} & a_{33} \end{vmatrix}$，有

$$D=\begin{vmatrix} \boldsymbol{i} & \boldsymbol{j} & \boldsymbol{k} \\ a_{21} & a_{22} & a_{23} \\ a_{31} & a_{32} & a_{33} \end{vmatrix}\cdot(a_{11}\boldsymbol{i}+a_{12}\boldsymbol{j}+a_{13}\boldsymbol{k})=(\boldsymbol{\beta}\times\boldsymbol{\gamma})\cdot\boldsymbol{\alpha}$$

是由向量$\boldsymbol{\alpha}=(a_{11},a_{12},a_{13})$，$\boldsymbol{\beta}=(a_{21},a_{22},a_{23})$，$\boldsymbol{\gamma}=(a_{31},a_{32},a_{33})$ 张成的平行六面体的有向体积.具体地，当 $\boldsymbol{\alpha},\boldsymbol{\beta},\boldsymbol{\gamma}$ 成右手系时，$D>0$，且是由 $\boldsymbol{\alpha}=(a_{11},a_{12},a_{13})$，$\boldsymbol{\beta}=(a_{21},a_{22},a_{23})$，$\boldsymbol{\gamma}=(a_{31},a_{32},a_{33})$ 张成的平行六面体的体积；当 $\boldsymbol{\alpha},\boldsymbol{\beta},\boldsymbol{\gamma}$ 成左手系时，$D<0$，且是由 $\boldsymbol{\alpha}=(a_{11},a_{12},a_{13})$，$\boldsymbol{\beta}=(a_{21},a_{22},a_{23})$，$\boldsymbol{\gamma}=(a_{31},a_{32},a_{33})$ 张成的平行六面体的体积的相反数.

例 3.4.5　已知空间四面体 $ABCD$ 的顶点坐标依次为 $A(0,0,0)$，$B(6,0,6)$，$C(4,3,0)$，$D(2,-1,3)$，求四面体 $ABCD$ 的体积.

解　$V_{四面体ABCD}=\dfrac{1}{6}\,|\,(\overrightarrow{AB}\times\overrightarrow{AC})\cdot\overrightarrow{AD}\,|=\dfrac{1}{6}\left|\begin{vmatrix} 2 & -1 & 3 \\ 6 & 0 & 6 \\ 4 & 3 & 0 \end{vmatrix}\right|=1.$

3.5　行列式的等价定义

前面已经学习过用数学归纳法求行列式，这节我们研究能否将行列式直接表示出来.为得到具体想法，先来看二阶、三阶行列式的情形：

$$\begin{vmatrix} a_{11} & a_{12} \\ a_{21} & a_{22} \end{vmatrix} = a_{11}a_{22} - a_{12}a_{21},$$

$$\begin{vmatrix} a_{11} & a_{12} & a_{13} \\ a_{21} & a_{22} & a_{23} \\ a_{31} & a_{32} & a_{33} \end{vmatrix} = a_{11}a_{22}a_{33} + a_{12}a_{23}a_{31} + a_{13}a_{21}a_{32} - a_{13}a_{22}a_{31} - a_{12}a_{21}a_{33} - a_{11}a_{23}a_{32}.$$

为了把上述简单形式推广到 n 阶行列式的情形,需要确定行列式的展开式中每一项的符号,因此引入逆序数的概念.

定义 3.5.1 由 $1,2,\cdots,n$ 组成的一个有序数组称为一个 n **级排列**.规定由小到大的排列为**自然顺序排列**.在一个排列中,如果一对数的前后位置与自然顺序相反,即前面的数大于后面的数,则称这对数为一个**逆序对**.一个排列的所有逆序对的总个数称为这个排列的**逆序数**.逆序数为奇(偶)数的排列称为**奇(偶)排列**.

逆序数有很多种求法,例如,设排列为$(k_1k_2\cdots k_n)$,先看 1 前面有多少个数大于 1,不妨设为 m_1;再看 2 前面有多少个数大于 2,不妨设为 m_2…… 最后看 n 前面有多少个数大于 n,不妨设为 $m_n(m_n=0)$.由定义 3.5.1 可知,排列$(k_1k_2\cdots k_n)$的逆序数等于 $m_1+m_2+\cdots+m_n$,通常记为 $\tau(k_1k_2\cdots k_n)$.例如,对于 5 级排列 31542,$\tau(31542)=1+3+0+1+0=5$,它是个奇排列.

设 S_n 为所有 n 级排列构成的集合,则 S_n 的元素个数为 $n!$.

定义 3.5.2 把一个排列中某两个数的位置互换,而其余的数不动,得到另一个排列,这个变换称为一个**对换**.

定理 3.5.1 **每一个对换都会改变排列的奇偶性.**

注 5 级排列 41532 的逆序数为 6,是个偶排列.它由奇排列 31542 经过对换 3,4,即经过一次对换得到.

定理 3.5.2 **当 $n \geqslant 2$ 时,n 级排列中,奇排列与偶排列的个数相等.**

综上所述,二阶、三阶行列式可改写成

$$\begin{vmatrix} a_{11} & a_{12} \\ a_{21} & a_{22} \end{vmatrix} = \sum_{(k_1k_2)\in S_2} (-1)^{\tau(k_1k_2)} a_{1k_1}a_{2k_2},$$

$$\begin{vmatrix} a_{11} & a_{12} & a_{13} \\ a_{21} & a_{22} & a_{23} \\ a_{31} & a_{32} & a_{33} \end{vmatrix} = \sum_{(k_1k_2k_3)\in S_3} (-1)^{\tau(k_1k_2k_3)} a_{1k_1}a_{2k_2}a_{3k_3}.$$

定理 3.5.3 **设 $|\boldsymbol{A}|$ 是 n 阶行列式,则**

$$|\boldsymbol{A}| = \begin{vmatrix} a_{11} & a_{12} & \cdots & a_{1n} \\ a_{21} & a_{22} & \cdots & a_{2n} \\ \vdots & \vdots & & \vdots \\ a_{n1} & a_{n2} & \cdots & a_{nn} \end{vmatrix} = \sum_{(k_1k_2\cdots k_n)\in S_n} (-1)^{\tau(k_1k_2\cdots k_n)} a_{1k_1}a_{2k_2}\cdots a_{nk_n}.$$

习　题　三

1. 证明：

$$\begin{vmatrix} & & & a_{1n} \\ & & a_{2,n-1} & \\ & \iddots & & \\ a_{n1} & & & \end{vmatrix}=(-1)^{\frac{n(n-1)}{2}}a_{1n}a_{2,n-1}\cdots a_{n1}.$$

2. 已知四阶行列式 D 中第 3 行元素依次为 $-2,-1,0,1$，它们的余子式依次为 $-5,-3,7,4$，求 D 的值.

3. 已知行列式 $\begin{vmatrix} 1 & 2 & 3 & 4 \\ 5 & 6 & 7 & 8 \\ 0 & 0 & x & 3 \\ 0 & 0 & 4 & 6 \end{vmatrix}=0$，求 x 的值.

4. 已知行列式 $\begin{vmatrix} 1 & x & y & z \\ x & 1 & 0 & 0 \\ y & 0 & 1 & 0 \\ z & 0 & 0 & 1 \end{vmatrix}=1$，求 x,y,z 的值.

5. 计算行列式

$$D=\begin{vmatrix} a_1 & 0 & 0 & b_1 \\ 0 & a_2 & b_2 & 0 \\ 0 & b_3 & a_3 & 0 \\ b_4 & 0 & 0 & a_4 \end{vmatrix}.$$

6. 计算行列式

$$D=\begin{vmatrix} 1 & -1 & 0 & 5 \\ 0 & -1 & 1 & 1 \\ 1 & 0 & 1 & 3 \\ -1 & 1 & 3 & 1 \end{vmatrix}.$$

7. 行列式 $\begin{vmatrix} a & 1 & 0 \\ 1 & a & 0 \\ 4 & 1 & 1 \end{vmatrix}=0$ 的充要条件是什么？

8. 利用行列式的等价定义计算下列行列式：

(1) $\begin{vmatrix} 0 & 1 & 0 & \cdots & 0 \\ 0 & 0 & 2 & \cdots & 0 \\ \vdots & \vdots & \vdots & & \vdots \\ 0 & 0 & 0 & \cdots & n-1 \\ n & 0 & 0 & \cdots & 0 \end{vmatrix}$; (2) $\begin{vmatrix} 0 & \cdots & 0 & 1 & 0 \\ 0 & \cdots & 2 & 0 & 0 \\ \vdots & & \vdots & \vdots & \vdots \\ n-1 & \cdots & 0 & 0 & 0 \\ 0 & \cdots & 0 & 0 & n \end{vmatrix}$;

(3) $\begin{vmatrix} 0 & 0 & \cdots & 0 & a_{1n} \\ 0 & 0 & \cdots & a_{2,n-1} & a_{2n} \\ \vdots & \vdots & & \vdots & \vdots \\ 0 & a_{n-1,2} & \cdots & a_{n-1,n-1} & a_{n-1,n} \\ a_{n1} & a_{n2} & \cdots & a_{n,n-1} & a_{nn} \end{vmatrix}$; (4) $\begin{vmatrix} a_{11} & a_{12} & a_{13} & a_{14} & a_{15} \\ a_{21} & a_{22} & a_{23} & a_{24} & a_{25} \\ a_{31} & a_{32} & 0 & 0 & 0 \\ a_{41} & a_{42} & 0 & 0 & 0 \\ a_{51} & a_{52} & 0 & 0 & 0 \end{vmatrix}$;

(5) $\begin{vmatrix} 0 & 0 & 1 & 0 \\ 0 & 1 & 0 & 0 \\ 0 & 0 & 0 & 1 \\ 1 & 0 & 0 & 0 \end{vmatrix}$.

9. 设行列式

$$D=\begin{vmatrix} 2 & 1 & 3 \\ 4 & -1 & 2 \\ 1 & 2 & -1 \end{vmatrix},$$

求 D 的第 3 列元素的代数余子式 A_{13}, A_{23}, A_{33}.

10. 设行列式

$$D=\begin{vmatrix} 2 & 1 & 4 & 1 \\ 3 & -4 & 2 & 1 \\ 1 & 2 & -3 & 2 \\ 5 & 0 & 6 & 2 \end{vmatrix},$$

求 $4A_{12}+2A_{22}-3A_{32}+6A_{42}$，其中 A_{i2} 为 D 中元素 $a_{i2}(i=1,2,3,4)$ 的代数余子式.

11. 证明：

$$\begin{vmatrix} 1 & 1 & 1 & 1 \\ a & b & c & d \\ b & c & d & a \\ c+d & a+d & a+b & b+c \end{vmatrix}=0.$$

12. 用行列式的性质证明下列等式：

(1) $\begin{vmatrix} a_1+kb_1 & b_1+c_1 & c_1 \\ a_2+kb_2 & b_2+c_2 & c_2 \\ a_3+kb_3 & b_3+c_3 & c_3 \end{vmatrix}=\begin{vmatrix} a_1 & b_1 & c_1 \\ a_2 & b_2 & c_2 \\ a_3 & b_3 & c_3 \end{vmatrix}$;

(2) $\begin{vmatrix} y+z & z+x & x+y \\ x+y & y+z & z+x \\ z+x & x+y & y+z \end{vmatrix}=2\begin{vmatrix} x & y & z \\ z & x & y \\ y & z & x \end{vmatrix}$.

13. 已知 255，459，527 都能被 17 整除，不求行列式的值，证明：行列式 $\begin{vmatrix} 2 & 4 & 5 \\ 5 & 5 & 2 \\ 5 & 9 & 7 \end{vmatrix}$ 能被 17 整除.

14. 计算下列 n 阶行列式：

(1) $\begin{vmatrix} x & 1 & \cdots & 1 \\ 1 & x & \cdots & 1 \\ \vdots & \vdots & & \vdots \\ 1 & 1 & \cdots & x \end{vmatrix}$；　(2) $\begin{vmatrix} 1 & 2 & 2 & \cdots & 2 \\ 2 & 2 & 2 & \cdots & 2 \\ 2 & 2 & 3 & \cdots & 2 \\ \vdots & \vdots & \vdots & & \vdots \\ 2 & 2 & 2 & \cdots & n \end{vmatrix}$；

(3) $\begin{vmatrix} x & y & 0 & \cdots & 0 & 0 \\ 0 & x & y & \cdots & 0 & 0 \\ 0 & 0 & x & \cdots & 0 & 0 \\ \vdots & \vdots & \vdots & & \vdots & \vdots \\ 0 & 0 & 0 & \cdots & x & y \\ y & 0 & 0 & \cdots & 0 & x \end{vmatrix}$.

15. 计算行列式

$$\begin{vmatrix} a & a^2 & a^3 \\ b & b^2 & b^3 \\ c & c^2 & c^3 \end{vmatrix}.$$

16. 计算行列式

$$\begin{vmatrix} 1 & 1 & 1 & 1 \\ 2 & -2 & 3 & -1 \\ 4 & 4 & 9 & 1 \\ 8 & -8 & 27 & -1 \end{vmatrix}.$$

17. 设 a,b,c 为互不相等的实数，证明：$D_3=\begin{vmatrix} 1 & 1 & 1 \\ a & b & c \\ a^3 & b^3 & c^3 \end{vmatrix}=0$ 的充要条件是 $a+b+c=0$.

18. 用克拉默法则求解下列方程组：

(1) $\begin{cases} x+2y+z=0, \\ 2x-y+z=1, \\ x-y+2z=3; \end{cases}$　(2) $\begin{cases} x_1-2x_2+3x_3-4x_4=4, \\ x_2-x_3+x_4=-3, \\ x_1+3x_2+x_4=1, \\ -7x_2+3x_3+x_4=-3. \end{cases}$

19. 问：当 λ 取何值时，齐次线性方程组

$$\begin{cases} \lambda x_1+x_2+2x_3=0, \\ x_1+\lambda x_2-x_3=0, \\ \lambda x_3=0 \end{cases}$$

有非零解？

20. 问：线性方程组

$$\begin{cases} x + y + z = 1, \\ ax + by + cz = d, \\ a^3x + b^3y + c^3z = d^3 \end{cases}$$

满足什么条件时存在唯一解？并在有唯一解时求出这个解.

第四章　向量空间

向量是线性代数中的重要概念.第一章已经介绍了 n 维向量的概念以及线性运算,本章将介绍向量组的线性相关性、极大无关组以及向量空间的基本概念.我们约定本书讨论的向量组都是由有限个向量构成的向量组.

4.1 线性相关性

在学习相关知识前,我们先介绍线性组合以及线性表示的概念.

线性方程组

$$\begin{cases} a_{11}x_1+a_{12}x_2+\cdots+a_{1m}x_m=b_1, \\ a_{21}x_1+a_{22}x_2+\cdots+a_{2m}x_m=b_2, \\ \cdots\cdots \\ a_{n1}x_1+a_{n2}x_2+\cdots+a_{nm}x_m=b_n \end{cases} \tag{4.1}$$

可以写成如下的向量形式:

$$x_1\begin{pmatrix} a_{11} \\ a_{21} \\ \vdots \\ a_{n1} \end{pmatrix}+x_2\begin{pmatrix} a_{12} \\ a_{22} \\ \vdots \\ a_{n2} \end{pmatrix}+\cdots+x_m\begin{pmatrix} a_{1m} \\ a_{2m} \\ \vdots \\ a_{nm} \end{pmatrix}=\begin{pmatrix} b_1 \\ b_2 \\ \vdots \\ b_n \end{pmatrix}.$$

令向量

$$\boldsymbol{\alpha}_i=\begin{pmatrix} a_{1i} \\ a_{2i} \\ \vdots \\ a_{ni} \end{pmatrix} \quad (i=1,2,\cdots,m), \quad \boldsymbol{\beta}=\begin{pmatrix} b_1 \\ b_2 \\ \vdots \\ b_n \end{pmatrix}.$$

方程组(4.1)有解等价于存在 m 个实数 $k_1,k_2,\cdots,k_m$,使得等式

$$k_1\boldsymbol{\alpha}_1+k_2\boldsymbol{\alpha}_2+\cdots+k_m\boldsymbol{\alpha}_m=\boldsymbol{\beta}$$

成立,即向量 $\boldsymbol{\beta}$ 可以表示成向量组 $\boldsymbol{\alpha}_1,\boldsymbol{\alpha}_2,\cdots,\boldsymbol{\alpha}_m$ 的线性关系式.当向量 $\boldsymbol{\beta}$ 可以表示成向量组 $\boldsymbol{\alpha}_1,\boldsymbol{\alpha}_2,\cdots,\boldsymbol{\alpha}_m$ 的线性关系式时,就称 $\boldsymbol{\beta}$ 是向量组 $\boldsymbol{\alpha}_1,\boldsymbol{\alpha}_2,\cdots,\boldsymbol{\alpha}_m$ 的线性组合.

定义 4.1.1 设有向量 $\boldsymbol{\beta}$ 以及向量组 $\boldsymbol{\alpha}_1,\boldsymbol{\alpha}_2,\cdots,\boldsymbol{\alpha}_m$,如果存在 m 个实数 $k_1,k_2,\cdots,k_m$,使得

$$\boldsymbol{\beta}=k_1\boldsymbol{\alpha}_1+k_2\boldsymbol{\alpha}_2+\cdots+k_m\boldsymbol{\alpha}_m,$$

则称向量 $\boldsymbol{\beta}$ 是向量组 $\boldsymbol{\alpha}_1,\boldsymbol{\alpha}_2,\cdots,\boldsymbol{\alpha}_m$ 的**线性组合**,或称向量 $\boldsymbol{\beta}$ 可由向量组 $\boldsymbol{\alpha}_1,\boldsymbol{\alpha}_2,\cdots,\boldsymbol{\alpha}_m$ **线性表示**.

例如,对于向量 $\boldsymbol{\beta}=\begin{pmatrix} 1 \\ 1 \\ 1 \end{pmatrix}$,$\boldsymbol{e}_1=\begin{pmatrix} 1 \\ 0 \\ 0 \end{pmatrix}$,$\boldsymbol{e}_2=\begin{pmatrix} 0 \\ 1 \\ 0 \end{pmatrix}$,$\boldsymbol{e}_3=\begin{pmatrix} 0 \\ 0 \\ 1 \end{pmatrix}$,显然有 $\boldsymbol{\beta}=\boldsymbol{e}_1+\boldsymbol{e}_2+\boldsymbol{e}_3$,因此 $\boldsymbol{\beta}$ 是 $\boldsymbol{e}_1,\boldsymbol{e}_2,\boldsymbol{e}_3$ 的线性组合,或称 $\boldsymbol{\beta}$ 可由 $\boldsymbol{e}_1,\boldsymbol{e}_2,\boldsymbol{e}_3$ 线性表示.

定理 4.1.1 **设有向量** $\boldsymbol{\alpha}_i=\begin{pmatrix} a_{1i} \\ a_{2i} \\ \vdots \\ a_{ni} \end{pmatrix}$ $(i=1,2,\cdots,m)$,$\boldsymbol{\beta}=\begin{pmatrix} b_1 \\ b_2 \\ \vdots \\ b_n \end{pmatrix}$,**则向量** $\boldsymbol{\beta}$ **可由向量组**

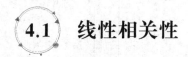

$\boldsymbol{\alpha}_1,\boldsymbol{\alpha}_2,\cdots,\boldsymbol{\alpha}_m$ 线性表示当且仅当

$$\mathrm{r}\begin{pmatrix} a_{11} & a_{12} & \cdots & a_{1m} \\ a_{21} & a_{22} & \cdots & a_{2m} \\ \vdots & \vdots & & \vdots \\ a_{n1} & a_{n2} & \cdots & a_{nm} \end{pmatrix}=\mathrm{r}\begin{pmatrix} a_{11} & a_{12} & \cdots & a_{1m} & b_1 \\ a_{21} & a_{22} & \cdots & a_{2m} & b_2 \\ \vdots & \vdots & & \vdots & \vdots \\ a_{n1} & a_{n2} & \cdots & a_{nm} & b_n \end{pmatrix}.$$

证 根据定理 1.3.1,线性方程组

$$x_1\begin{pmatrix} a_{11} \\ a_{21} \\ \vdots \\ a_{n1} \end{pmatrix}+x_2\begin{pmatrix} a_{12} \\ a_{22} \\ \vdots \\ a_{n2} \end{pmatrix}+\cdots+x_m\begin{pmatrix} a_{1m} \\ a_{2m} \\ \vdots \\ a_{nm} \end{pmatrix}=\begin{pmatrix} b_1 \\ b_2 \\ \vdots \\ b_n \end{pmatrix}$$

有解当且仅当系数矩阵的秩和增广矩阵的秩相等.也就是说,向量 $\boldsymbol{\beta}$ 可由向量组 $\boldsymbol{\alpha}_1,\boldsymbol{\alpha}_2,\cdots,\boldsymbol{\alpha}_m$ 线性表示当且仅当

$$\mathrm{r}\begin{pmatrix} a_{11} & a_{12} & \cdots & a_{1m} \\ a_{21} & a_{22} & \cdots & a_{2m} \\ \vdots & \vdots & & \vdots \\ a_{n1} & a_{n2} & \cdots & a_{nm} \end{pmatrix}=\mathrm{r}\begin{pmatrix} a_{11} & a_{12} & \cdots & a_{1m} & b_1 \\ a_{21} & a_{22} & \cdots & a_{2m} & b_2 \\ \vdots & \vdots & & \vdots & \vdots \\ a_{n1} & a_{n2} & \cdots & a_{nm} & b_n \end{pmatrix}.$$

例 4.1.1 分别判断向量 $\boldsymbol{\beta}_1=\begin{pmatrix} 4 \\ 3 \\ -1 \\ 11 \end{pmatrix}$ 与 $\boldsymbol{\beta}_2=\begin{pmatrix} 4 \\ 3 \\ 0 \\ 11 \end{pmatrix}$ 是否能由向量组 $\boldsymbol{\alpha}_1=\begin{pmatrix} 1 \\ 2 \\ -1 \\ 5 \end{pmatrix},\boldsymbol{\alpha}_2=\begin{pmatrix} 2 \\ -1 \\ 1 \\ 1 \end{pmatrix}$ 线性表示,若能,写出表示式.

解 设 $k_1\boldsymbol{\alpha}_1+k_2\boldsymbol{\alpha}_2=\boldsymbol{\beta}_1$,对此方程组的增广矩阵施行初等行变换,有

$$\left(\begin{array}{cc:c} 1 & 2 & 4 \\ 2 & -1 & 3 \\ -1 & 1 & -1 \\ 5 & 1 & 11 \end{array}\right)\xrightarrow[r_4+(-5)r_1]{\substack{r_2+(-2)r_1 \\ r_3+r_1}}\left(\begin{array}{cc:c} 1 & 2 & 4 \\ 0 & -5 & -5 \\ 0 & 3 & 3 \\ 0 & -9 & -9 \end{array}\right)\xrightarrow[r_4+9r_2]{\substack{-\frac{1}{5}r_2 \\ r_3+(-3)r_2}}\left(\begin{array}{cc:c} 1 & 2 & 4 \\ 0 & 1 & 1 \\ 0 & 0 & 0 \\ 0 & 0 & 0 \end{array}\right)$$

$$\xrightarrow{r_1+(-2)r_2}\left(\begin{array}{cc:c} 1 & 0 & 2 \\ 0 & 1 & 1 \\ 0 & 0 & 0 \\ 0 & 0 & 0 \end{array}\right),$$

因此

$$\mathrm{r}\begin{pmatrix} 1 & 2 & 4 \\ 2 & -1 & 3 \\ -1 & 1 & -1 \\ 5 & 1 & 11 \end{pmatrix}=\mathrm{r}\begin{pmatrix} 1 & 2 \\ 2 & -1 \\ -1 & 1 \\ 5 & 1 \end{pmatrix}=2,$$

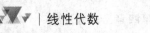

方程组有解，向量 $\boldsymbol{\beta}_1$ 可由 $\boldsymbol{\alpha}_1,\boldsymbol{\alpha}_2$ 线性表示.由上述最后的行最简形矩阵可知，方程组 $k_1\boldsymbol{\alpha}_1+k_2\boldsymbol{\alpha}_2=\boldsymbol{\beta}_1$ 的解为 $k_1=2,k_2=1$，从而有 $\boldsymbol{\beta}_1=2\boldsymbol{\alpha}_1+\boldsymbol{\alpha}_2$.

同理，设 $k_3\boldsymbol{\alpha}_1+k_4\boldsymbol{\alpha}_2=\boldsymbol{\beta}_2$，对其增广矩阵施行初等行变换，有

$$\left(\begin{array}{cc:c}1&2&4\\2&-1&3\\-1&1&0\\5&1&11\end{array}\right)\to\left(\begin{array}{cc:c}1&2&4\\0&-5&-5\\0&3&4\\0&-9&-9\end{array}\right)\to\left(\begin{array}{cc:c}1&2&4\\0&1&1\\0&0&1\\0&0&0\end{array}\right),$$

因此

$$\mathrm{r}\begin{pmatrix}1&2&4\\2&-1&3\\-1&1&0\\5&1&11\end{pmatrix}=3,\quad \mathrm{r}\begin{pmatrix}1&2\\2&-1\\-1&1\\5&1\end{pmatrix}=2,$$

方程组无解，$\boldsymbol{\beta}_2$ 不能由 $\boldsymbol{\alpha}_1,\boldsymbol{\alpha}_2$ 线性表示.

对行向量的情况，可通过转置将问题转化为列向量进行讨论.设有行向量 $\boldsymbol{\alpha}_i=(a_{1i},a_{2i},\cdots,a_{ni})(i=1,2,\cdots,m)$，$\boldsymbol{\beta}=(b_1,b_2,\cdots,b_n)$，它们的转置都是列向量，且向量 $\boldsymbol{\beta}$ 可由向量组 $\boldsymbol{\alpha}_1,\boldsymbol{\alpha}_2,\cdots,\boldsymbol{\alpha}_m$ 线性表示当且仅当 $\boldsymbol{\beta}^{\mathrm{T}}$ 可由向量组 $\boldsymbol{\alpha}_1^{\mathrm{T}},\boldsymbol{\alpha}_2^{\mathrm{T}},\cdots,\boldsymbol{\alpha}_m^{\mathrm{T}}$ 线性表示.因此，对行向量组有以下结论.

定理 4.1.2　**设有向量 $\boldsymbol{\alpha}_i=(a_{1i},a_{2i},\cdots,a_{ni})(i=1,2,\cdots,m)$，$\boldsymbol{\beta}=(b_1,b_2,\cdots,b_n)$，则向量 $\boldsymbol{\beta}$ 可由向量组 $\boldsymbol{\alpha}_1,\boldsymbol{\alpha}_2,\cdots,\boldsymbol{\alpha}_m$ 线性表示当且仅当以 $\boldsymbol{\alpha}_1^{\mathrm{T}},\boldsymbol{\alpha}_2^{\mathrm{T}},\cdots,\boldsymbol{\alpha}_m^{\mathrm{T}}$ 为列向量的矩阵的秩和以 $\boldsymbol{\alpha}_1^{\mathrm{T}},\boldsymbol{\alpha}_2^{\mathrm{T}},\cdots,\boldsymbol{\alpha}_m^{\mathrm{T}},\boldsymbol{\beta}^{\mathrm{T}}$ 为列向量的矩阵的秩相等，即**

$$\mathrm{r}\begin{pmatrix}a_{11}&a_{12}&\cdots&a_{1m}\\a_{21}&a_{22}&\cdots&a_{2m}\\\vdots&\vdots&&\vdots\\a_{n1}&a_{n2}&\cdots&a_{nm}\end{pmatrix}=\mathrm{r}\begin{pmatrix}a_{11}&a_{12}&\cdots&a_{1m}&b_1\\a_{21}&a_{22}&\cdots&a_{2m}&b_2\\\vdots&\vdots&&\vdots&\vdots\\a_{n1}&a_{n2}&\cdots&a_{nm}&b_n\end{pmatrix}.$$

注　从上面的讨论可以看出，有关行向量的问题，可以通过转置将行向量转化为列向量进行讨论.因此，在下文中关于向量的部分命题，只讨论列向量的情形.

定义 4.1.2　如果向量组(A)：$\boldsymbol{\alpha}_1,\boldsymbol{\alpha}_2,\cdots,\boldsymbol{\alpha}_s$ 中的每个向量 $\boldsymbol{\alpha}_i(i=1,2,\cdots,s)$ 都可以由向量组(B)：$\boldsymbol{\beta}_1,\boldsymbol{\beta}_2,\cdots,\boldsymbol{\beta}_t$ 线性表示，则称向量组(A)可由向量组(B)线性表示.如果两个向量组可以互相线性表示，则称它们**等价**.

例如，向量组

$$\boldsymbol{\alpha}_1=\begin{pmatrix}1\\0\\0\end{pmatrix},\quad \boldsymbol{\alpha}_2=\begin{pmatrix}0\\1\\0\end{pmatrix},\quad \boldsymbol{\alpha}_3=\begin{pmatrix}0\\0\\1\end{pmatrix}$$

和向量组

$$\boldsymbol{\beta}_1=\begin{pmatrix}1\\0\\0\end{pmatrix},\quad \boldsymbol{\beta}_2=\begin{pmatrix}1\\1\\0\end{pmatrix},\quad \boldsymbol{\beta}_3=\begin{pmatrix}1\\1\\1\end{pmatrix}$$

是等价的.

由定义不难证明,如果向量组(A):$\boldsymbol{\alpha}_1,\boldsymbol{\alpha}_2,\cdots,\boldsymbol{\alpha}_s$ 可由向量组(B):$\boldsymbol{\beta}_1,\boldsymbol{\beta}_2,\cdots,\boldsymbol{\beta}_t$ 线性表示,向量组(B):$\boldsymbol{\beta}_1,\boldsymbol{\beta}_2,\cdots,\boldsymbol{\beta}_t$ 可由向量组(C):$\boldsymbol{\gamma}_1,\boldsymbol{\gamma}_2,\cdots,\boldsymbol{\gamma}_p$ 线性表示,那么向量组(A)可由向量组(C)线性表示.因此,向量组的线性表示具有传递性.

由向量组等价的定义以及向量组线性表示的传递性可得向量组的等价具有下列性质:

(1) 自反性:每个向量组都和它自身等价;

(2) 对称性:如果向量组(A)和向量组(B)等价,那么向量组(B)和向量组(A)等价;

(3) 传递性:如果向量组(A)和向量组(B)等价,向量组(B)和向量组(C)等价,那么向量组(A)和向量组(C)等价.

齐次线性方程组

$$\begin{cases} a_{11}x_1+a_{12}x_2+\cdots+a_{1m}x_m=0, \\ a_{21}x_1+a_{22}x_2+\cdots+a_{2m}x_m=0, \\ \cdots\cdots \\ a_{n1}x_1+a_{n2}x_2+\cdots+a_{nm}x_m=0 \end{cases} \tag{4.2}$$

写成向量形式为

$$x_1\boldsymbol{\alpha}_1+x_2\boldsymbol{\alpha}_2+\cdots+x_m\boldsymbol{\alpha}_m=\mathbf{0},$$

其中 $\boldsymbol{\alpha}_i=\begin{pmatrix} a_{1i} \\ a_{2i} \\ \vdots \\ a_{ni} \end{pmatrix}(i=1,2,\cdots,m)$.

线性方程组(4.2)有非零解等价于存在 m 个不全为零的实数 $k_1,k_2,\cdots,k_m$,使得

$$k_1\boldsymbol{\alpha}_1+k_2\boldsymbol{\alpha}_2+\cdots+k_m\boldsymbol{\alpha}_m=\mathbf{0}$$

成立,由此引入如下线性代数中的重要概念.

定义 4.1.3 设 $\boldsymbol{\alpha}_1,\boldsymbol{\alpha}_2,\cdots,\boldsymbol{\alpha}_m$ 是一组向量.如果存在 m 个不全为零的实数 $k_1,k_2,\cdots,k_m$,使得

$$k_1\boldsymbol{\alpha}_1+k_2\boldsymbol{\alpha}_2+\cdots+k_m\boldsymbol{\alpha}_m=\mathbf{0}$$

成立,则称 $\boldsymbol{\alpha}_1,\boldsymbol{\alpha}_2,\cdots,\boldsymbol{\alpha}_m$ **线性相关**.

如果

$$k_1\boldsymbol{\alpha}_1+k_2\boldsymbol{\alpha}_2+\cdots+k_m\boldsymbol{\alpha}_m=\mathbf{0}$$

只在 $k_1=k_2=\cdots=k_m=0$ 时成立,则称 $\boldsymbol{\alpha}_1,\boldsymbol{\alpha}_2,\cdots,\boldsymbol{\alpha}_m$ **线性无关**.

向量组只包含一个向量 $\boldsymbol{\alpha}$ 时,若 $\boldsymbol{\alpha}=\mathbf{0}$,则 $\boldsymbol{\alpha}$ 线性相关,若 $\boldsymbol{\alpha}\neq\mathbf{0}$,则 $\boldsymbol{\alpha}$ 线性无关.

设 $\boldsymbol{\alpha},\boldsymbol{\beta}$ 是 $\mathbf{R}^2$ 中线性相关的向量组,那么存在 k_1,k_2 不全为零,使得

$$k_1\boldsymbol{\alpha}+k_2\boldsymbol{\beta}=\mathbf{0}$$

成立.不妨设 $k_1\neq 0$,可得到 $\boldsymbol{\alpha}=-\dfrac{k_2}{k_1}\boldsymbol{\beta}$.因此,如果 $\mathbf{R}^2$ 中的两个向量线性相关,那么其中一个是另一个的倍数,即这两个向量共线.

设 $\boldsymbol{\alpha},\boldsymbol{\beta},\boldsymbol{\gamma}$ 在 $\mathbf{R}^3$ 中线性相关,那么存在 k_1,k_2,k_3 不全为零,使得

$$k_1\boldsymbol{\alpha}+k_2\boldsymbol{\beta}+k_3\boldsymbol{\gamma}=\mathbf{0}$$

成立.不妨设$k_1 \neq 0$,可得到$\boldsymbol{\alpha} = -\frac{k_2}{k_1}\boldsymbol{\beta} - \frac{k_3}{k_1}\boldsymbol{\gamma}$.因此,如果$\mathbf{R}^3$中的三个向量线性相关,那么其中一个是另两个的线性组合,即这三个向量共面.

对n维向量组

$$\boldsymbol{e}_1 = \begin{pmatrix} 1 \\ 0 \\ \vdots \\ 0 \end{pmatrix}, \quad \boldsymbol{e}_2 = \begin{pmatrix} 0 \\ 1 \\ \vdots \\ 0 \end{pmatrix}, \quad \cdots, \quad \boldsymbol{e}_n = \begin{pmatrix} 0 \\ 0 \\ \vdots \\ 1 \end{pmatrix},$$

显然等式

$$k_1 \begin{pmatrix} 1 \\ 0 \\ \vdots \\ 0 \end{pmatrix} + k_2 \begin{pmatrix} 0 \\ 1 \\ \vdots \\ 0 \end{pmatrix} + \cdots + k_n \begin{pmatrix} 0 \\ 0 \\ \vdots \\ 1 \end{pmatrix} = \begin{pmatrix} 0 \\ 0 \\ \vdots \\ 0 \end{pmatrix}$$

只在$k_1 = k_2 = \cdots = k_n = 0$时才成立.因此,向量组$\boldsymbol{e}_1, \boldsymbol{e}_2, \cdots, \boldsymbol{e}_n$线性无关.

例 4.1.2 已知向量组$\boldsymbol{\alpha}_1, \boldsymbol{\alpha}_2, \boldsymbol{\alpha}_3$线性无关,$\boldsymbol{\beta}_1 = \boldsymbol{\alpha}_1 + \boldsymbol{\alpha}_2, \boldsymbol{\beta}_2 = \boldsymbol{\alpha}_2 + \boldsymbol{\alpha}_3, \boldsymbol{\beta}_3 = \boldsymbol{\alpha}_3 + \boldsymbol{\alpha}_1$.证明:向量组$\boldsymbol{\beta}_1, \boldsymbol{\beta}_2, \boldsymbol{\beta}_3$线性无关.

证 设有实数k_1, k_2, k_3,满足

$$k_1\boldsymbol{\beta}_1 + k_2\boldsymbol{\beta}_2 + k_3\boldsymbol{\beta}_3 = \mathbf{0},$$

即

$$k_1(\boldsymbol{\alpha}_1 + \boldsymbol{\alpha}_2) + k_2(\boldsymbol{\alpha}_2 + \boldsymbol{\alpha}_3) + k_3(\boldsymbol{\alpha}_3 + \boldsymbol{\alpha}_1) = \mathbf{0},$$

亦即

$$(k_1 + k_3)\boldsymbol{\alpha}_1 + (k_1 + k_2)\boldsymbol{\alpha}_2 + (k_2 + k_3)\boldsymbol{\alpha}_3 = \mathbf{0}.$$

由于向量组$\boldsymbol{\alpha}_1, \boldsymbol{\alpha}_2, \boldsymbol{\alpha}_3$线性无关,因此$k_1 + k_3 = k_1 + k_2 = k_2 + k_3 = 0$,解得$k_1 = k_2 = k_3 = 0$.由此可得,向量组$\boldsymbol{\beta}_1, \boldsymbol{\beta}_2, \boldsymbol{\beta}_3$线性无关.

n维列向量组

$$\boldsymbol{\alpha}_1 = \begin{pmatrix} a_{11} \\ a_{21} \\ \vdots \\ a_{n1} \end{pmatrix}, \quad \boldsymbol{\alpha}_2 = \begin{pmatrix} a_{12} \\ a_{22} \\ \vdots \\ a_{n2} \end{pmatrix}, \quad \cdots, \quad \boldsymbol{\alpha}_m = \begin{pmatrix} a_{1m} \\ a_{2m} \\ \vdots \\ a_{nm} \end{pmatrix}$$

可构成矩阵$\mathbf{A} = \begin{pmatrix} a_{11} & a_{12} & \cdots & a_{1m} \\ a_{21} & a_{22} & \cdots & a_{2m} \\ \vdots & \vdots & & \vdots \\ a_{n1} & a_{n2} & \cdots & a_{nm} \end{pmatrix}$.向量组$\boldsymbol{\alpha}_1, \boldsymbol{\alpha}_2, \cdots, \boldsymbol{\alpha}_m$的线性相关性可通过矩阵$\mathbf{A}$的秩讨论.

定理 4.1.3 设有列向量组

$$\boldsymbol{\alpha}_1=\begin{pmatrix}a_{11}\\a_{21}\\\vdots\\a_{n1}\end{pmatrix},\quad \boldsymbol{\alpha}_2=\begin{pmatrix}a_{12}\\a_{22}\\\vdots\\a_{n2}\end{pmatrix},\quad \cdots,\quad \boldsymbol{\alpha}_m=\begin{pmatrix}a_{1m}\\a_{2m}\\\vdots\\a_{nm}\end{pmatrix},\tag{4.3}$$

令 $\boldsymbol{A}=\begin{pmatrix}a_{11}&a_{12}&\cdots&a_{1m}\\a_{21}&a_{22}&\cdots&a_{2m}\\\vdots&\vdots&&\vdots\\a_{n1}&a_{n2}&\cdots&a_{nm}\end{pmatrix}$**,则有**

(1) **向量组** $\boldsymbol{\alpha}_1,\boldsymbol{\alpha}_2,\cdots,\boldsymbol{\alpha}_m$ **线性相关当且仅当** $\mathrm{r}(\boldsymbol{A})<m$;

(2) **向量组** $\boldsymbol{\alpha}_1,\boldsymbol{\alpha}_2,\cdots,\boldsymbol{\alpha}_m$ **线性无关当且仅当** $\mathrm{r}(\boldsymbol{A})=m$.

证 只需证明(1).由推论1.3.1知,齐次线性方程组

$$x_1\begin{pmatrix}a_{11}\\a_{21}\\\vdots\\a_{n1}\end{pmatrix}+x_2\begin{pmatrix}a_{12}\\a_{22}\\\vdots\\a_{n2}\end{pmatrix}+\cdots+x_m\begin{pmatrix}a_{1m}\\a_{2m}\\\vdots\\a_{nm}\end{pmatrix}=\boldsymbol{0}$$

有非零解等价于系数矩阵的秩小于未知量的个数,即

$$\mathrm{r}\begin{pmatrix}a_{11}&a_{12}&\cdots&a_{1m}\\a_{21}&a_{22}&\cdots&a_{2m}\\\vdots&\vdots&&\vdots\\a_{n1}&a_{n2}&\cdots&a_{nm}\end{pmatrix}<m.$$

例 4.1.3 判断下列向量组的线性相关性:

(1) $\boldsymbol{\alpha}_1=\begin{pmatrix}1\\2\\0\end{pmatrix},\boldsymbol{\alpha}_2=\begin{pmatrix}2\\-1\\1\end{pmatrix},\boldsymbol{\alpha}_3=\begin{pmatrix}3\\1\\1\end{pmatrix}$;

(2) $\boldsymbol{\alpha}_1=\begin{pmatrix}1\\1\\1\end{pmatrix},\boldsymbol{\alpha}_2=\begin{pmatrix}0\\2\\5\end{pmatrix},\boldsymbol{\alpha}_3=\begin{pmatrix}2\\4\\7\end{pmatrix}$.

解 (1) 由 $\mathrm{r}\begin{pmatrix}1&2&3\\2&-1&1\\0&1&1\end{pmatrix}=2<3$ 知,向量组 $\boldsymbol{\alpha}_1,\boldsymbol{\alpha}_2,\boldsymbol{\alpha}_3$ 线性相关.

(2) 由 $\mathrm{r}\begin{pmatrix}1&0&2\\1&2&4\\1&5&7\end{pmatrix}=2<3$ 知,向量组 $\boldsymbol{\alpha}_1,\boldsymbol{\alpha}_2,\boldsymbol{\alpha}_3$ 线性相关.

定理4.1.3中矩阵 $\boldsymbol{A}$ 的秩 $\mathrm{r}(\boldsymbol{A})\leqslant n$.因此,当向量组(4.3)的向量的维数 n 小于向量的个数 m 时,矩阵 $\boldsymbol{A}$ 的秩必小于 m,从而可得以下推论.

推论 4.1.1 在 m 个 n 维向量组成的向量组中,当向量的维数 n 小于向量的个数 m 时,该

向量组一定线性相关.

下面介绍关于线性相关的一些定理.

定理 4.1.4　**向量组 $\boldsymbol{\alpha}_1,\boldsymbol{\alpha}_2,\cdots,\boldsymbol{\alpha}_m(m\geqslant 2)$ 线性相关的充要条件是 $\boldsymbol{\alpha}_1,\boldsymbol{\alpha}_2,\cdots,\boldsymbol{\alpha}_m$ 中至少有一个向量可由其余 $m-1$ 个向量线性表示.**

证　必要性.若向量组 $\boldsymbol{\alpha}_1,\boldsymbol{\alpha}_2,\cdots,\boldsymbol{\alpha}_m$ 线性相关,则存在不全为零的 m 个实数 $k_1,k_2,\cdots,k_m$,使得

$$k_1\boldsymbol{\alpha}_1+k_2\boldsymbol{\alpha}_2+\cdots+k_m\boldsymbol{\alpha}_m=\boldsymbol{0}$$

成立.因 $k_1,k_2,\cdots,k_m$ 不全为零,不妨设 $k_1\neq 0$,从而有

$$\boldsymbol{\alpha}_1=\left(-\frac{k_2}{k_1}\right)\boldsymbol{\alpha}_2+\left(-\frac{k_3}{k_1}\right)\boldsymbol{\alpha}_3+\cdots+\left(-\frac{k_m}{k_1}\right)\boldsymbol{\alpha}_m,$$

即 $\boldsymbol{\alpha}_1$ 可由其余向量线性表示.

充分性.不妨设 $\boldsymbol{\alpha}_1$ 可由其余向量线性表示,即

$$\boldsymbol{\alpha}_1=k_2\boldsymbol{\alpha}_2+k_3\boldsymbol{\alpha}_3+\cdots+k_m\boldsymbol{\alpha}_m,$$

于是

$$-\boldsymbol{\alpha}_1+k_2\boldsymbol{\alpha}_2+k_3\boldsymbol{\alpha}_3+\cdots+k_m\boldsymbol{\alpha}_m=\boldsymbol{0}.$$

由于 $-1,k_2,k_3,\cdots,k_m$ 不全为零,因此 $\boldsymbol{\alpha}_1,\boldsymbol{\alpha}_2,\cdots,\boldsymbol{\alpha}_m$ 线性相关.

例如,对于向量组 $\boldsymbol{\alpha}_1=\begin{pmatrix}1\\4\\3\end{pmatrix},\boldsymbol{\alpha}_2=\begin{pmatrix}2\\0\\-1\end{pmatrix},\boldsymbol{\alpha}_3=\begin{pmatrix}3\\4\\2\end{pmatrix}$,容易看出 $\boldsymbol{\alpha}_1+\boldsymbol{\alpha}_2=\boldsymbol{\alpha}_3$,由此可得 $\boldsymbol{\alpha}_1+\boldsymbol{\alpha}_2-\boldsymbol{\alpha}_3=\boldsymbol{0}$,$\boldsymbol{\alpha}_1,\boldsymbol{\alpha}_2,\boldsymbol{\alpha}_3$ 线性相关.

又如,对于向量组 $\boldsymbol{\alpha}_1=\begin{pmatrix}1\\1\\1\end{pmatrix},\boldsymbol{\alpha}_2=\begin{pmatrix}-1\\0\\1\end{pmatrix},\boldsymbol{\alpha}_3=\begin{pmatrix}1\\2\\3\end{pmatrix}$,由于 $2\boldsymbol{\alpha}_1+\boldsymbol{\alpha}_2-\boldsymbol{\alpha}_3=\boldsymbol{0}$,$\boldsymbol{\alpha}_1,\boldsymbol{\alpha}_2,\boldsymbol{\alpha}_3$ 线性相关.向量 $\boldsymbol{\alpha}_1,\boldsymbol{\alpha}_2,\boldsymbol{\alpha}_3$ 之间满足

$$\boldsymbol{\alpha}_1=-\frac{1}{2}\boldsymbol{\alpha}_2+\frac{1}{2}\boldsymbol{\alpha}_3,\quad \boldsymbol{\alpha}_2=-2\boldsymbol{\alpha}_1+\boldsymbol{\alpha}_3,\quad \boldsymbol{\alpha}_3=2\boldsymbol{\alpha}_1+\boldsymbol{\alpha}_2.$$

定理 4.1.5　**(1) 如果一个向量组有一部分线性相关,则整个向量组线性相关;**

(2) 如果一个向量组线性无关,则它的任一部分线性无关.

证　只需证明(1),(2) 是(1) 的逆否命题.

不妨设向量组 $\boldsymbol{\alpha}_1,\boldsymbol{\alpha}_2,\cdots,\boldsymbol{\alpha}_m$ 的前 $r(r<m)$ 个向量 $\boldsymbol{\alpha}_1,\boldsymbol{\alpha}_2,\cdots,\boldsymbol{\alpha}_r$ 线性相关.于是,存在不全为零的 r 个实数 $k_1,k_2,\cdots,k_r$,使得

$$k_1\boldsymbol{\alpha}_1+k_2\boldsymbol{\alpha}_2+\cdots+k_r\boldsymbol{\alpha}_r=\boldsymbol{0}$$

成立.从而存在不全为零的实数 $k_1,k_2,\cdots,k_r,0,0,\cdots,0$,使得

$$k_1\boldsymbol{\alpha}_1+k_2\boldsymbol{\alpha}_2+\cdots+k_r\boldsymbol{\alpha}_r+0\boldsymbol{\alpha}_{r+1}+0\boldsymbol{\alpha}_{r+2}+\cdots+0\boldsymbol{\alpha}_m=\boldsymbol{0}$$

成立.因此,$\boldsymbol{\alpha}_1,\boldsymbol{\alpha}_2,\cdots,\boldsymbol{\alpha}_m$ 线性相关.

定理 4.1.6　**设向量组 $\boldsymbol{\alpha}_1,\boldsymbol{\alpha}_2,\cdots,\boldsymbol{\alpha}_m$ 线性无关,而向量组 $\boldsymbol{\alpha}_1,\boldsymbol{\alpha}_2,\cdots,\boldsymbol{\alpha}_m,\boldsymbol{\beta}$ 线性相关,则向量 $\boldsymbol{\beta}$ 必能由向量组 $\boldsymbol{\alpha}_1,\boldsymbol{\alpha}_2,\cdots,\boldsymbol{\alpha}_m$ 线性表示,且表示式唯一.**

证　先证向量 $\boldsymbol{\beta}$ 能由向量组 $\boldsymbol{\alpha}_1,\boldsymbol{\alpha}_2,\cdots,\boldsymbol{\alpha}_m$ 线性表示.由于 $\boldsymbol{\alpha}_1,\boldsymbol{\alpha}_2,\cdots,\boldsymbol{\alpha}_m,\boldsymbol{\beta}$ 线性相关,因

此存在不全为零的实数 $k_1,k_2,\cdots,k_m,l$，使得

$$k_1\boldsymbol{\alpha}_1+k_2\boldsymbol{\alpha}_2+\cdots+k_m\boldsymbol{\alpha}_m+l\boldsymbol{\beta}=\mathbf{0}$$

成立.在上式中，若 $l=0$，则 $k_1,k_2,\cdots,k_m$ 不全为零，且有

$$k_1\boldsymbol{\alpha}_1+k_2\boldsymbol{\alpha}_2+\cdots+k_m\boldsymbol{\alpha}_m=\mathbf{0},$$

这与 $\boldsymbol{\alpha}_1,\boldsymbol{\alpha}_2,\cdots,\boldsymbol{\alpha}_m$ 线性无关矛盾.因此，$l\neq 0$，从而有

$$\boldsymbol{\beta}=\left(-\frac{k_1}{l}\right)\boldsymbol{\alpha}_1+\left(-\frac{k_2}{l}\right)\boldsymbol{\alpha}_2+\cdots+\left(-\frac{k_m}{l}\right)\boldsymbol{\alpha}_m,$$

即向量 $\boldsymbol{\beta}$ 能由向量组 $\boldsymbol{\alpha}_1,\boldsymbol{\alpha}_2,\cdots,\boldsymbol{\alpha}_m$ 线性表示.

再证表示式唯一.设 $\boldsymbol{\beta}=x_1\boldsymbol{\alpha}_1+x_2\boldsymbol{\alpha}_2+\cdots+x_m\boldsymbol{\alpha}_m=y_1\boldsymbol{\alpha}_1+y_2\boldsymbol{\alpha}_2+\cdots+y_m\boldsymbol{\alpha}_m$，则

$$(x_1-y_1)\boldsymbol{\alpha}_1+(x_2-y_2)\boldsymbol{\alpha}_2+\cdots+(x_m-y_m)\boldsymbol{\alpha}_m=\mathbf{0}.$$

由于 $\boldsymbol{\alpha}_1,\boldsymbol{\alpha}_2,\cdots,\boldsymbol{\alpha}_m$ 线性无关，因此 $x_i-y_i=0(i=1,2,\cdots,m)$，即 $x_i=y_i$，向量 $\boldsymbol{\beta}$ 可由 $\boldsymbol{\alpha}_1$，$\boldsymbol{\alpha}_2,\cdots,\boldsymbol{\alpha}_m$ 唯一线性表示.

例如，任意向量 $\boldsymbol{\alpha}=\begin{pmatrix}a_1\\a_2\\\vdots\\a_n\end{pmatrix}$ 可由向量组 $\boldsymbol{e}_1,\boldsymbol{e}_2,\cdots,\boldsymbol{e}_n$ 唯一线性表示，即

$$\boldsymbol{\alpha}=a_1\boldsymbol{e}_1+a_2\boldsymbol{e}_2+\cdots+a_n\boldsymbol{e}_n.$$

4.2 向量组的秩

本节将介绍向量组的秩和极大无关组，为此需要以下定理作为准备.

定理 4.2.1 **设有向量组(A)：$\boldsymbol{\alpha}_1,\boldsymbol{\alpha}_2,\cdots,\boldsymbol{\alpha}_r$ 和向量组(B)：$\boldsymbol{\beta}_1,\boldsymbol{\beta}_2,\cdots,\boldsymbol{\beta}_s$.如果向量组(A)可以由向量组(B)线性表示，且 $r>s$，则向量组(A)线性相关.**

证 向量组(A)可以由向量组(B)线性表示，从而有

$$\boldsymbol{\alpha}_i=a_{1i}\boldsymbol{\beta}_1+a_{2i}\boldsymbol{\beta}_2+\cdots+a_{si}\boldsymbol{\beta}_s,\quad i=1,2,\cdots,r.$$

构造线性方程组

$$\begin{cases}a_{11}x_1+a_{12}x_2+\cdots+a_{1r}x_r=0,\\a_{21}x_1+a_{22}x_2+\cdots+a_{2r}x_r=0,\\\cdots\cdots\\a_{s1}x_1+a_{s2}x_2+\cdots+a_{sr}x_r=0,\end{cases}$$

由于 $r>s$，因此上述齐次线性方程组有非零解.取其中一个非零解 $k_1,k_2,\cdots,k_r$，可使得下式成立：

$$(a_{11}k_1+a_{12}k_2+\cdots+a_{1r}k_r)\boldsymbol{\beta}_1+(a_{21}k_1+a_{22}k_2+\cdots+a_{2r}k_r)\boldsymbol{\beta}_2$$
$$+\cdots+(a_{s1}k_1+a_{s2}k_2+\cdots+a_{sr}k_r)\boldsymbol{\beta}_s=\mathbf{0},$$

即

$$k_1(a_{11}\boldsymbol{\beta}_1+a_{21}\boldsymbol{\beta}_2+\cdots+a_{s1}\boldsymbol{\beta}_s)+k_2(a_{12}\boldsymbol{\beta}_1+a_{22}\boldsymbol{\beta}_2+\cdots+a_{s2}\boldsymbol{\beta}_s)$$
$$+\cdots+k_r(a_{1r}\boldsymbol{\beta}_1+a_{2r}\boldsymbol{\beta}_2+\cdots+a_{sr}\boldsymbol{\beta}_s)=\mathbf{0},$$

亦即

$$k_1\boldsymbol{\alpha}_1+k_2\boldsymbol{\alpha}_2+\cdots+k_r\boldsymbol{\alpha}_r=\mathbf{0}.$$

因此,向量组(A)线性相关.

推论 4.2.1　设有向量组(A):$\boldsymbol{\alpha}_1,\boldsymbol{\alpha}_2,\cdots,\boldsymbol{\alpha}_r$ 和向量组(B):$\boldsymbol{\beta}_1,\boldsymbol{\beta}_2,\cdots,\boldsymbol{\beta}_s$.如果向量组(A)可以由向量组(B)线性表示,且向量组(A)线性无关,则 $r\leqslant s$.

推论 4.2.2　两个线性无关的等价向量组,必含有相同个数的向量.

设有向量组 $\boldsymbol{\alpha}_1,\boldsymbol{\alpha}_2,\cdots,\boldsymbol{\alpha}_s$,只要其中的向量不全为零向量,即至少存在一个非零向量,则向量组存在含一个向量的部分组线性无关.再考察含两个向量的部分组,如果存在含两个向量的部分组线性无关,则继续考察含三个向量的部分组.以此类推,最终总能得到向量组中有含 $r(r\leqslant s)$ 个向量的部分组线性无关,而所含向量个数大于 r 的部分组(如果存在的话)都线性相关.那么,含 r 个向量的线性无关部分组就是最大的线性无关部分组.

定义 4.2.1　如果向量组 $\boldsymbol{\alpha}_1,\boldsymbol{\alpha}_2,\cdots,\boldsymbol{\alpha}_m$ 的一个部分组 $\boldsymbol{\alpha}_{i_1},\boldsymbol{\alpha}_{i_2},\cdots,\boldsymbol{\alpha}_{i_r}$ 满足:

(1) $\boldsymbol{\alpha}_{i_1},\boldsymbol{\alpha}_{i_2},\cdots,\boldsymbol{\alpha}_{i_r}$ 线性无关,

(2) $\boldsymbol{\alpha}_{i_1},\boldsymbol{\alpha}_{i_2},\cdots,\boldsymbol{\alpha}_{i_r}$ 中任意再添加一个原向量组中的其余向量(如果还有的话),所得的部分组都线性相关,

则称部分组 $\boldsymbol{\alpha}_{i_1},\boldsymbol{\alpha}_{i_2},\cdots,\boldsymbol{\alpha}_{i_r}$ 是向量组 $\boldsymbol{\alpha}_1,\boldsymbol{\alpha}_2,\cdots,\boldsymbol{\alpha}_m$ 的一个**极大线性无关组**,简称**极大无关组**.

如果向量组 $\boldsymbol{\alpha}_1,\boldsymbol{\alpha}_2,\cdots,\boldsymbol{\alpha}_m$ 线性无关,则其极大无关组就是自身.仅含零向量的向量组不存在极大无关组.

先看一个简单的例子.

例 4.2.1　求二维向量组 $\boldsymbol{\alpha}_1=(1,0),\boldsymbol{\alpha}_2=(0,1),\boldsymbol{\alpha}_3=(1,1)$ 的极大无关组.

解　由推论 4.1.1 可知,任意 3 个二维向量线性相关,又 $\boldsymbol{\alpha}_1,\boldsymbol{\alpha}_2$ 线性无关,因此 $\boldsymbol{\alpha}_1,\boldsymbol{\alpha}_2$ 是原向量组的一个极大无关组.同理,$\boldsymbol{\alpha}_2,\boldsymbol{\alpha}_3$ 或 $\boldsymbol{\alpha}_1,\boldsymbol{\alpha}_3$ 也是其极大无关组.

由极大无关组的定义以及定理 4.1.6,易得如下定理.

定理 4.2.2　**如果 $\boldsymbol{\alpha}_{i_1},\boldsymbol{\alpha}_{i_2},\cdots,\boldsymbol{\alpha}_{i_r}$ 是向量组 $\boldsymbol{\alpha}_1,\boldsymbol{\alpha}_2,\cdots,\boldsymbol{\alpha}_m$ 的一个线性无关部分组,则它是极大无关组等价于 $\boldsymbol{\alpha}_1,\boldsymbol{\alpha}_2,\cdots,\boldsymbol{\alpha}_m$ 中的每一个向量都可由 $\boldsymbol{\alpha}_{i_1},\boldsymbol{\alpha}_{i_2},\cdots,\boldsymbol{\alpha}_{i_r}$ 线性表示.**

定理 4.2.2 可看作极大无关组的一个等价定义.

由例 4.2.1 可见,向量组的极大无关组不唯一,但其所含的向量个数是相同的.

定理 4.2.3　**向量组和它的极大无关组等价.一个向量组的极大无关组所含的向量个数相同.**

证　由定理 4.2.2 可知,向量组的极大无关组都和这个向量组等价.因此,一个向量组的任意两个极大无关组是等价的线性无关向量组,由推论 4.2.2 知,它们所含的向量个数相同.

由定理 4.2.3 可知,一个向量组的极大无关组所含的向量个数由这个向量组唯一确定,将它称为向量组的秩.

定义 4.2.2　一个向量组 $\boldsymbol{\alpha}_1,\boldsymbol{\alpha}_2,\cdots,\boldsymbol{\alpha}_m$ 的极大无关组所含的向量个数称为这个向

量组的**秩**,记作 $r(\boldsymbol{\alpha}_1,\boldsymbol{\alpha}_2,\cdots,\boldsymbol{\alpha}_m)$.

规定全为零向量的向量组的秩为零.

定理 4.2.4 **如果向量组 $\boldsymbol{\alpha}_1,\boldsymbol{\alpha}_2,\cdots,\boldsymbol{\alpha}_m$ 的秩为 r,则其中任意向量个数大于 r 的部分组都线性相关.**

证 设 $\boldsymbol{\alpha}_{i_1},\boldsymbol{\alpha}_{i_2},\cdots,\boldsymbol{\alpha}_{i_r}$ 是向量组 $\boldsymbol{\alpha}_1,\boldsymbol{\alpha}_2,\cdots,\boldsymbol{\alpha}_m$ 的一个极大无关组.由定理 4.2.2 得,向量组 $\boldsymbol{\alpha}_1,\boldsymbol{\alpha}_2,\cdots,\boldsymbol{\alpha}_m$ 的任意部分组都可由 $\boldsymbol{\alpha}_{i_1},\boldsymbol{\alpha}_{i_2},\cdots,\boldsymbol{\alpha}_{i_r}$ 线性表示,若此部分组所含的向量个数大于 r,则由定理 4.2.1 知,此部分组线性相关.

定理 4.2.5 **向量组的任意线性无关部分组都可扩充成一个极大无关组.特别地,秩为 r 的向量组中任意含 r 个向量的线性无关部分组都构成极大无关组.**

证 先证明秩为 r 的向量组中任意含 r 个向量的线性无关部分组都构成极大无关组.设 $\boldsymbol{\alpha}_{i_1},\boldsymbol{\alpha}_{i_2},\cdots,\boldsymbol{\alpha}_{i_r}$ 是向量组 $\boldsymbol{\alpha}_1,\boldsymbol{\alpha}_2,\cdots,\boldsymbol{\alpha}_m$ 的一个线性无关部分组,且向量组 $\boldsymbol{\alpha}_1,\boldsymbol{\alpha}_2,\cdots,\boldsymbol{\alpha}_m$ 的秩是 r.对任意向量 $\boldsymbol{\alpha}_j$,由定理 4.2.4 可知,$\boldsymbol{\alpha}_{i_1},\boldsymbol{\alpha}_{i_2},\cdots,\boldsymbol{\alpha}_{i_r},\boldsymbol{\alpha}_j$ 线性相关,而 $\boldsymbol{\alpha}_{i_1},\boldsymbol{\alpha}_{i_2},\cdots,\boldsymbol{\alpha}_{i_r}$ 线性无关.因此,由定理 4.2.2 可知,$\boldsymbol{\alpha}_{i_1},\boldsymbol{\alpha}_{i_2},\cdots,\boldsymbol{\alpha}_{i_r}$ 是向量组 $\boldsymbol{\alpha}_1,\boldsymbol{\alpha}_2,\cdots,\boldsymbol{\alpha}_m$ 的一个极大无关组.

再证明向量组的任意线性无关部分组都可扩充成极大无关组.设 $\boldsymbol{\alpha}_{i_1},\boldsymbol{\alpha}_{i_2},\cdots,\boldsymbol{\alpha}_{i_s}$ 是向量组 $\boldsymbol{\alpha}_1,\boldsymbol{\alpha}_2,\cdots,\boldsymbol{\alpha}_m$ 的一个线性无关部分组,向量组 $\boldsymbol{\alpha}_1,\boldsymbol{\alpha}_2,\cdots,\boldsymbol{\alpha}_m$ 的秩为 r,$s<r$.由 $s<r$ 可得,必存在 $\boldsymbol{\alpha}_{i_{s+1}}$ 不能由 $\boldsymbol{\alpha}_{i_1},\boldsymbol{\alpha}_{i_2},\cdots,\boldsymbol{\alpha}_{i_s}$ 线性表示,否则向量组中任意向量都可由 $\boldsymbol{\alpha}_{i_1},\boldsymbol{\alpha}_{i_2},\cdots,\boldsymbol{\alpha}_{i_s}$ 线性表示,则 $\boldsymbol{\alpha}_{i_1},\boldsymbol{\alpha}_{i_2},\cdots,\boldsymbol{\alpha}_{i_s}$ 就是一个极大无关组,这和向量组的秩为 r 矛盾,从而 $\boldsymbol{\alpha}_{i_1},\boldsymbol{\alpha}_{i_2},\cdots,\boldsymbol{\alpha}_{i_s},\boldsymbol{\alpha}_{i_{s+1}}$ 线性无关.重复这一过程,最后必可得到一个含 r 个向量的线性无关部分组 $\boldsymbol{\alpha}_{i_1},\boldsymbol{\alpha}_{i_2},\cdots,\boldsymbol{\alpha}_{i_r}$,这个部分组就是向量组 $\boldsymbol{\alpha}_1,\boldsymbol{\alpha}_2,\cdots,\boldsymbol{\alpha}_m$ 的一个极大无关组.

若一个向量组可由另一个向量组线性表示,则它们的秩之间有下列结论成立.

定理 4.2.6 **设有向量组(A):$\boldsymbol{\alpha}_1,\boldsymbol{\alpha}_2,\cdots,\boldsymbol{\alpha}_m$ 和向量组(B):$\boldsymbol{\beta}_1,\boldsymbol{\beta}_2,\cdots,\boldsymbol{\beta}_t$.如果向量组$(A)$ 可以由向量组(B) 线性表示,那么 $r(\boldsymbol{\alpha}_1,\boldsymbol{\alpha}_2,\cdots,\boldsymbol{\alpha}_m)\leqslant r(\boldsymbol{\beta}_1,\boldsymbol{\beta}_2,\cdots,\boldsymbol{\beta}_t)$.**

证 设 $\boldsymbol{\alpha}_{i_1},\boldsymbol{\alpha}_{i_2},\cdots,\boldsymbol{\alpha}_{i_r}$ 和 $\boldsymbol{\beta}_{j_1},\boldsymbol{\beta}_{j_2},\cdots,\boldsymbol{\beta}_{j_s}$ 分别是向量组(A) 和向量组(B) 的极大无关组.由条件可知,向量组(A) 可以由向量组(B) 线性表示,而 $\boldsymbol{\alpha}_{i_1},\boldsymbol{\alpha}_{i_2},\cdots,\boldsymbol{\alpha}_{i_r}$ 和 $\boldsymbol{\beta}_{j_1},\boldsymbol{\beta}_{j_2},\cdots,\boldsymbol{\beta}_{j_s}$ 分别与向量组(A)、向量组(B) 等价,因此 $\boldsymbol{\alpha}_{i_1},\boldsymbol{\alpha}_{i_2},\cdots,\boldsymbol{\alpha}_{i_r}$ 可以由 $\boldsymbol{\beta}_{j_1},\boldsymbol{\beta}_{j_2},\cdots,\boldsymbol{\beta}_{j_s}$ 线性表示,且 $\boldsymbol{\alpha}_{i_1},\boldsymbol{\alpha}_{i_2},\cdots,\boldsymbol{\alpha}_{i_r}$ 线性无关,从而由推论 4.2.1 可得 $r\leqslant s$,即

$$r(\boldsymbol{\alpha}_1,\boldsymbol{\alpha}_2,\cdots,\boldsymbol{\alpha}_m)\leqslant r(\boldsymbol{\beta}_1,\boldsymbol{\beta}_2,\cdots,\boldsymbol{\beta}_t).$$

推论 4.2.3 若向量组(A):$\boldsymbol{\alpha}_1,\boldsymbol{\alpha}_2,\cdots,\boldsymbol{\alpha}_m$ 和向量组(B):$\boldsymbol{\beta}_1,\boldsymbol{\beta}_2,\cdots,\boldsymbol{\beta}_n$ 等价,则

$$r(\boldsymbol{\alpha}_1,\boldsymbol{\alpha}_2,\cdots,\boldsymbol{\alpha}_m)=r(\boldsymbol{\beta}_1,\boldsymbol{\beta}_2,\cdots,\boldsymbol{\beta}_n).$$

需要注意的是,推论 4.2.3 的逆命题并不成立.例如,向量组 $\begin{pmatrix}1\\0\\0\\0\end{pmatrix},\begin{pmatrix}0\\1\\0\\0\end{pmatrix}$ 和向量组 $\begin{pmatrix}0\\0\\1\\0\end{pmatrix},\begin{pmatrix}0\\0\\0\\1\end{pmatrix}$ 的秩都是 2,但它们不等价.

定理 4.2.7 **向量组(A):$\boldsymbol{\alpha}_1,\boldsymbol{\alpha}_2,\cdots,\boldsymbol{\alpha}_m$ 和向量组(B):$\boldsymbol{\beta}_1,\boldsymbol{\beta}_2,\cdots,\boldsymbol{\beta}_t$ 等价的充要条件是**

$$r(\boldsymbol{\alpha}_1,\boldsymbol{\alpha}_2,\cdots,\boldsymbol{\alpha}_m)=r(\boldsymbol{\beta}_1,\boldsymbol{\beta}_2,\cdots,\boldsymbol{\beta}_t)=r(\boldsymbol{\alpha}_1,\boldsymbol{\alpha}_2,\cdots,\boldsymbol{\alpha}_m,\boldsymbol{\beta}_1,\boldsymbol{\beta}_2,\cdots,\boldsymbol{\beta}_t).$$

证 必要性.由向量组(A) 和向量组(B) 等价,可得向量组(A) 和向量组 $\boldsymbol{\alpha}_1,\boldsymbol{\alpha}_2,\cdots,\boldsymbol{\alpha}_m$,

$\boldsymbol{\beta}_1,\boldsymbol{\beta}_2,\cdots,\boldsymbol{\beta}_t$ 等价，从而

$$\mathrm{r}(\boldsymbol{\alpha}_1,\boldsymbol{\alpha}_2,\cdots,\boldsymbol{\alpha}_m)=\mathrm{r}(\boldsymbol{\alpha}_1,\boldsymbol{\alpha}_2,\cdots,\boldsymbol{\alpha}_m,\boldsymbol{\beta}_1,\boldsymbol{\beta}_2,\cdots,\boldsymbol{\beta}_t).$$

同理可得

$$\mathrm{r}(\boldsymbol{\beta}_1,\boldsymbol{\beta}_2,\cdots,\boldsymbol{\beta}_t)=\mathrm{r}(\boldsymbol{\alpha}_1,\boldsymbol{\alpha}_2,\cdots,\boldsymbol{\alpha}_m,\boldsymbol{\beta}_1,\boldsymbol{\beta}_2,\cdots,\boldsymbol{\beta}_t).$$

充分性.设 $\boldsymbol{\alpha}_{i_1},\boldsymbol{\alpha}_{i_2},\cdots,\boldsymbol{\alpha}_{i_r}$ 是向量组(A)的一个极大无关组.由

$$\mathrm{r}(\boldsymbol{\alpha}_1,\boldsymbol{\alpha}_2,\cdots,\boldsymbol{\alpha}_m)=\mathrm{r}(\boldsymbol{\alpha}_1,\boldsymbol{\alpha}_2,\cdots,\boldsymbol{\alpha}_m,\boldsymbol{\beta}_1,\boldsymbol{\beta}_2,\cdots,\boldsymbol{\beta}_t)$$

可知，$\boldsymbol{\alpha}_{i_1},\boldsymbol{\alpha}_{i_2},\cdots,\boldsymbol{\alpha}_{i_r}$ 也是向量组 $\boldsymbol{\alpha}_1,\boldsymbol{\alpha}_2,\cdots,\boldsymbol{\alpha}_m,\boldsymbol{\beta}_1,\boldsymbol{\beta}_2,\cdots,\boldsymbol{\beta}_t$ 的极大无关组，从而向量组(A)和向量组 $\boldsymbol{\alpha}_1,\boldsymbol{\alpha}_2,\cdots,\boldsymbol{\alpha}_m,\boldsymbol{\beta}_1,\boldsymbol{\beta}_2,\cdots,\boldsymbol{\beta}_t$ 等价.同理，向量组(B)和向量组 $\boldsymbol{\alpha}_1,\boldsymbol{\alpha}_2,\cdots,\boldsymbol{\alpha}_m,\boldsymbol{\beta}_1,\boldsymbol{\beta}_2,\cdots,\boldsymbol{\beta}_t$ 等价.因此，向量组(A)和向量组(B)等价.

之前已经定义了矩阵的秩，接下来我们讨论向量组的秩和矩阵的秩之间的关系.

设有矩阵 $\boldsymbol{A}=\begin{pmatrix} a_{11} & a_{12} & \cdots & a_{1m} \\ a_{21} & a_{22} & \cdots & a_{2m} \\ \vdots & \vdots & & \vdots \\ a_{n1} & a_{n2} & \cdots & a_{nm} \end{pmatrix}$，称向量组 $\boldsymbol{\alpha}_i=(a_{i1},a_{i2},\cdots,a_{im})(i=1,2,\cdots,n)$ 为矩阵 $\boldsymbol{A}$ 的**行向量组**，称矩阵 $\boldsymbol{A}$ 的行向量组的秩为矩阵 $\boldsymbol{A}$ 的**行秩**.称向量组 $\boldsymbol{\beta}_j=\begin{pmatrix} a_{1j} \\ a_{2j} \\ \vdots \\ a_{nj} \end{pmatrix}(j=1,2,\cdots,m)$ 为矩阵 $\boldsymbol{A}$ 的**列向量组**，称矩阵 $\boldsymbol{A}$ 的列向量组的秩为矩阵 $\boldsymbol{A}$ 的**列秩**.

定理 4.2.8　**矩阵的行秩等于列秩且等于矩阵的秩.**

证　设 $n\times m$ 矩阵 $\boldsymbol{A}$ 的秩为 r_1，令 $\boldsymbol{A}$ 的列向量组为 $\boldsymbol{\beta}_1,\boldsymbol{\beta}_2,\cdots,\boldsymbol{\beta}_m$，再设 $\boldsymbol{A}$ 的列秩为 r_2，即 $\mathrm{r}(\boldsymbol{\beta}_1,\boldsymbol{\beta}_2,\cdots,\boldsymbol{\beta}_m)=r_2$.若 $\boldsymbol{\beta}_{i_1},\boldsymbol{\beta}_{i_2},\cdots,\boldsymbol{\beta}_{i_{r_2}}$ 是列向量组 $\boldsymbol{\beta}_1,\boldsymbol{\beta}_2,\cdots,\boldsymbol{\beta}_m$ 的一个极大无关组，则 $\boldsymbol{\beta}_{i_1},\boldsymbol{\beta}_{i_2},\cdots,\boldsymbol{\beta}_{i_{r_2}}$ 线性无关.由定理 4.1.3 可知，矩阵 $(\boldsymbol{\beta}_{i_1},\boldsymbol{\beta}_{i_2},\cdots,\boldsymbol{\beta}_{i_{r_2}})$ 的秩为 r_2，显然矩阵 $(\boldsymbol{\beta}_{i_1},\boldsymbol{\beta}_{i_2},\cdots,\boldsymbol{\beta}_{i_{r_2}})$ 的秩小于等于矩阵 $\boldsymbol{A}$ 的秩，即 $r_2\leqslant r_1$.

将对矩阵 $\boldsymbol{A}$ 施行初等行变换得到的行最简形矩阵记作 $\boldsymbol{U}$.由 $\mathrm{r}(\boldsymbol{A})=r_1$ 可知，矩阵 $\boldsymbol{U}$ 有 r_1 行非零行，设非零行第一个非零数"1"依次在第 $j_1,j_2,\cdots,j_{r_1}$ 列.令 $\boldsymbol{U}'$ 为取矩阵 $\boldsymbol{U}$ 的第 $j_1,j_2,\cdots,j_{r_1}$ 列所得的矩阵，则 $\boldsymbol{U}'$ 非零行的行数仍然为 r_1.再令 $\boldsymbol{A}'=(\boldsymbol{\beta}_{j_1},\boldsymbol{\beta}_{j_2},\cdots,\boldsymbol{\beta}_{j_{r_1}})$，易知 $\boldsymbol{U}'$ 即为 $\boldsymbol{A}'$ 通过初等行变换得到的行最简形矩阵，而初等行变换不改变矩阵的秩，因此 $\mathrm{r}(\boldsymbol{A}')=r_1$，从而由定理 4.1.3 可知，向量组 $\boldsymbol{\beta}_{j_1},\boldsymbol{\beta}_{j_2},\cdots,\boldsymbol{\beta}_{j_{r_1}}$ 线性无关.所以，$\boldsymbol{A}$ 的列秩至少为 r_1，即 $r_2\geqslant r_1$.

综上所述，$r_1=r_2$，矩阵的列秩等于矩阵的秩.

令矩阵 $\boldsymbol{A}=\begin{pmatrix} \boldsymbol{\alpha}_1 \\ \boldsymbol{\alpha}_2 \\ \vdots \\ \boldsymbol{\alpha}_n \end{pmatrix}$，从而 $\boldsymbol{A}^{\mathrm{T}}=(\boldsymbol{\alpha}_1^{\mathrm{T}},\boldsymbol{\alpha}_2^{\mathrm{T}},\cdots,\boldsymbol{\alpha}_n^{\mathrm{T}})$.由上述对列向量组的讨论可知，向量组 $\boldsymbol{\alpha}_1^{\mathrm{T}},\boldsymbol{\alpha}_2^{\mathrm{T}},\cdots,\boldsymbol{\alpha}_n^{\mathrm{T}}$ 的秩等于矩阵 $\boldsymbol{A}^{\mathrm{T}}$ 的秩，而 $\mathrm{r}(\boldsymbol{A})=\mathrm{r}(\boldsymbol{A}^{\mathrm{T}})$，因此向量组 $\boldsymbol{\alpha}_1,\boldsymbol{\alpha}_2,\cdots,\boldsymbol{\alpha}_n$ 的秩等于矩阵 $\boldsymbol{A}$ 的秩，即矩阵的行秩也等于矩阵的秩.

综上所述，矩阵的行秩等于列秩且等于矩阵的秩.

注 由定理 4.2.8 可知，对矩阵 $\boldsymbol{A}=(\boldsymbol{\beta}_1,\boldsymbol{\beta}_2,\cdots,\boldsymbol{\beta}_m)$，其中 $\boldsymbol{\beta}_j=\begin{pmatrix}a_{1j}\\a_{2j}\\\vdots\\a_{nj}\end{pmatrix}$ $(j=1,2,\cdots,m)$，将 $\mathrm{r}(\boldsymbol{\beta}_1,\boldsymbol{\beta}_2,\cdots,\boldsymbol{\beta}_m)$ 理解成矩阵 $\boldsymbol{A}$ 的秩或向量组 $\boldsymbol{\beta}_1,\boldsymbol{\beta}_2,\cdots,\boldsymbol{\beta}_m$ 的秩是一致的.

例 4.2.2 设有 $n\times m$ 矩阵 $\boldsymbol{A}$ 和 $m\times t$ 矩阵 $\boldsymbol{B}$，证明：$\mathrm{r}(\boldsymbol{AB})\leqslant\min\{\mathrm{r}(\boldsymbol{A}),\mathrm{r}(\boldsymbol{B})\}$.

证 记矩阵 $\boldsymbol{C}=\boldsymbol{AB}$，令

$\boldsymbol{A}=(\boldsymbol{\beta}_1,\boldsymbol{\beta}_2,\cdots,\boldsymbol{\beta}_m)$，$\boldsymbol{C}=(\boldsymbol{\gamma}_1,\boldsymbol{\gamma}_2,\cdots,\boldsymbol{\gamma}_t)$，$\boldsymbol{B}=(b_{ij})$ $(i=1,2,\cdots,m;j=1,2,\cdots,t)$，

从而

$$(\boldsymbol{\gamma}_1,\boldsymbol{\gamma}_2,\cdots,\boldsymbol{\gamma}_t)=(\boldsymbol{\beta}_1,\boldsymbol{\beta}_2,\cdots,\boldsymbol{\beta}_m)\begin{pmatrix}b_{11}&b_{12}&\cdots&b_{1t}\\b_{21}&b_{22}&\cdots&b_{2t}\\\vdots&\vdots&&\vdots\\b_{m1}&b_{m2}&\cdots&b_{mt}\end{pmatrix}.$$

上式说明矩阵 $\boldsymbol{C}$ 的列向量组可由矩阵 $\boldsymbol{A}$ 的列向量组线性表示，因此 $\boldsymbol{C}$ 的列秩小于等于 $\boldsymbol{A}$ 的列秩，即 $\mathrm{r}(\boldsymbol{C})\leqslant\mathrm{r}(\boldsymbol{A})$.

类似地，可以证明 $\boldsymbol{C}$ 的行向量组可由 $\boldsymbol{B}$ 的行向量组线性表示，从而可得 $\mathrm{r}(\boldsymbol{C})\leqslant\mathrm{r}(\boldsymbol{B})$.

综上所述，$\mathrm{r}(\boldsymbol{AB})\leqslant\min\{\mathrm{r}(\boldsymbol{A}),\mathrm{r}(\boldsymbol{B})\}$.

例 4.2.3 求下列向量组的一个极大无关组，并把其余向量用这个极大无关组线性表示：

$$\boldsymbol{\alpha}_1=\begin{pmatrix}1\\-1\\2\\4\end{pmatrix},\quad\boldsymbol{\alpha}_2=\begin{pmatrix}0\\3\\1\\2\end{pmatrix},\quad\boldsymbol{\alpha}_3=\begin{pmatrix}3\\0\\7\\14\end{pmatrix},\quad\boldsymbol{\alpha}_4=\begin{pmatrix}2\\1\\5\\6\end{pmatrix},\quad\boldsymbol{\alpha}_5=\begin{pmatrix}1\\-1\\2\\0\end{pmatrix}.$$

解 对矩阵 $\boldsymbol{A}=(\boldsymbol{\alpha}_1,\boldsymbol{\alpha}_2,\boldsymbol{\alpha}_3,\boldsymbol{\alpha}_4,\boldsymbol{\alpha}_5)$ 施行初等行变换，有

$$\boldsymbol{A}=\begin{pmatrix}1&0&3&2&1\\-1&3&0&1&-1\\2&1&7&5&2\\4&2&14&6&0\end{pmatrix}\longrightarrow\begin{pmatrix}1&0&3&2&1\\0&1&1&1&0\\0&0&0&1&1\\0&0&0&0&0\end{pmatrix}\longrightarrow\begin{pmatrix}1&0&3&0&-1\\0&1&1&0&-1\\0&0&0&1&1\\0&0&0&0&0\end{pmatrix}.$$

由最后一个行最简形矩阵可得，向量组的秩是 3.同时，矩阵 $\begin{pmatrix}1&0&2\\-1&3&1\\2&1&5\\4&2&6\end{pmatrix}$ 的秩也是 3，从而向量组 $\boldsymbol{\alpha}_1,\boldsymbol{\alpha}_2,\boldsymbol{\alpha}_4$ 线性无关，是原向量组的一个极大无关组.

由 $\boldsymbol{A}$ 的行最简形矩阵可得

$$\begin{cases} x_1 = 3, \\ x_2 = 1, \\ x_4 = 0 \end{cases}$$

是方程组

$$x_1\boldsymbol{\alpha}_1 + x_2\boldsymbol{\alpha}_2 + x_4\boldsymbol{\alpha}_4 = \boldsymbol{\alpha}_3$$

的解,从而可得 $\boldsymbol{\alpha}_3 = 3\boldsymbol{\alpha}_1 + \boldsymbol{\alpha}_2$.同理,$\boldsymbol{\alpha}_5 = -\boldsymbol{\alpha}_1 - \boldsymbol{\alpha}_2 + \boldsymbol{\alpha}_4$.

综上所述,原向量组的秩是 3,向量组 $\boldsymbol{\alpha}_1,\boldsymbol{\alpha}_2,\boldsymbol{\alpha}_4$ 是它的一个极大无关组,且

$$\begin{cases} \boldsymbol{\alpha}_3 = 3\boldsymbol{\alpha}_1 + \boldsymbol{\alpha}_2, \\ \boldsymbol{\alpha}_5 = -\boldsymbol{\alpha}_1 - \boldsymbol{\alpha}_2 + \boldsymbol{\alpha}_4. \end{cases}$$

4.3 线性方程组的解的表示

对一般的线性方程组

$$\begin{cases} a_{11}x_1 + a_{12}x_2 + \cdots + a_{1n}x_n = b_1, \\ a_{21}x_1 + a_{22}x_2 + \cdots + a_{2n}x_n = b_2, \\ \cdots\cdots \\ a_{m1}x_1 + a_{m2}x_2 + \cdots + a_{mn}x_n = b_m, \end{cases}$$

如果令

$$\boldsymbol{A} = \begin{pmatrix} a_{11} & a_{12} & \cdots & a_{1n} \\ a_{21} & a_{22} & \cdots & a_{2n} \\ \vdots & \vdots & & \vdots \\ a_{m1} & a_{m2} & \cdots & a_{mn} \end{pmatrix}, \quad \boldsymbol{x} = \begin{pmatrix} x_1 \\ x_2 \\ \vdots \\ x_n \end{pmatrix}, \quad \boldsymbol{\beta} = \begin{pmatrix} b_1 \\ b_2 \\ \vdots \\ b_m \end{pmatrix},$$

则线性方程组可以写成

$$\boldsymbol{Ax} = \boldsymbol{\beta}.$$

本节,我们分齐次线性方程组和非齐次线性方程组两种情况讨论线性方程组的解的结构.

4.3.1 齐次线性方程组

设有齐次线性方程组

$$\boldsymbol{Ax} = \boldsymbol{0}, \tag{4.4}$$

其中 $\boldsymbol{A} = (a_{ij})_{m\times n}$,$\boldsymbol{x} = (x_1, x_2, \cdots, x_n)^{\mathrm{T}}$,它的解构成的集合具有以下两个性质.

(1) 两个解的和还是方程组的解.

设 $\boldsymbol{\xi}_1,\boldsymbol{\xi}_2$ 是方程组(4.4) 的解,即有

$$\boldsymbol{A\xi}_1 = \boldsymbol{0}, \quad \boldsymbol{A\xi}_2 = \boldsymbol{0}$$

成立.将 $\boldsymbol{\xi}_1,\boldsymbol{\xi}_2$ 的和 $\boldsymbol{\xi}_1 + \boldsymbol{\xi}_2$ 代入方程组(4.4),得

$$\boldsymbol{A}(\boldsymbol{\xi}_1+\boldsymbol{\xi}_2)=\boldsymbol{A}\boldsymbol{\xi}_1+\boldsymbol{A}\boldsymbol{\xi}_2=\boldsymbol{0}+\boldsymbol{0}=\boldsymbol{0},$$

这说明 $\boldsymbol{\xi}_1+\boldsymbol{\xi}_2$ 也是方程组(4.4) 的解.

(2) 一个解的倍数还是方程组的解.

设 $\boldsymbol{\xi}$ 是方程组(4.4) 的解,即有

$$\boldsymbol{A}\boldsymbol{\xi}=\boldsymbol{0}$$

成立.对任意实数 k,有

$$\boldsymbol{A}(k\boldsymbol{\xi})=k\boldsymbol{A}\boldsymbol{\xi}=k\boldsymbol{0}=\boldsymbol{0},$$

这说明 $k\boldsymbol{\xi}$ 也是方程组(4.4) 的解.

综上所述,对齐次线性方程组,解的线性组合还是该方程组的解.事实上,齐次线性方程组的解都是有限的几个解的线性组合.

定义 4.3.1 如果齐次线性方程组 $\boldsymbol{Ax}=\boldsymbol{0}$ 的一组解向量 $\boldsymbol{\xi}_1,\boldsymbol{\xi}_2,\cdots,\boldsymbol{\xi}_t$ 满足以下两个条件:

(1) $\boldsymbol{\xi}_1,\boldsymbol{\xi}_2,\cdots,\boldsymbol{\xi}_t$ 线性无关,

(2) 方程组 $\boldsymbol{Ax}=\boldsymbol{0}$ 的任何一个解都能表示成 $\boldsymbol{\xi}_1,\boldsymbol{\xi}_2,\cdots,\boldsymbol{\xi}_t$ 的线性组合,

则称 $\boldsymbol{\xi}_1,\boldsymbol{\xi}_2,\cdots,\boldsymbol{\xi}_t$ 为方程组 $\boldsymbol{Ax}=\boldsymbol{0}$ 的一个**基础解系**.

如果 $\boldsymbol{\xi}_1,\boldsymbol{\xi}_2,\cdots,\boldsymbol{\xi}_t$ 是齐次线性方程组 $\boldsymbol{Ax}=\boldsymbol{0}$ 的一个基础解系,那么方程组 $\boldsymbol{Ax}=\boldsymbol{0}$ 的通解可表示为

$$\boldsymbol{x}=k_1\boldsymbol{\xi}_1+k_2\boldsymbol{\xi}_2+\cdots+k_t\boldsymbol{\xi}_t, \tag{4.5}$$

其中 $k_1,k_2,\cdots,k_t$ 为任意实数.

定理 4.3.1 **对 n 元齐次线性方程组 $\boldsymbol{Ax}=\boldsymbol{0}$,若系数矩阵 $\boldsymbol{A}$ 的秩 $r<n$,即 $\boldsymbol{Ax}=\boldsymbol{0}$ 有非零解,则该方程组存在基础解系,且每个基础解系含 $n-r$ 个解向量.**

证 不妨设方程组的系数矩阵 $\boldsymbol{A}$ 通过初等行变换化为如下行最简形矩阵:

$$\begin{pmatrix} 1 & 0 & \cdots & 0 & c_{11} & c_{12} & \cdots & c_{1,n-r} \\ 0 & 1 & \cdots & 0 & c_{21} & c_{22} & \cdots & c_{2,n-r} \\ \vdots & \vdots & & \vdots & \vdots & \vdots & & \vdots \\ 0 & 0 & \cdots & 1 & c_{r1} & c_{r2} & \cdots & c_{r,n-r} \\ 0 & 0 & \cdots & 0 & 0 & 0 & \cdots & 0 \\ \vdots & \vdots & & \vdots & \vdots & \vdots & & \vdots \\ 0 & 0 & \cdots & 0 & 0 & 0 & \cdots & 0 \end{pmatrix},$$

取 $x_{r+1},x_{r+2},\cdots,x_n$ 为自由未知量,则该方程组的解为

$$\begin{cases} x_1=-c_{11}x_{r+1}-c_{12}x_{r+2}-\cdots-c_{1,n-r}x_n, \\ x_2=-c_{21}x_{r+1}-c_{22}x_{r+2}-\cdots-c_{2,n-r}x_n, \\ \cdots\cdots \\ x_r=-c_{r1}x_{r+1}-c_{r2}x_{r+2}-\cdots-c_{r,n-r}x_n. \end{cases} \tag{4.6}$$

对自由未知量 $x_{r+1},x_{r+2},\cdots,x_n$ 分别取如下 $n-r$ 组值:

$$\begin{pmatrix} x_{r+1} \\ x_{r+2} \\ \vdots \\ x_n \end{pmatrix}=\begin{pmatrix} 1 \\ 0 \\ \vdots \\ 0 \end{pmatrix},\quad \begin{pmatrix} 0 \\ 1 \\ \vdots \\ 0 \end{pmatrix},\quad \cdots,\quad \begin{pmatrix} 0 \\ 0 \\ \vdots \\ 1 \end{pmatrix},$$

这样就得到该方程组的 $n-r$ 个解向量

$$\boldsymbol{\xi}_1=\begin{pmatrix}-c_{11}\\-c_{21}\\\vdots\\-c_{r1}\\1\\0\\\vdots\\0\end{pmatrix},\quad \boldsymbol{\xi}_2=\begin{pmatrix}-c_{12}\\-c_{22}\\\vdots\\-c_{r2}\\0\\1\\\vdots\\0\end{pmatrix},\quad \cdots,\quad \boldsymbol{\xi}_{n-r}=\begin{pmatrix}-c_{1,n-r}\\-c_{2,n-r}\\\vdots\\-c_{r,n-r}\\0\\0\\\vdots\\1\end{pmatrix}.$$

下面证明这 $n-r$ 个解向量 $\boldsymbol{\xi}_1,\boldsymbol{\xi}_2,\cdots,\boldsymbol{\xi}_{n-r}$ 是该方程组的一个基础解系.

首先证明向量组 $\boldsymbol{\xi}_1,\boldsymbol{\xi}_2,\cdots,\boldsymbol{\xi}_{n-r}$ 线性无关.假设

$$k_1\boldsymbol{\xi}_1+k_2\boldsymbol{\xi}_2+\cdots+k_{n-r}\boldsymbol{\xi}_{n-r}=\mathbf{0},$$

即

$$\begin{pmatrix}-c_{11}k_1-c_{12}k_2-\cdots-c_{1,n-r}k_{n-r}\\-c_{21}k_1-c_{22}k_2-\cdots-c_{2,n-r}k_{n-r}\\\vdots\\-c_{r1}k_1-c_{r2}k_2-\cdots-c_{r,n-r}k_{n-r}\\k_1\\k_2\\\vdots\\k_{n-r}\end{pmatrix}=\mathbf{0},$$

从而 $k_1=k_2=\cdots=k_{n-r}=0$,向量组 $\boldsymbol{\xi}_1,\boldsymbol{\xi}_2,\cdots,\boldsymbol{\xi}_{n-r}$ 线性无关.

然后证明该方程组的任意解都可以由向量组 $\boldsymbol{\xi}_1,\boldsymbol{\xi}_2,\cdots,\boldsymbol{\xi}_{n-r}$ 线性表示.由式(4.6)可知,方程组的任意解可表示为

$$\begin{pmatrix}x_1\\x_2\\\vdots\\x_r\\x_{r+1}\\x_{r+2}\\\vdots\\x_n\end{pmatrix}=\begin{pmatrix}-c_{11}x_{r+1}-c_{12}x_{r+2}-\cdots-c_{1,n-r}x_n\\-c_{21}x_{r+1}-c_{22}x_{r+2}-\cdots-c_{2,n-r}x_n\\\vdots\\-c_{r1}x_{r+1}-c_{r2}x_{r+2}-\cdots-c_{r,n-r}x_n\\x_{r+1}\\x_{r+2}\\\vdots\\x_n\end{pmatrix}$$

$$=x_{r+1}\begin{pmatrix}-c_{11}\\-c_{21}\\\vdots\\-c_{r1}\\1\\0\\\vdots\\0\end{pmatrix}+x_{r+2}\begin{pmatrix}-c_{12}\\-c_{22}\\\vdots\\-c_{r2}\\0\\1\\\vdots\\0\end{pmatrix}+\cdots+x_n\begin{pmatrix}-c_{1,n-r}\\-c_{2,n-r}\\\vdots\\-c_{r,n-r}\\0\\0\\\vdots\\1\end{pmatrix}.$$

因此,该方程组的任意解都可以由向量组 $\boldsymbol{\xi}_1,\boldsymbol{\xi}_2,\cdots,\boldsymbol{\xi}_{n-r}$ 线性表示.

综上所述,向量组 $\boldsymbol{\xi}_1,\boldsymbol{\xi}_2,\cdots,\boldsymbol{\xi}_{n-r}$ 是该方程组的一个基础解系,且含 $n-r$ 个解向量.对方程组其他的基础解系,由定义可知,它们必与 $\boldsymbol{\xi}_1,\boldsymbol{\xi}_2,\cdots,\boldsymbol{\xi}_{n-r}$ 这个基础解系等价,同时它们也都是线性无关的.因此,两个基础解系有相同个数的向量.这就证明了方程组的基础解系都含 $n-r$ 个解向量.

注 齐次线性方程组的基础解系不唯一,通过类似定理 4.2.5 的证明可得任意 $n-r$ 个线性无关的解向量都是一个基础解系.

例如,线性方程组

$$\begin{cases}x_1+\ x_2+3x_3=0,\\x_1-2x_2-3x_3=0\end{cases}$$

的解为

$$\begin{cases}x_1=-x_3,\\x_2=-2x_3,\end{cases}$$

其中 x_3 是自由未知量.容易验证,向量 $\begin{pmatrix}-1\\-2\\1\end{pmatrix}$ 的非零倍数都可以作为该方程组的基础解系.

例 4.3.1 求如下齐次线性方程组的基础解系与通解:

$$\begin{cases}x_1+\ x_2-\ x_3-\ x_4=0,\\2x_1-5x_2+3x_3+2x_4=0,\\7x_1-7x_2+3x_3+\ x_4=0.\end{cases}$$

解 对方程组的系数矩阵施行初等行变换,有

$$\begin{pmatrix}1&1&-1&-1\\2&-5&3&2\\7&-7&3&1\end{pmatrix}\longrightarrow\begin{pmatrix}1&1&-1&-1\\0&-7&5&4\\0&0&0&0\end{pmatrix}\longrightarrow\begin{pmatrix}1&0&-\frac{2}{7}&-\frac{3}{7}\\0&1&-\frac{5}{7}&-\frac{4}{7}\\0&0&0&0\end{pmatrix}.$$

取 x_3,x_4 为自由未知量,则方程组的解为

$$\begin{cases}x_1=\dfrac{2}{7}x_3+\dfrac{3}{7}x_4,\\x_2=\dfrac{5}{7}x_3+\dfrac{4}{7}x_4.\end{cases}$$

分别令 $\begin{pmatrix}x_3\\x_4\end{pmatrix}=\begin{pmatrix}1\\0\end{pmatrix},\begin{pmatrix}0\\1\end{pmatrix}$,得到方程组的两个解向量

$$\boldsymbol{\xi}_1=\begin{pmatrix}\frac{2}{7}\\\frac{5}{7}\\1\\0\end{pmatrix},\quad\boldsymbol{\xi}_2=\begin{pmatrix}\frac{3}{7}\\\frac{4}{7}\\0\\1\end{pmatrix}.$$

$\boldsymbol{\xi}_1,\boldsymbol{\xi}_2$ 即为方程组的一个基础解系，且方程组的通解为

$$k_1\boldsymbol{\xi}_1+k_2\boldsymbol{\xi}_2,$$

其中 k_1,k_2 为任意实数.

4.3.2　非齐次线性方程组

设有非齐次线性方程组

$$\boldsymbol{Ax}=\boldsymbol{\beta}, \tag{4.7}$$

其中 $\boldsymbol{A}=(a_{ij})_{m\times n},\boldsymbol{x}=(x_1,x_2,\cdots,x_n)^{\mathrm{T}},\boldsymbol{\beta}=(b_1,b_2,\cdots,b_m)^{\mathrm{T}}$.将上述方程组的常数项改为 $\mathbf{0}$，得到的齐次线性方程组

$$\boldsymbol{Ax}=\mathbf{0}, \tag{4.8}$$

称为方程组(4.7) 的**导出组**.

非齐次线性方程组(4.7) 的解构成的集合具有以下两个性质.

(1) 方程组(4.7) 的两个解的差是导出组(4.8) 的解.

设 $\boldsymbol{\eta}_1,\boldsymbol{\eta}_2$ 是方程组(4.7) 的解，即有

$$\boldsymbol{A\eta}_1=\boldsymbol{\beta},\quad \boldsymbol{A\eta}_2=\boldsymbol{\beta}$$

成立.将 $\boldsymbol{\eta}_1,\boldsymbol{\eta}_2$ 的差 $\boldsymbol{\eta}_1-\boldsymbol{\eta}_2$ 代入导出组(4.8)，得

$$\boldsymbol{A}(\boldsymbol{\eta}_1-\boldsymbol{\eta}_2)=\boldsymbol{A\eta}_1-\boldsymbol{A\eta}_2=\boldsymbol{\beta}-\boldsymbol{\beta}=\mathbf{0},$$

这说明 $\boldsymbol{\eta}_1-\boldsymbol{\eta}_2$ 是导出组(4.8) 的解.

(2) 方程组(4.7) 的一个解与导出组(4.8) 的解的和还是方程组(4.7) 的一个解.

设 $\boldsymbol{\eta}$ 是方程组(4.7) 的解，$\boldsymbol{\xi}$ 是导出组(4.8) 的解，则有

$$\boldsymbol{A\eta}=\boldsymbol{\beta},\quad \boldsymbol{A\xi}=\mathbf{0}$$

成立.将 $\boldsymbol{\eta},\boldsymbol{\xi}$ 的和 $\boldsymbol{\eta}+\boldsymbol{\xi}$ 代入方程组(4.7)，得

$$\boldsymbol{A}(\boldsymbol{\eta}+\boldsymbol{\xi})=\boldsymbol{A\eta}+\boldsymbol{A\xi}=\boldsymbol{\beta}+\mathbf{0}=\boldsymbol{\beta},$$

这说明 $\boldsymbol{\eta}+\boldsymbol{\xi}$ 是方程组(4.7) 的解.

综上所述，我们可以得到如下定理.

定理 4.3.2　**如果 $\boldsymbol{\eta}_0$ 是方程组(4.7) 的一个解，那么方程组(4.7) 的解集为**

$$\{\boldsymbol{\eta}_0+\boldsymbol{\xi}\mid \boldsymbol{\xi}\text{ 是导出组(4.8) 的解}\}. \tag{4.9}$$

证　由前述讨论可知，集合(4.9) 中的向量都是方程组(4.7) 的解，因此只需证明方程组(4.7) 的任意解 $\boldsymbol{\eta}$ 都是 $\boldsymbol{\eta}_0$ 与导出组(4.8) 的某个解的和.取 $\boldsymbol{\xi}=\boldsymbol{\eta}-\boldsymbol{\eta}_0$，由前述讨论可知，$\boldsymbol{\xi}$ 是导出组的一个解，因此结论成立.

定理 4.3.2 说明，可以用导出组的基础解系来表示方程组(4.7) 的解.如果方程组(4.7) 有解，那么它的通解可以表示为

$$\boldsymbol{\eta}=k_1\boldsymbol{\xi}_1+k_2\boldsymbol{\xi}_2+\cdots+k_t\boldsymbol{\xi}_t+\boldsymbol{\eta}_0,$$

其中 $\boldsymbol{\xi}_1,\boldsymbol{\xi}_2,\cdots,\boldsymbol{\xi}_t$ 是导出组(4.8) 的基础解系，$k_1,k_2,\cdots,k_t$ 是任意实数，$\boldsymbol{\eta}_0$ 是方程组(4.7) 的一个解，称为**特解**.

例 4.3.2 求如下方程组的通解：

$$\begin{cases} x_1 - x_2 - x_3 + x_4 = 0, \\ x_1 - x_2 + x_3 - 3x_4 = 1, \\ x_1 - x_2 - 2x_3 + 3x_4 = -\dfrac{1}{2}. \end{cases}$$

解 对方程组的增广矩阵施行初等行变换，有

$$\left(\begin{array}{cccc:c} 1 & -1 & -1 & 1 & 0 \\ 1 & -1 & 1 & -3 & 1 \\ 1 & -1 & -2 & 3 & -\dfrac{1}{2} \end{array}\right) \longrightarrow \left(\begin{array}{cccc:c} 1 & -1 & -1 & 1 & 0 \\ 0 & 0 & 1 & -2 & \dfrac{1}{2} \\ 0 & 0 & 0 & 0 & 0 \end{array}\right) \longrightarrow \left(\begin{array}{cccc:c} 1 & -1 & 0 & -1 & \dfrac{1}{2} \\ 0 & 0 & 1 & -2 & \dfrac{1}{2} \\ 0 & 0 & 0 & 0 & 0 \end{array}\right).$$

取 x_2,x_4 为自由未知量，则方程组的解为

$$\begin{cases} x_1 = x_2 + x_4 + \dfrac{1}{2}, \\ x_3 = 2x_4 + \dfrac{1}{2}. \end{cases}$$

由此可得，方程组的一个特解为

$$\boldsymbol{\eta}_0 = \begin{pmatrix} \dfrac{1}{2} \\ 0 \\ \dfrac{1}{2} \\ 0 \end{pmatrix}.$$

导出组的解为

$$\begin{cases} x_1 = x_2 + x_4, \\ x_3 = 2x_4, \end{cases}$$

分别令 $\begin{pmatrix} x_2 \\ x_4 \end{pmatrix} = \begin{pmatrix} 1 \\ 0 \end{pmatrix}, \begin{pmatrix} 0 \\ 1 \end{pmatrix}$，得到导出组的基础解系为

$$\boldsymbol{\xi}_1 = \begin{pmatrix} 1 \\ 1 \\ 0 \\ 0 \end{pmatrix}, \quad \boldsymbol{\xi}_2 = \begin{pmatrix} 1 \\ 0 \\ 2 \\ 1 \end{pmatrix},$$

因此方程组的通解为

$$k_1\boldsymbol{\xi}_1 + k_2\boldsymbol{\xi}_2 + \boldsymbol{\eta}_0,$$

其中 k_1,k_2 为任意实数.

4.4 向量空间的定义

本节介绍向量空间的基本概念.

定义 4.4.1　设 V 是 $\mathbf{R}^n$ 的非空子集.若 V 对于向量的加法和数乘这两种运算封闭,即对任意 $\boldsymbol{\alpha},\boldsymbol{\beta}\in V$,$k\in\mathbf{R}$,有 $\boldsymbol{\alpha}+\boldsymbol{\beta}\in V$,$k\boldsymbol{\alpha}\in V$,则称 V 为**向量空间**.

例如,n 维向量的全体 $\mathbf{R}^n$ 就是一个向量空间.当 $n=3$ 时,$\mathbf{R}^3$ 即为大家熟悉的三维空间.又如,单个 n 维零向量所构成的集合 $\{\mathbf{0}\}$ 也是一个向量空间,称为**零空间**.

例 4.4.1　判断下列 $\mathbf{R}^n$ 的子集是否为向量空间:

(1) $V_1=\{(0,x_2,x_3,\cdots,x_n)^{\mathrm{T}}\mid x_2,x_3,\cdots,x_n\in\mathbf{R}\}$;

(2) $V_2=\{(1,x_2,x_3,\cdots,x_n)^{\mathrm{T}}\mid x_2,x_3,\cdots,x_n\in\mathbf{R}\}$.

解　(1) 任取 $(0,x_2,x_3,\cdots,x_n)^{\mathrm{T}},(0,y_2,y_3,\cdots,y_n)^{\mathrm{T}}\in V_1$,$k\in\mathbf{R}$,有

$$(0,x_2,x_3,\cdots,x_n)^{\mathrm{T}}+(0,y_2,y_3,\cdots,y_n)^{\mathrm{T}}=(0,x_2+y_2,x_3+y_3,\cdots,x_n+y_n)^{\mathrm{T}}\in V_1,$$

$$k(0,x_2,x_3,\cdots,x_n)^{\mathrm{T}}=(0,kx_2,kx_3,\cdots,kx_n)^{\mathrm{T}}\in V_1.$$

因此,集合 V_1 对向量的加法和数乘运算封闭,是向量空间.

(2) 集合 V_2 对数乘运算不封闭.例如,取 $(1,0,0,\cdots,0)^{\mathrm{T}}\in V_2$,则

$$2(1,0,0,\cdots,0)^{\mathrm{T}}=(2,0,0,\cdots,0)^{\mathrm{T}}\notin V_2.$$

因此,集合 V_2 不是向量空间.事实上,容易验证集合 V_2 对加法运算也不封闭.

设 $\boldsymbol{\alpha}_1,\boldsymbol{\alpha}_2,\cdots,\boldsymbol{\alpha}_m$ 是 n 维向量组,令

$$V=\{k_1\boldsymbol{\alpha}_1+k_2\boldsymbol{\alpha}_2+\cdots+k_m\boldsymbol{\alpha}_m\mid k_1,k_2,\cdots,k_m\in\mathbf{R}\}.$$

容易验证,集合 V 是向量空间,称为**由向量组 $\boldsymbol{\alpha}_1,\boldsymbol{\alpha}_2,\cdots,\boldsymbol{\alpha}_m$ 所生成的向量空间**,记作 $L(\boldsymbol{\alpha}_1,\boldsymbol{\alpha}_2,\cdots,\boldsymbol{\alpha}_m)$.

例如,三维向量空间 $\mathbf{R}^3$ 中,令 $\boldsymbol{\alpha}_1=(1,0,0)^{\mathrm{T}},\boldsymbol{\alpha}_2=(0,1,0)^{\mathrm{T}},\boldsymbol{\alpha}_3=(0,0,1)^{\mathrm{T}}$,那么 $V_1=L(\boldsymbol{\alpha}_1)$,$V_2=L(\boldsymbol{\alpha}_1,\boldsymbol{\alpha}_2)$,$V_3=L(\boldsymbol{\alpha}_1,\boldsymbol{\alpha}_2,\boldsymbol{\alpha}_3)$ 分别表示 x 轴、xOy 平面和 $\mathbf{R}^3$.

定义 4.4.2　设有向量空间 V_1,V_2.若 V_1 是 V_2 的子集,则称 V_1 是 V_2 的**子空间**.

若 V 是向量空间,V 和 $\{\mathbf{0}\}$ 都是 V 的子空间,称为 V 的**平凡子空间**,V 的其他子空间称为 V 的**非平凡子空间**.

4.5 向量空间的基、维数和坐标

上一节介绍了向量空间的基本概念,本节继续介绍向量空间的基、维数和坐标.

定义 4.5.1 设 V 是向量空间.若 V 中的一组向量 $\boldsymbol{\alpha}_1,\boldsymbol{\alpha}_2,\cdots,\boldsymbol{\alpha}_r$ 满足

(1) $\boldsymbol{\alpha}_1,\boldsymbol{\alpha}_2,\cdots,\boldsymbol{\alpha}_r$ 线性无关,

(2) V 中每个向量都可由 $\boldsymbol{\alpha}_1,\boldsymbol{\alpha}_2,\cdots,\boldsymbol{\alpha}_r$ 线性表示,

则称向量组 $\boldsymbol{\alpha}_1,\boldsymbol{\alpha}_2,\cdots,\boldsymbol{\alpha}_r$ 为向量空间 V 的一个**基**,r 称为向量空间 V 的**维数**,记作 $\dim V=r$,并称 V 为 r **维向量空间**.

零空间$\{\mathbf{0}\}$没有基,规定它的维数为零.

例如,向量空间 $\mathbf{R}^n$ 中,

$$\boldsymbol{e}_1=(1,0,\cdots,0)^{\mathrm{T}},\quad \boldsymbol{e}_2=(0,1,\cdots,0)^{\mathrm{T}},\quad \cdots,\quad \boldsymbol{e}_n=(0,0,\cdots,1)^{\mathrm{T}}$$

是 $\mathbf{R}^n$ 的一个基,称为 $\mathbf{R}^n$ 的**标准基**.$\dim(\mathbf{R}^n)=n$,$\mathbf{R}^n$ 是 n 维向量空间.

例 4.5.1 求向量空间 $V=\{(0,x_2,x_3,\cdots,x_n)^{\mathrm{T}}\mid x_2,x_3,\cdots,x_n\in\mathbf{R}\}$ 的基和维数.

解 向量空间 $V=\{(0,x_2,x_3,\cdots,x_n)^{\mathrm{T}}\mid x_2,x_3,\cdots,x_n\in\mathbf{R}\}$ 中,

$$\boldsymbol{e}_2=(0,1,0,\cdots,0)^{\mathrm{T}},\quad \boldsymbol{e}_3=(0,0,1,\cdots,0)^{\mathrm{T}},\quad \cdots,\quad \boldsymbol{e}_n=(0,0,0,\cdots,1)^{\mathrm{T}}$$

是线性无关的,且对任意 $\boldsymbol{\alpha}=(0,x_2,x_3,\cdots,x_n)^{\mathrm{T}}\in V$,有 $\boldsymbol{\alpha}=x_2\boldsymbol{e}_2+x_3\boldsymbol{e}_3+\cdots+x_n\boldsymbol{e}_n$,即 V 中的任意向量都可由 $\boldsymbol{e}_2,\boldsymbol{e}_3,\cdots,\boldsymbol{e}_n$ 线性表示.因此,$\boldsymbol{e}_2,\boldsymbol{e}_3,\cdots,\boldsymbol{e}_n$ 是 V 的一个基,$\dim V=n-1$.

例 4.5.2 证明:向量组 $\boldsymbol{\alpha}_1,\boldsymbol{\alpha}_2,\cdots,\boldsymbol{\alpha}_m$ 的一个极大无关组是向量空间

$$L=\{k_1\boldsymbol{\alpha}_1+k_2\boldsymbol{\alpha}_2+\cdots+k_m\boldsymbol{\alpha}_m\mid k_1,k_2,\cdots,k_m\in\mathbf{R}\}$$

的一个基,即向量空间 L 的维数就是向量组 $\boldsymbol{\alpha}_1,\boldsymbol{\alpha}_2,\cdots,\boldsymbol{\alpha}_m$ 的秩.

证 设 $\boldsymbol{\alpha}_{i_1},\boldsymbol{\alpha}_{i_2},\cdots,\boldsymbol{\alpha}_{i_r}$ 是向量组 $\boldsymbol{\alpha}_1,\boldsymbol{\alpha}_2,\cdots,\boldsymbol{\alpha}_m$ 的一个极大无关组,则 $\boldsymbol{\alpha}_{i_1},\boldsymbol{\alpha}_{i_2},\cdots,\boldsymbol{\alpha}_{i_r}$ 线性无关,且 $\boldsymbol{\alpha}_1,\boldsymbol{\alpha}_2,\cdots,\boldsymbol{\alpha}_m$ 都可由 $\boldsymbol{\alpha}_{i_1},\boldsymbol{\alpha}_{i_2},\cdots,\boldsymbol{\alpha}_{i_r}$ 线性表示.由线性表示的传递性可知,向量空间 L 中的任意向量都可由 $\boldsymbol{\alpha}_{i_1},\boldsymbol{\alpha}_{i_2},\cdots,\boldsymbol{\alpha}_{i_r}$ 线性表示.因此,$\boldsymbol{\alpha}_{i_1},\boldsymbol{\alpha}_{i_2},\cdots,\boldsymbol{\alpha}_{i_r}$ 是向量空间 L 的一个基,从而 $\dim L=r$,即向量组 $\boldsymbol{\alpha}_1,\boldsymbol{\alpha}_2,\cdots,\boldsymbol{\alpha}_m$ 的秩就是向量空间 L 的维数.

类似定理 4.2.4 和定理 4.2.5 的证明,可得如下定理.

定理 4.5.1 **r 维向量空间中,任意向量个数大于 r 的向量组线性相关.**

定理 4.5.2 **设 V 是 r 维向量空间,$\boldsymbol{\alpha}_1,\boldsymbol{\alpha}_2,\cdots,\boldsymbol{\alpha}_s(s<r)$ 是 V 中一组线性无关的向量,则存在向量 $\boldsymbol{\alpha}_{s+1},\boldsymbol{\alpha}_{s+2},\cdots,\boldsymbol{\alpha}_r$,使得 $\boldsymbol{\alpha}_1,\boldsymbol{\alpha}_2,\cdots,\boldsymbol{\alpha}_s,\boldsymbol{\alpha}_{s+1},\boldsymbol{\alpha}_{s+2},\cdots,\boldsymbol{\alpha}_r$ 构成 V 的一个基.**

特别地,r 维向量空间 V 中任意 r 个线性无关的向量都可以构成 V 的一个基.

设 $\boldsymbol{\alpha}_1,\boldsymbol{\alpha}_2,\cdots,\boldsymbol{\alpha}_r$ 是向量空间 V 的一个基,则 V 中任一向量都可以唯一地由 $\boldsymbol{\alpha}_1,\boldsymbol{\alpha}_2,\cdots,\boldsymbol{\alpha}_r$ 线性表示,从而可以定义一个向量在基下的坐标.

定义 4.5.2 设 $\boldsymbol{\alpha}_1,\boldsymbol{\alpha}_2,\cdots,\boldsymbol{\alpha}_r$ 是向量空间 V 的一个基.对 V 中任意向量 $\boldsymbol{\alpha}$,若

$$\boldsymbol{\alpha}=x_1\boldsymbol{\alpha}_1+x_2\boldsymbol{\alpha}_2+\cdots+x_r\boldsymbol{\alpha}_r,$$

则称$(x_1,x_2,\cdots,x_r)$为向量 $\boldsymbol{\alpha}$ 在基 $\boldsymbol{\alpha}_1,\boldsymbol{\alpha}_2,\cdots,\boldsymbol{\alpha}_r$ 下的**坐标**.

例 4.5.3　在向量空间 $\mathbf{R}^n$ 中，求向量 $\boldsymbol{x}=(x_1,x_2,\cdots,x_n)^{\mathrm{T}}$ 在标准基

$$\boldsymbol{e}_1=(1,0,\cdots,0)^{\mathrm{T}},\quad \boldsymbol{e}_2=(0,1,\cdots,0)^{\mathrm{T}},\quad \cdots,\quad \boldsymbol{e}_n=(0,0,\cdots,1)^{\mathrm{T}}$$

下的坐标.

解　因为

$$(x_1,x_2,\cdots,x_n)^{\mathrm{T}}=x_1(1,0,\cdots,0)^{\mathrm{T}}+x_2(0,1,\cdots,0)^{\mathrm{T}}+\cdots+x_n(0,0,\cdots,1)^{\mathrm{T}},$$

所以 $(x_1,x_2,\cdots,x_n)^{\mathrm{T}}$ 在基 $\boldsymbol{e}_1,\boldsymbol{e}_2,\cdots,\boldsymbol{e}_n$ 下的坐标为 $(x_1,x_2,\cdots,x_n)$.

例 4.5.4　证明：

$$\boldsymbol{\alpha}_1=\begin{pmatrix}2\\2\\-1\end{pmatrix},\quad \boldsymbol{\alpha}_2=\begin{pmatrix}2\\-1\\2\end{pmatrix},\quad \boldsymbol{\alpha}_3=\begin{pmatrix}-1\\2\\2\end{pmatrix}$$

是 $\mathbf{R}^3$ 的一个基，并求向量 $\boldsymbol{\beta}=\begin{pmatrix}3\\3\\3\end{pmatrix}$ 在这个基下的坐标.

证　通过计算可得，$\mathrm{r}\begin{pmatrix}2&2&-1\\2&-1&2\\-1&2&2\end{pmatrix}=3$，因此 $\boldsymbol{\alpha}_1,\boldsymbol{\alpha}_2,\boldsymbol{\alpha}_3$ 线性无关，从而 $\boldsymbol{\alpha}_1,\boldsymbol{\alpha}_2,\boldsymbol{\alpha}_3$ 是 $\mathbf{R}^3$ 的一个基.又

$$\boldsymbol{\beta}=\boldsymbol{\alpha}_1+\boldsymbol{\alpha}_2+\boldsymbol{\alpha}_3,$$

因此向量 $\boldsymbol{\beta}$ 在基 $\boldsymbol{\alpha}_1,\boldsymbol{\alpha}_2,\boldsymbol{\alpha}_3$ 下的坐标为 $(1,1,1)$.

同一个向量在不同基下的坐标一般是不同的.为了研究同一个向量在不同基下的坐标的关系，我们需引入过渡矩阵的概念.设 $\boldsymbol{\alpha}_1,\boldsymbol{\alpha}_2,\cdots,\boldsymbol{\alpha}_r$ 与 $\boldsymbol{\beta}_1,\boldsymbol{\beta}_2,\cdots,\boldsymbol{\beta}_r$ 都是向量空间 V 的基，后一个基可由前一个基唯一线性表示，设为

$$\begin{cases}\boldsymbol{\beta}_1=p_{11}\boldsymbol{\alpha}_1+p_{21}\boldsymbol{\alpha}_2+\cdots+p_{r1}\boldsymbol{\alpha}_r,\\ \boldsymbol{\beta}_2=p_{12}\boldsymbol{\alpha}_1+p_{22}\boldsymbol{\alpha}_2+\cdots+p_{r2}\boldsymbol{\alpha}_r,\\ \qquad\qquad\cdots\cdots\\ \boldsymbol{\beta}_r=p_{1r}\boldsymbol{\alpha}_1+p_{2r}\boldsymbol{\alpha}_2+\cdots+p_{rr}\boldsymbol{\alpha}_r,\end{cases}$$

写成矩阵形式，即

$$(\boldsymbol{\beta}_1,\boldsymbol{\beta}_2,\cdots,\boldsymbol{\beta}_r)=(\boldsymbol{\alpha}_1,\boldsymbol{\alpha}_2,\cdots,\boldsymbol{\alpha}_r)\begin{pmatrix}p_{11}&p_{12}&\cdots&p_{1r}\\p_{21}&p_{22}&\cdots&p_{2r}\\\vdots&\vdots&&\vdots\\p_{r1}&p_{r2}&\cdots&p_{rr}\end{pmatrix}.$$

矩阵 $\boldsymbol{P}=\begin{pmatrix}p_{11}&p_{12}&\cdots&p_{1r}\\p_{21}&p_{22}&\cdots&p_{2r}\\\vdots&\vdots&&\vdots\\p_{r1}&p_{r2}&\cdots&p_{rr}\end{pmatrix}$ 称为由基 $\boldsymbol{\alpha}_1,\boldsymbol{\alpha}_2,\cdots,\boldsymbol{\alpha}_r$ 到基 $\boldsymbol{\beta}_1,\boldsymbol{\beta}_2,\cdots,\boldsymbol{\beta}_r$ 的**过渡矩阵**.

设由基 $\boldsymbol{\beta}_1,\boldsymbol{\beta}_2,\cdots,\boldsymbol{\beta}_r$ 到基 $\boldsymbol{\alpha}_1,\boldsymbol{\alpha}_2,\cdots,\boldsymbol{\alpha}_r$ 的过渡矩阵为 $\boldsymbol{Q}$，即

$$(\boldsymbol{\alpha}_1,\boldsymbol{\alpha}_2,\cdots,\boldsymbol{\alpha}_r)=(\boldsymbol{\beta}_1,\boldsymbol{\beta}_2,\cdots,\boldsymbol{\beta}_r)\boldsymbol{Q},$$

于是

$$\begin{aligned}(\boldsymbol{\beta}_1,\boldsymbol{\beta}_2,\cdots,\boldsymbol{\beta}_r)&=(\boldsymbol{\alpha}_1,\boldsymbol{\alpha}_2,\cdots,\boldsymbol{\alpha}_r)\boldsymbol{P}\\&=(\boldsymbol{\beta}_1,\boldsymbol{\beta}_2,\cdots,\boldsymbol{\beta}_r)\boldsymbol{QP}\\&=(\boldsymbol{\beta}_1,\boldsymbol{\beta}_2,\cdots,\boldsymbol{\beta}_r)\boldsymbol{E}_r.\end{aligned}$$

由坐标的唯一性可得，$\boldsymbol{QP}=\boldsymbol{E}_r$.同理可得，$\boldsymbol{PQ}=\boldsymbol{E}_r$.因此，过渡矩阵是可逆矩阵.

例 4.5.5 求由基 $\boldsymbol{\alpha}_1,\boldsymbol{\alpha}_2,\boldsymbol{\alpha}_3,\boldsymbol{\alpha}_4$ 到基 $\boldsymbol{\alpha}_3,\boldsymbol{\alpha}_4,\boldsymbol{\alpha}_2,\boldsymbol{\alpha}_1$ 的过渡矩阵.

解 由于

$$(\boldsymbol{\alpha}_3,\boldsymbol{\alpha}_4,\boldsymbol{\alpha}_2,\boldsymbol{\alpha}_1)=(\boldsymbol{\alpha}_1,\boldsymbol{\alpha}_2,\boldsymbol{\alpha}_3,\boldsymbol{\alpha}_4)\begin{pmatrix}0&0&0&1\\0&0&1&0\\1&0&0&0\\0&1&0&0\end{pmatrix},$$

因此矩阵$\begin{pmatrix}0&0&0&1\\0&0&1&0\\1&0&0&0\\0&1&0&0\end{pmatrix}$即为由基 $\boldsymbol{\alpha}_1,\boldsymbol{\alpha}_2,\boldsymbol{\alpha}_3,\boldsymbol{\alpha}_4$ 到基 $\boldsymbol{\alpha}_3,\boldsymbol{\alpha}_4,\boldsymbol{\alpha}_2,\boldsymbol{\alpha}_1$ 的过渡矩阵.

设 $\boldsymbol{\alpha}$ 在基 $\boldsymbol{\alpha}_1,\boldsymbol{\alpha}_2,\cdots,\boldsymbol{\alpha}_r$ 和基 $\boldsymbol{\beta}_1,\boldsymbol{\beta}_2,\cdots,\boldsymbol{\beta}_r$ 下的坐标分别为$(x_1,x_2,\cdots,x_r)$，$(y_1,y_2,\cdots,y_r)$，则有下列等式成立：

$$\boldsymbol{\alpha}=x_1\boldsymbol{\alpha}_1+x_2\boldsymbol{\alpha}_2+\cdots+x_r\boldsymbol{\alpha}_r=(\boldsymbol{\alpha}_1,\boldsymbol{\alpha}_2,\cdots,\boldsymbol{\alpha}_r)\begin{pmatrix}x_1\\x_2\\\vdots\\x_r\end{pmatrix},$$

$$\boldsymbol{\alpha}=y_1\boldsymbol{\beta}_1+y_2\boldsymbol{\beta}_2+\cdots+y_r\boldsymbol{\beta}_r=(\boldsymbol{\beta}_1,\boldsymbol{\beta}_2,\cdots,\boldsymbol{\beta}_r)\begin{pmatrix}y_1\\y_2\\\vdots\\y_r\end{pmatrix}.$$

设由基 $\boldsymbol{\alpha}_1,\boldsymbol{\alpha}_2,\cdots,\boldsymbol{\alpha}_r$ 到基 $\boldsymbol{\beta}_1,\boldsymbol{\beta}_2,\cdots,\boldsymbol{\beta}_r$ 的过渡矩阵为 $\boldsymbol{P}$，即

$$(\boldsymbol{\beta}_1,\boldsymbol{\beta}_2,\cdots,\boldsymbol{\beta}_r)=(\boldsymbol{\alpha}_1,\boldsymbol{\alpha}_2,\cdots,\boldsymbol{\alpha}_r)\boldsymbol{P},$$

则有

$$\boldsymbol{\alpha}=(\boldsymbol{\alpha}_1,\boldsymbol{\alpha}_2,\cdots,\boldsymbol{\alpha}_r)\begin{pmatrix}x_1\\x_2\\\vdots\\x_r\end{pmatrix}=(\boldsymbol{\beta}_1,\boldsymbol{\beta}_2,\cdots,\boldsymbol{\beta}_r)\begin{pmatrix}y_1\\y_2\\\vdots\\y_r\end{pmatrix}=(\boldsymbol{\alpha}_1,\boldsymbol{\alpha}_2,\cdots,\boldsymbol{\alpha}_r)\boldsymbol{P}\begin{pmatrix}y_1\\y_2\\\vdots\\y_r\end{pmatrix}.$$

由坐标的唯一性可得

$$\begin{pmatrix} x_1 \\ x_2 \\ \vdots \\ x_r \end{pmatrix} = \boldsymbol{P} \begin{pmatrix} y_1 \\ y_2 \\ \vdots \\ y_r \end{pmatrix} \quad 或 \quad \begin{pmatrix} y_1 \\ y_2 \\ \vdots \\ y_r \end{pmatrix} = \boldsymbol{P}^{-1} \begin{pmatrix} x_1 \\ x_2 \\ \vdots \\ x_r \end{pmatrix}.$$

上式称为向量 $\boldsymbol{\alpha}$ 在这两个基下的**坐标变换公式**.

例 4.5.6 已知 $\mathbf{R}^3$ 中的两个基分别为

$$\text{Ⅰ}: \boldsymbol{\alpha}_1 = \begin{pmatrix} 1 \\ 0 \\ 0 \end{pmatrix}, \quad \boldsymbol{\alpha}_2 = \begin{pmatrix} 1 \\ 1 \\ 0 \end{pmatrix}, \quad \boldsymbol{\alpha}_3 = \begin{pmatrix} 1 \\ 1 \\ 1 \end{pmatrix},$$

$$\text{Ⅱ}: \boldsymbol{\beta}_1 = \begin{pmatrix} 1 \\ 2 \\ 1 \end{pmatrix}, \quad \boldsymbol{\beta}_2 = \begin{pmatrix} 2 \\ 3 \\ 3 \end{pmatrix}, \quad \boldsymbol{\beta}_3 = \begin{pmatrix} 3 \\ 7 \\ 1 \end{pmatrix},$$

(1) 求由基 Ⅰ 到基 Ⅱ 的过渡矩阵;

(2) 若 $\boldsymbol{\gamma}$ 在基 Ⅰ 下的坐标为$(-2,1,2)$,求 $\boldsymbol{\gamma}$ 在基 Ⅱ 下的坐标.

解 (1) 设 $\mathbf{R}^3$ 的标准基为 $\boldsymbol{e}_1,\boldsymbol{e}_2,\boldsymbol{e}_3$,则有

$$(\boldsymbol{\alpha}_1,\boldsymbol{\alpha}_2,\boldsymbol{\alpha}_3) = (\boldsymbol{e}_1,\boldsymbol{e}_2,\boldsymbol{e}_3)\boldsymbol{A}, \tag{4.10}$$

$$(\boldsymbol{\beta}_1,\boldsymbol{\beta}_2,\boldsymbol{\beta}_3) = (\boldsymbol{e}_1,\boldsymbol{e}_2,\boldsymbol{e}_3)\boldsymbol{B}, \tag{4.11}$$

其中

$$\boldsymbol{A} = \begin{pmatrix} 1 & 1 & 1 \\ 0 & 1 & 1 \\ 0 & 0 & 1 \end{pmatrix}, \quad \boldsymbol{B} = \begin{pmatrix} 1 & 2 & 3 \\ 2 & 3 & 7 \\ 1 & 3 & 1 \end{pmatrix}.$$

由式(4.10) 得

$$(\boldsymbol{e}_1,\boldsymbol{e}_2,\boldsymbol{e}_3) = (\boldsymbol{\alpha}_1,\boldsymbol{\alpha}_2,\boldsymbol{\alpha}_3)\boldsymbol{A}^{-1},$$

代入式(4.11) 得

$$(\boldsymbol{\beta}_1,\boldsymbol{\beta}_2,\boldsymbol{\beta}_3) = (\boldsymbol{\alpha}_1,\boldsymbol{\alpha}_2,\boldsymbol{\alpha}_3)\boldsymbol{A}^{-1}\boldsymbol{B}.$$

因此,由基 Ⅰ 到基 Ⅱ 的过渡矩阵为

$$\boldsymbol{P} = \boldsymbol{A}^{-1}\boldsymbol{B} = \begin{pmatrix} 1 & -1 & 0 \\ 0 & 1 & -1 \\ 0 & 0 & 1 \end{pmatrix} \begin{pmatrix} 1 & 2 & 3 \\ 2 & 3 & 7 \\ 1 & 3 & 1 \end{pmatrix} = \begin{pmatrix} -1 & -1 & -4 \\ 1 & 0 & 6 \\ 1 & 3 & 1 \end{pmatrix}.$$

(2) $\boldsymbol{\gamma}$ 在基 Ⅰ 下的坐标为$(-2,1,2)$,有

$$\boldsymbol{\gamma} = (\boldsymbol{\alpha}_1,\boldsymbol{\alpha}_2,\boldsymbol{\alpha}_3) \begin{pmatrix} -2 \\ 1 \\ 2 \end{pmatrix} = (\boldsymbol{\beta}_1,\boldsymbol{\beta}_2,\boldsymbol{\beta}_3)\boldsymbol{P}^{-1} \begin{pmatrix} -2 \\ 1 \\ 2 \end{pmatrix}$$

$$= (\boldsymbol{\beta}_1,\boldsymbol{\beta}_2,\boldsymbol{\beta}_3) \begin{pmatrix} -18 & -11 & -6 \\ 5 & 3 & 2 \\ 3 & 2 & 1 \end{pmatrix} \begin{pmatrix} -2 \\ 1 \\ 2 \end{pmatrix}$$

$$=(\boldsymbol{\beta}_1,\boldsymbol{\beta}_2,\boldsymbol{\beta}_3)\begin{pmatrix}13\\-3\\-2\end{pmatrix}=13\boldsymbol{\beta}_1-3\boldsymbol{\beta}_2-2\boldsymbol{\beta}_3.$$

因此,$\boldsymbol{\gamma}$ 在基 Ⅱ 下的坐标为$(13,-3,-2)$.

习 题 四

1. 设有向量

$$\boldsymbol{\alpha}_1=(1,2,-3,1,2),\quad \boldsymbol{\alpha}_2=(5,-5,12,11,-5),$$
$$\boldsymbol{\alpha}_3=(1,-3,6,3,-3),\quad \boldsymbol{\beta}=(2,-1,3,4,-1),$$

试将向量 $\boldsymbol{\beta}$ 用向量组 $\boldsymbol{\alpha}_1,\boldsymbol{\alpha}_2,\boldsymbol{\alpha}_3$ 线性表示.

2. 设有向量 $\boldsymbol{\alpha}_1=(1,2,3,1)$,$\boldsymbol{\alpha}_2=(2,3,1,2)$,$\boldsymbol{\alpha}_3=(3,1,2,-2)$,$\boldsymbol{\beta}=(0,4,2,5)$,问:向量 $\boldsymbol{\beta}$ 能否由向量组 $\boldsymbol{\alpha}_1,\boldsymbol{\alpha}_2,\boldsymbol{\alpha}_3$ 线性表示?若能,请写出该表示式.

3. 设有向量 $\boldsymbol{\alpha}_1=(1,2,3,-4)$,$\boldsymbol{\alpha}_2=(2,-1,2,5)$,$\boldsymbol{\alpha}_3=(2,-1,5,-4)$,$\boldsymbol{\beta}=(2,3,-4,1)$,问:向量 $\boldsymbol{\beta}$ 能否由向量组 $\boldsymbol{\alpha}_1,\boldsymbol{\alpha}_2,\boldsymbol{\alpha}_3$ 线性表示?若能,请写出该表示式.

4. 设有向量 $\boldsymbol{\alpha}_1=(3,2,5)$,$\boldsymbol{\alpha}_2=(2,4,7)$,$\boldsymbol{\alpha}_3=(5,6,\lambda)$,$\boldsymbol{\beta}=(1,3,5)$,问:当 λ 取何值时,向量 $\boldsymbol{\beta}$ 能由向量组 $\boldsymbol{\alpha}_1,\boldsymbol{\alpha}_2,\boldsymbol{\alpha}_3$ 线性表示?

5. 设矩阵

$$\boldsymbol{A}=\begin{pmatrix}\boldsymbol{\alpha}_1\\\boldsymbol{\alpha}_2\end{pmatrix}=\begin{pmatrix}1&1&0&0\\1&1&-1&-2\end{pmatrix},\quad \boldsymbol{B}=\begin{pmatrix}\boldsymbol{\beta}_1\\\boldsymbol{\beta}_2\end{pmatrix}=\begin{pmatrix}2&2&-1&-2\\5&5&-4&-8\end{pmatrix},$$

证明:向量组 $\boldsymbol{\alpha}_1,\boldsymbol{\alpha}_2$ 与向量组 $\boldsymbol{\beta}_1,\boldsymbol{\beta}_2$ 等价.

6. 判断下列命题是否正确,并简述理由:

(1) 如果存在全为零的实数 $k_1=k_2=\cdots=k_s=0$,使得 $k_1\boldsymbol{\alpha}_1+k_2\boldsymbol{\alpha}_2+\cdots+k_s\boldsymbol{\alpha}_s=\mathbf{0}$,则向量组 $\boldsymbol{\alpha}_1,\boldsymbol{\alpha}_2,\cdots,\boldsymbol{\alpha}_s$ 线性无关;

(2) 如果向量组 $\boldsymbol{\alpha}_1,\boldsymbol{\alpha}_2,\cdots,\boldsymbol{\alpha}_s$ 线性相关,则其任一部分组也线性相关;

(3) 如果向量组 $\boldsymbol{\alpha}_1,\boldsymbol{\alpha}_2,\cdots,\boldsymbol{\alpha}_s$ 线性相关,则其任一向量都可由其余向量线性表示;

(4) 如果向量组 $\boldsymbol{\alpha}_1,\boldsymbol{\alpha}_2,\cdots,\boldsymbol{\alpha}_m$ 中存在 r 个向量,使得 $\boldsymbol{\alpha}_1,\boldsymbol{\alpha}_2,\cdots,\boldsymbol{\alpha}_m$ 中任一向量都可由这 r 个向量线性表示,则 $\mathrm{r}(\boldsymbol{\alpha}_1,\boldsymbol{\alpha}_2,\cdots,\boldsymbol{\alpha}_m)=r$;

(5) 如果两个向量组等价,则它们所含的向量个数相等;

(6) 如果 $\mathrm{r}(\boldsymbol{\alpha}_1,\boldsymbol{\alpha}_2,\cdots,\boldsymbol{\alpha}_s)=r$,则向量组 $\boldsymbol{\alpha}_1,\boldsymbol{\alpha}_2,\cdots,\boldsymbol{\alpha}_s$ 中任意 r 个向量都线性无关;

(7) 如果 $\mathrm{r}(\boldsymbol{\alpha}_1,\boldsymbol{\alpha}_2,\cdots,\boldsymbol{\alpha}_s)=r$,则向量组 $\boldsymbol{\alpha}_1,\boldsymbol{\alpha}_2,\cdots,\boldsymbol{\alpha}_s$ 中任意向量个数大于 r 的向量组都线性相关;

(8) 如果 $\mathrm{r}(\boldsymbol{\alpha}_1,\boldsymbol{\alpha}_2,\cdots,\boldsymbol{\alpha}_s)=s$,则向量组 $\boldsymbol{\alpha}_1,\boldsymbol{\alpha}_2,\cdots,\boldsymbol{\alpha}_s$ 中任一部分组都线性无关.

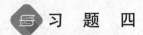

7. 设向量 $\boldsymbol{\alpha}_1=(1,-2,3)$，$\boldsymbol{\alpha}_2=(-1,0,2)$，$\boldsymbol{\alpha}_3=(1,-4,8)$，试讨论向量组 $\boldsymbol{\alpha}_1,\boldsymbol{\alpha}_2,\boldsymbol{\alpha}_3$ 的线性相关性.

8. 设向量 $\boldsymbol{\beta}_1=\boldsymbol{\alpha}_1$，$\boldsymbol{\beta}_2=\boldsymbol{\alpha}_1+\boldsymbol{\alpha}_2$，$\cdots$，$\boldsymbol{\beta}_r=\boldsymbol{\alpha}_1+\boldsymbol{\alpha}_2+\cdots+\boldsymbol{\alpha}_r$，且向量组 $\boldsymbol{\alpha}_1,\boldsymbol{\alpha}_2,\cdots,\boldsymbol{\alpha}_r$ 线性无关，证明：向量组 $\boldsymbol{\beta}_1,\boldsymbol{\beta}_2,\cdots,\boldsymbol{\beta}_r$ 线性无关.

9. 设向量 $\boldsymbol{\beta}$ 可由向量组 $\boldsymbol{\alpha}_1,\boldsymbol{\alpha}_2,\cdots,\boldsymbol{\alpha}_m$ 线性表示，证明：表示式唯一的充要条件是向量组 $\boldsymbol{\alpha}_1,\boldsymbol{\alpha}_2,\cdots,\boldsymbol{\alpha}_m$ 线性无关.

10. 用矩阵的秩判别下列向量组的线性相关性：

(1) $\boldsymbol{\alpha}_1=(3,1,0,2)^{\mathrm{T}}$，$\boldsymbol{\alpha}_2=(1,-1,2,-1)^{\mathrm{T}}$，$\boldsymbol{\alpha}_3=(1,3,-4,4)^{\mathrm{T}}$；

(2) $\boldsymbol{\alpha}_1=(1,0,1)^{\mathrm{T}}$，$\boldsymbol{\alpha}_2=(2,2,0)^{\mathrm{T}}$，$\boldsymbol{\alpha}_3=(0,3,3)^{\mathrm{T}}$；

(3) $\boldsymbol{\alpha}_1=(2,4,1,1,0)^{\mathrm{T}}$，$\boldsymbol{\alpha}_2=(1,-2,0,1,1)^{\mathrm{T}}$，$\boldsymbol{\alpha}_3=(1,3,1,0,1)^{\mathrm{T}}$.

11. 设向量组 $\boldsymbol{\alpha}_1=(1,4,3)$，$\boldsymbol{\alpha}_2=(2,a,1)$，$\boldsymbol{\alpha}_3=(-2,3,1)$ 线性相关，求 a 的值.

12. 设向量组 $\boldsymbol{\alpha}_i=(1,t_i,t_i^2,\cdots,t_i^{n-1})$ $(i=1,2,\cdots,r$ 且 $r\leqslant n)$，其中 $t_1,t_2,\cdots,t_r$ 互不相等，证明：$\boldsymbol{\alpha}_1,\boldsymbol{\alpha}_2,\cdots,\boldsymbol{\alpha}_r$ 线性无关.

13. 设向量 $\boldsymbol{\alpha}_1=(1,1,1)^{\mathrm{T}}$，$\boldsymbol{\alpha}_2=(1,2,3)^{\mathrm{T}}$，$\boldsymbol{\alpha}_3=(1,3,t)^{\mathrm{T}}$，

(1) 当 t 取何值时，向量组 $\boldsymbol{\alpha}_1,\boldsymbol{\alpha}_2,\boldsymbol{\alpha}_3$ 线性相关？

(2) 当 t 取何值时，向量组 $\boldsymbol{\alpha}_1,\boldsymbol{\alpha}_2,\boldsymbol{\alpha}_3$ 线性无关？

(3) 当向量组 $\boldsymbol{\alpha}_1,\boldsymbol{\alpha}_2,\boldsymbol{\alpha}_3$ 线性相关时，将向量 $\boldsymbol{\alpha}_3$ 用 $\boldsymbol{\alpha}_1$ 和 $\boldsymbol{\alpha}_2$ 线性表示.

14. 设向量组 $\boldsymbol{\alpha}_1,\boldsymbol{\alpha}_2,\cdots,\boldsymbol{\alpha}_n$ 是一 n 维向量组，证明：该向量组线性无关的充要条件是任一 n 维向量都能由其线性表示.

15. 设向量组 $\boldsymbol{\alpha}_1,\boldsymbol{\alpha}_2,\cdots,\boldsymbol{\alpha}_{m-1}$ $(m\geqslant 3)$ 线性相关，向量组 $\boldsymbol{\alpha}_2,\boldsymbol{\alpha}_3,\cdots,\boldsymbol{\alpha}_m$ 线性无关，问：

(1) 向量 $\boldsymbol{\alpha}_1$ 能否由向量组 $\boldsymbol{\alpha}_2,\boldsymbol{\alpha}_3,\cdots,\boldsymbol{\alpha}_{m-1}$ 线性表示？

(2) 向量 $\boldsymbol{\alpha}_m$ 能否由向量组 $\boldsymbol{\alpha}_1,\boldsymbol{\alpha}_2,\cdots,\boldsymbol{\alpha}_{m-1}$ 线性表示？

16. 求下列向量组的秩和一个极大无关组，并将其余向量用极大无关组线性表示出来：

(1) $\boldsymbol{\alpha}_1=(1,2,1,3)^{\mathrm{T}}$，$\boldsymbol{\alpha}_2=(4,-1,-5,-6)^{\mathrm{T}}$，$\boldsymbol{\alpha}_3=(-1,-3,-4,-7)^{\mathrm{T}}$，$\boldsymbol{\alpha}_4=(2,1,2,3)^{\mathrm{T}}$；

(2) $\boldsymbol{\alpha}_1=(1,3,2,0)^{\mathrm{T}}$，$\boldsymbol{\alpha}_2=(7,0,14,3)^{\mathrm{T}}$，$\boldsymbol{\alpha}_3=(2,-1,0,1)^{\mathrm{T}}$，$\boldsymbol{\alpha}_4=(5,1,6,2)^{\mathrm{T}}$，$\boldsymbol{\alpha}_5=(2,-1,4,1)^{\mathrm{T}}$；

(3) $\boldsymbol{\alpha}_1=(1,2,1,2)^{\mathrm{T}}$，$\boldsymbol{\alpha}_2=(1,0,3,1)^{\mathrm{T}}$，$\boldsymbol{\alpha}_3=(2,-1,0,1)^{\mathrm{T}}$，$\boldsymbol{\alpha}_4=(2,1,-2,2)^{\mathrm{T}}$，$\boldsymbol{\alpha}_5=(2,2,4,3)^{\mathrm{T}}$.

17. 设有向量组

$$\boldsymbol{\alpha}_1=\begin{pmatrix}2\\1\\3\\2\end{pmatrix},\quad \boldsymbol{\alpha}_2=\begin{pmatrix}3\\2\\-2\\-3\end{pmatrix},\quad \boldsymbol{\alpha}_3=\begin{pmatrix}1\\0\\8\\7\end{pmatrix},\quad \boldsymbol{\alpha}_4=\begin{pmatrix}-3\\-2\\3\\4\end{pmatrix},\quad \boldsymbol{\alpha}_5=\begin{pmatrix}-7\\-4\\0\\3\end{pmatrix},$$

证明：向量组 $\boldsymbol{\alpha}_1,\boldsymbol{\alpha}_2$ 线性无关，并将其扩充成向量组 $\boldsymbol{\alpha}_1,\boldsymbol{\alpha}_2,\boldsymbol{\alpha}_3,\boldsymbol{\alpha}_4,\boldsymbol{\alpha}_5$ 的一个极大无关组，同时将其余向量用该极大无关组线性表示.

18. 设 $\boldsymbol{A},\boldsymbol{B}$ 是同型矩阵，$\mathrm{r}(\boldsymbol{A}),\mathrm{r}(\boldsymbol{B}),\mathrm{r}(\boldsymbol{A}\pm\boldsymbol{B})$ 分别表示矩阵 $\boldsymbol{A},\boldsymbol{B},\boldsymbol{A}\pm\boldsymbol{B}$ 的秩，证明：

$$\mathrm{r}(\boldsymbol{A}\pm\boldsymbol{B})\leqslant\mathrm{r}(\boldsymbol{A})+\mathrm{r}(\boldsymbol{B}).$$

19. 设 s 维向量组 $\boldsymbol{\alpha}_1,\boldsymbol{\alpha}_2,\cdots,\boldsymbol{\alpha}_s$ 线性无关，且可由向量组 $\boldsymbol{\beta}_1,\boldsymbol{\beta}_2,\cdots,\boldsymbol{\beta}_t$ 线性表示，证明：向量组 $\boldsymbol{\beta}_1,\boldsymbol{\beta}_2,\cdots,\boldsymbol{\beta}_t$ 的秩为 s.

20. 设 $\boldsymbol{\eta}$ 是非齐次线性方程组 $\boldsymbol{A}\boldsymbol{x}=\boldsymbol{\beta}$ 的一个解，$\boldsymbol{\xi}_1,\boldsymbol{\xi}_2,\cdots,\boldsymbol{\xi}_{n-r}$ 是其导出组的一个基础解系，证明：

(1) $\boldsymbol{\eta},\boldsymbol{\xi}_1,\boldsymbol{\xi}_2,\cdots,\boldsymbol{\xi}_{n-r}$ 线性无关；

(2) $\boldsymbol{\eta},\boldsymbol{\eta}+\boldsymbol{\xi}_1,\boldsymbol{\eta}+\boldsymbol{\xi}_2,\cdots,\boldsymbol{\eta}+\boldsymbol{\xi}_{n-r}$ 线性无关.

21. 求齐次线性方程组

$$\begin{cases}x_1+2x_2+3x_3+x_4-3x_5=0,\\2x_1+x_2+2x_4-6x_5=0,\\3x_1+4x_2+5x_3+6x_4-3x_5=0,\\x_1+x_2+x_3+3x_4+x_5=0\end{cases}$$

的基础解系和通解.

22. 求齐次线性方程组

$$\begin{cases}x_1-x_2+x_3-x_4=0,\\x_1-x_2-x_3+x_4=0,\\x_1-x_2-2x_3+2x_4=0\end{cases}$$

的基础解系和通解.

23. 求一个齐次线性方程组，使得它的基础解系为

$$\boldsymbol{\alpha}_1=(2,1,0,0,0)^{\mathrm{T}},\quad\boldsymbol{\alpha}_2=(0,0,1,1,0)^{\mathrm{T}},\quad\boldsymbol{\alpha}_3=(1,0,-5,0,3)^{\mathrm{T}}.$$

24. 用基础解系表示线性方程组

$$\begin{cases}2x_1+x_2-x_3+x_4=1,\\3x_1-2x_2+x_3-3x_4=4,\\x_1+4x_2-3x_3+5x_4=-2\end{cases}$$

的通解.

25. 用基础解系表示线性方程组

$$\begin{cases}x_1-2x_2+x_3+x_4=1,\\x_1-2x_2+x_3-x_4=-1,\\x_1-2x_2+x_3+5x_4=5\end{cases}$$

的通解.

26. 设 $\boldsymbol{\eta}_1,\boldsymbol{\eta}_2,\cdots,\boldsymbol{\eta}_t$ 是 $\boldsymbol{A}\boldsymbol{x}=\boldsymbol{\beta}$ 的 t 个解，$k_1,k_2,\cdots,k_t$ 为一组实数，且满足 $k_1+k_2+\cdots+k_t=1$，证明：$\boldsymbol{x}=k_1\boldsymbol{\eta}_1+k_2\boldsymbol{\eta}_2+\cdots+k_t\boldsymbol{\eta}_t$ 也是 $\boldsymbol{A}\boldsymbol{x}=\boldsymbol{\beta}$ 的解.

27. 设 $\boldsymbol{A}$ 为 4×3 矩阵，$\boldsymbol{\eta}_1,\boldsymbol{\eta}_2,\boldsymbol{\eta}_3$ 是 $\boldsymbol{A}\boldsymbol{x}=\boldsymbol{\beta}$ 的三个线性无关的解，k_1,k_2 为任意实数，证明：$\boldsymbol{A}\boldsymbol{x}=\boldsymbol{\beta}$ 的通解为 $\dfrac{\boldsymbol{\eta}_2+\boldsymbol{\eta}_3}{2}+k_1(\boldsymbol{\eta}_2-\boldsymbol{\eta}_1)+k_2(\boldsymbol{\eta}_3-\boldsymbol{\eta}_1)$.

28. 设 $W=\{(a,b,c)\mid b=a+c+1,a,c\in\mathbf{R}\}$，问：$W$ 是否为向量空间？为什么？

29. 设 $W=\{(a,b,c)\mid b=a+c,a,c\in\mathbf{R}\}$，问：$W$ 是否为向量空间？为什么？

30. 已知 $\boldsymbol{A}$ 为 $m\times n$ 矩阵，集合 $V=\{\boldsymbol{x}=(x_1,x_2,\cdots,x_n)^{\mathrm{T}}\mid \boldsymbol{Ax}=\boldsymbol{0}\}$，问：$V$ 是否为向量空间？

31. 集合 $V_1=\{(x_1,x_2,\cdots,x_n)\mid x_1+x_2+\cdots+x_n=0,x_1,x_2,\cdots,x_n\in\mathbf{R}\}$ 是否为向量空间？为什么？

32. 设集合

$$V_1=\{(x_1,x_2,\cdots,x_n)^{\mathrm{T}}\mid x_1+x_2+\cdots+x_n=0,x_1,x_2,\cdots,x_n\in\mathbf{R}\},$$
$$V_2=\{(x_1,x_2,\cdots,x_n)^{\mathrm{T}}\mid x_1+x_2+\cdots+x_n=1,x_1,x_2,\cdots,x_n\in\mathbf{R}\},$$

问：V_1,V_2 是否为 $\mathbf{R}^n$ 的子空间？为什么？

33. 设向量 $\boldsymbol{\alpha}_1=(1,2,-1,3)$，$\boldsymbol{\alpha}_2=(2,4,1,-2)$，$\boldsymbol{\alpha}_3=(3,6,3,-7)$，$\boldsymbol{\beta}_1=(1,2,-4,11)$，$\boldsymbol{\beta}_2=(2,4,-5,14)$，向量组 $\boldsymbol{\alpha}_1,\boldsymbol{\alpha}_2,\boldsymbol{\alpha}_3$ 生成的向量空间为 U，向量组 $\boldsymbol{\beta}_1,\boldsymbol{\beta}_2$ 生成的向量空间为 V，证明：$U=V$.

34. 证明：向量组 $\boldsymbol{\beta}_1=(1,1,\cdots,1)^{\mathrm{T}}$，$\boldsymbol{\beta}_2=(0,1,\cdots,1)^{\mathrm{T}}$，$\cdots$，$\boldsymbol{\beta}_n=(0,0,\cdots,1)^{\mathrm{T}}$ 为 $\mathbf{R}^n$ 的一个基，并求向量 $\boldsymbol{\alpha}=(a_1,a_2,\cdots,a_n)^{\mathrm{T}}$ 在这个基下的坐标.

35. 已知向量 $\boldsymbol{\alpha}_1=(1,1,1)$，$\boldsymbol{\alpha}_2=(1,2,-1)$，$\boldsymbol{\alpha}_3=(2,3,0)$，$\boldsymbol{\alpha}_4=(1,0,4)$，求向量空间 $L(\boldsymbol{\alpha}_1,\boldsymbol{\alpha}_2,\boldsymbol{\alpha}_3,\boldsymbol{\alpha}_4)$ 的基和维数.

36. 设 $\mathbf{R}^4$ 的子空间 $W=\{(a,b,c,a+c)\mid a,b,c\in\mathbf{R}\}$，求 W 的基和维数.

37. 设 $\mathbf{R}^4$ 的子空间 $W=\{(a,b,a+b,c)\mid a,b,c\in\mathbf{R}\}$，求 W 的基和维数.

38. 证明：$\boldsymbol{\alpha}_1=(1,1,1)^{\mathrm{T}}$，$\boldsymbol{\alpha}_2=(1,-1,5)^{\mathrm{T}}$，$\boldsymbol{\alpha}_3=(1,2,-3)^{\mathrm{T}}$ 是 $\mathbf{R}^3$ 的一个基，并求向量 $\boldsymbol{\beta}=(2,0,4)^{\mathrm{T}}$ 在这个基下的坐标.

39. 在 $\mathbf{R}^3$ 中求一个向量 $\boldsymbol{\gamma}$，使它在两个基

$$\boldsymbol{\alpha}_1=(1,0,1)^{\mathrm{T}},\quad \boldsymbol{\alpha}_2=(-1,0,0)^{\mathrm{T}},\quad \boldsymbol{\alpha}_3=(0,1,1)^{\mathrm{T}},$$
$$\boldsymbol{\beta}_1=(0,-1,1)^{\mathrm{T}},\quad \boldsymbol{\beta}_2=(1,-1,0)^{\mathrm{T}},\quad \boldsymbol{\beta}_3=(1,0,1)^{\mathrm{T}}$$

下有相同的坐标.

40. 设 $\mathbf{R}^3$ 的两个基分别为

$$\boldsymbol{\xi}_1=(1,0,0)^{\mathrm{T}},\quad \boldsymbol{\xi}_2=(-1,1,0)^{\mathrm{T}},\quad \boldsymbol{\xi}_3=(1,-2,1)^{\mathrm{T}},$$
$$\boldsymbol{\eta}_1=(2,0,0)^{\mathrm{T}},\quad \boldsymbol{\eta}_2=(-2,1,0)^{\mathrm{T}},\quad \boldsymbol{\eta}_3=(4,-4,1)^{\mathrm{T}}.$$

已知向量 $\boldsymbol{\alpha}=(2,3,-1)^{\mathrm{T}}$，求 $\boldsymbol{\alpha}$ 分别在基 $\boldsymbol{\xi}_1,\boldsymbol{\xi}_2,\boldsymbol{\xi}_3$ 和基 $\boldsymbol{\eta}_1,\boldsymbol{\eta}_2,\boldsymbol{\eta}_3$ 下的坐标.

41. 设 $\mathbf{R}^3$ 的两个基分别为

$$\boldsymbol{\alpha}_1=\begin{pmatrix}1\\1\\1\end{pmatrix},\quad \boldsymbol{\alpha}_2=\begin{pmatrix}1\\0\\-1\end{pmatrix},\quad \boldsymbol{\alpha}_3=\begin{pmatrix}1\\0\\1\end{pmatrix},$$

$$\boldsymbol{\beta}_1=\begin{pmatrix}1\\2\\1\end{pmatrix},\quad \boldsymbol{\beta}_2=\begin{pmatrix}2\\3\\4\end{pmatrix},\quad \boldsymbol{\beta}_3=\begin{pmatrix}3\\4\\3\end{pmatrix},$$

求由基 $\boldsymbol{\alpha}_1,\boldsymbol{\alpha}_2,\boldsymbol{\alpha}_3$ 到基 $\boldsymbol{\beta}_1,\boldsymbol{\beta}_2,\boldsymbol{\beta}_3$ 的过渡矩阵 $\boldsymbol{P}$.

42. 设 $\mathbf{R}^3$ 的两个基分别为

$$\boldsymbol{\alpha}_1=(1,1,1)^{\mathrm{T}},\quad \boldsymbol{\alpha}_2=(0,1,1)^{\mathrm{T}},\quad \boldsymbol{\alpha}_3=(0,0,1)^{\mathrm{T}},$$

$$\boldsymbol{\beta}_1=(1,0,1)^{\mathrm{T}},\quad \boldsymbol{\beta}_2=(0,1,-1)^{\mathrm{T}},\quad \boldsymbol{\beta}_3=(1,2,0)^{\mathrm{T}},$$

(1) 求由基 $\boldsymbol{\alpha}_1,\boldsymbol{\alpha}_2,\boldsymbol{\alpha}_3$ 到基 $\boldsymbol{\beta}_1,\boldsymbol{\beta}_2,\boldsymbol{\beta}_3$ 的过渡矩阵 $\boldsymbol{Q}$；

(2) 已知向量 $\boldsymbol{\xi}$ 在基 $\boldsymbol{\alpha}_1,\boldsymbol{\alpha}_2,\boldsymbol{\alpha}_3$ 下的坐标为 $(-1,2,1)$，求 $\boldsymbol{\xi}$ 在基 $\boldsymbol{\beta}_1,\boldsymbol{\beta}_2,\boldsymbol{\beta}_3$ 下的坐标.

第五章　方阵的特征值与特征向量

本章介绍方阵的特征值与特征向量的概念及求法，然后利用这两者给出方阵相似于对角矩阵的条件．数学中解微分方程、简化矩阵计算等都需要用到特征值的理论，且工程技术领域的很多问题（如振动问题、稳定性问题等）的研究都可归结为求方阵的特征值与特征向量．

5.1 引　例

在中学数学的学习中，我们可能会碰到如下的数列问题：

设 p,q 为实数且数列 $\{a_n\}$ 对 $n\geqslant 1$ 满足 $a_{n+2}+pa_{n+1}+qa_n=0$，在已知 a_1 和 a_2 的前提下，求出数列 $\{a_n\}$ 的通项公式.

这个数列问题的通常解法如下(此处仅讨论方程 $x^2+px+q=0$ 有两个不同根 α 和 β 的情况)：

根据韦达(Vieta)定理，可知 $\alpha+\beta=-p$，$\alpha\beta=q$，因此 $a_{n+2}+pa_{n+1}+qa_n=0$ 可以写成 $a_{n+2}-(\alpha+\beta)a_{n+1}+\alpha\beta a_n=0$. 通过移项可得 $a_{n+2}-\alpha a_{n+1}=\beta(a_{n+1}-\alpha a_n)$，于是 $\{a_{n+1}-\alpha a_n\}$ 为等比数列. 根据等比数列的通项公式，可得

$$a_{n+1}-\alpha a_n=\beta^{n-1}(a_2-\alpha a_1). \tag{5.1}$$

类似地，也可得到 $a_{n+2}-\beta a_{n+1}=\alpha(a_{n+1}-\beta a_n)$，因此 $\{a_{n+1}-\beta a_n\}$ 也是等比数列. 根据等比数列的通项公式，可得

$$a_{n+1}-\beta a_n=\alpha^{n-1}(a_2-\beta a_1). \tag{5.2}$$

将式(5.1) 减去式(5.2)，可得

$$(\beta-\alpha)a_n=\beta^{n-1}(a_2-\alpha a_1)-\alpha^{n-1}(a_2-\beta a_1). \tag{5.3}$$

根据假设，$\alpha\neq\beta$，可得 $a_n=\dfrac{\beta^{n-1}(a_2-\alpha a_1)-\alpha^{n-1}(a_2-\beta a_1)}{\beta-\alpha}$. 因此，在 $\alpha\neq\beta$ 的前提下，我们得到了数列 $\{a_n\}$ 的通项公式.

那么这个数列问题和本章内容有什么关系呢？事实上，利用矩阵的语言，可将上面数列的递推公式写为如下形式：

$$\begin{pmatrix}a_{n+2}\\ a_{n+1}\end{pmatrix}=\begin{pmatrix}-p & -q\\ 1 & 0\end{pmatrix}\begin{pmatrix}a_{n+1}\\ a_n\end{pmatrix}. \tag{5.4}$$

因此，通过递推可得

$$\begin{pmatrix}a_n\\ a_{n-1}\end{pmatrix}=\begin{pmatrix}-p & -q\\ 1 & 0\end{pmatrix}^{n-2}\begin{pmatrix}a_2\\ a_1\end{pmatrix}\quad (n=2,3,\cdots). \tag{5.5}$$

令 $\boldsymbol{A}=\begin{pmatrix}-p & -q\\ 1 & 0\end{pmatrix}$，此时求数列 $\{a_n\}$ 的递推公式就转化为求 $\boldsymbol{A}^{n-2}\begin{pmatrix}a_2\\ a_1\end{pmatrix}$. 要达到这个目的，有两种方式：一是直接求出 $\boldsymbol{A}^{n-2}$. 当 $\boldsymbol{A}$ 比较简单，如 $\boldsymbol{A}$ 是对角矩阵时，可以直接利用矩阵的乘法求出，但当 $\boldsymbol{A}$ 比较复杂时，$\boldsymbol{A}^{n-2}$ 并不能很容易地计算求出. 我们将在下一节中来讨论这个问题. 二是直接考虑乘积 $\boldsymbol{A}^{n-2}\begin{pmatrix}a_2\\ a_1\end{pmatrix}$. 先考虑 $\boldsymbol{A}\begin{pmatrix}a_2\\ a_1\end{pmatrix}$ 能否化简. 我们举个具体的例子来进行理解. 设 $p=3$，$q=2$，$a_1=-1$，$a_2=1$，则矩阵 $\boldsymbol{A}=\begin{pmatrix}-3 & -2\\ 1 & 0\end{pmatrix}$. 令向量 $\boldsymbol{\varepsilon}=\begin{pmatrix}1\\ -1\end{pmatrix}$，则有 $\boldsymbol{A\varepsilon}=-\boldsymbol{\varepsilon}$. 由数学归纳法可得，

$$\begin{pmatrix} a_n \\ a_{n-1} \end{pmatrix} = \boldsymbol{A}^{n-2}\boldsymbol{\varepsilon} = (-1)^{n-2}\boldsymbol{\varepsilon} = \begin{pmatrix} (-1)^n \\ (-1)^{n-1} \end{pmatrix} \quad (n=2,3,\cdots), \tag{5.6}$$

从而可得通项公式 $a_n=(-1)^n$.再考虑一个复杂些的例子,设 $p=3,q=2,a_1=1,a_2=2$,在向量空间 $\mathbf{R}^2$ 中选取两个向量 $\boldsymbol{\varepsilon}_1=\begin{pmatrix} 1 \\ -1 \end{pmatrix}$ 和 $\boldsymbol{\varepsilon}_2=\begin{pmatrix} -2 \\ 1 \end{pmatrix}$,因为 $\boldsymbol{\varepsilon}_1$ 与 $\boldsymbol{\varepsilon}_2$ 不成比例,所以 $\boldsymbol{\varepsilon}_1,\boldsymbol{\varepsilon}_2$ 线性无关,从而构成了 $\mathbf{R}^2$ 的一个基.此时,$\begin{pmatrix} a_2 \\ a_1 \end{pmatrix}=\begin{pmatrix} 2 \\ 1 \end{pmatrix}$ 可由 $\boldsymbol{\varepsilon}_1$ 和 $\boldsymbol{\varepsilon}_2$ 线性表示,即 $\begin{pmatrix} 2 \\ 1 \end{pmatrix}=-4\boldsymbol{\varepsilon}_1-3\boldsymbol{\varepsilon}_2$.注意到,$\boldsymbol{A}\boldsymbol{\varepsilon}_1=-\boldsymbol{\varepsilon}_1,\boldsymbol{A}\boldsymbol{\varepsilon}_2=-2\boldsymbol{\varepsilon}_2$,即 $\boldsymbol{A}$ 在这两个向量上的作用相当于数乘.由数学归纳法可得,$\boldsymbol{A}^{n-2}\boldsymbol{\varepsilon}_1=(-1)^{n-2}\boldsymbol{\varepsilon}_1,\boldsymbol{A}^{n-2}\boldsymbol{\varepsilon}_2=(-2)^{n-2}\boldsymbol{\varepsilon}_2$,因此有

$$\begin{aligned} \begin{pmatrix} a_n \\ a_{n-1} \end{pmatrix} &= \boldsymbol{A}^{n-2}(-4\boldsymbol{\varepsilon}_1-3\boldsymbol{\varepsilon}_2) \\ &= -4\boldsymbol{A}^{n-2}\boldsymbol{\varepsilon}_1-3\boldsymbol{A}^{n-2}\boldsymbol{\varepsilon}_2 = -4\times(-1)^{n-2}\boldsymbol{\varepsilon}_1-3\times(-2)^{n-2}\boldsymbol{\varepsilon}_2, \end{aligned} \tag{5.7}$$

从而可得通项公式 $a_n=-4\times(-1)^{n-2}+6\times(-2)^{n-2}=-4\times(-1)^n-3\times(-2)^{n-1}$.从上面这种解法可以看出,最关键的是要找到两个线性无关的向量并使得 $\boldsymbol{A}$ 左乘这两个向量相当于数乘.这两个向量实际上就是之后会介绍的 $\boldsymbol{A}$ 的特征向量.此外,我们知道这个数列的特征方程为 $x^2+px+q=0$,那么这个方程与矩阵 $\boldsymbol{A}$ 有什么关系呢?在学了5.3节的内容以后,我们会知道这个方程实际上就是 $\boldsymbol{A}$ 的特征方程,而方程的解就是 $\boldsymbol{A}$ 的特征值.

5.2 相似矩阵

不管是在前面学过的矩阵的运算中,还是在上一节的引例中,我们都遇到了如何求 $\boldsymbol{A}^m$ 的问题,其中 $\boldsymbol{A}$ 为一 n 阶方阵,m 为一正整数.当然,根据第二章所学的知识,可直接通过找规律等方法来计算某些特殊方阵的幂.在这一节中,我们将介绍求 $\boldsymbol{A}^m$ 的另外一种思路,这种思路基于如下的观察.

若存在一可逆矩阵 $\boldsymbol{P}$,使得 $\boldsymbol{P}^{-1}\boldsymbol{A}\boldsymbol{P}=\boldsymbol{B}$,则 $\boldsymbol{A}=\boldsymbol{P}\boldsymbol{B}\boldsymbol{P}^{-1}$,从而

$$\boldsymbol{A}^m=\boldsymbol{P}\boldsymbol{B}\boldsymbol{P}^{-1}\boldsymbol{P}\boldsymbol{B}\boldsymbol{P}^{-1}\cdots\boldsymbol{P}\boldsymbol{B}\boldsymbol{P}^{-1}=\boldsymbol{P}\boldsymbol{B}^m\boldsymbol{P}^{-1}.$$

因此,求 $\boldsymbol{A}^m$ 的问题就转化为求 $\boldsymbol{B}^m$,若 $\boldsymbol{B}^m$ 容易求,则求 $\boldsymbol{A}^m$ 的问题也就解决了.

为了方便讨论,先引入下面的定义.

定义 5.2.1 设 $\boldsymbol{A},\boldsymbol{B}$ 为 n 阶方阵.若存在一可逆矩阵 $\boldsymbol{P}$,使得 $\boldsymbol{B}=\boldsymbol{P}^{-1}\boldsymbol{A}\boldsymbol{P}$,则称 $\boldsymbol{A}$ 与 $\boldsymbol{B}$ **是相似的**,记作 $\boldsymbol{A}\sim\boldsymbol{B}$.

根据定义5.2.1,容易看出两个矩阵相似有如下性质(其中 $\boldsymbol{A},\boldsymbol{B},\boldsymbol{C}$ 为 n 阶方阵):

(1) 自反性:$\boldsymbol{A}\sim\boldsymbol{A}$.这是因为 $\boldsymbol{A}=\boldsymbol{E}^{-1}\boldsymbol{A}\boldsymbol{E}$.

(2) 对称性:若 $\boldsymbol{A}\sim\boldsymbol{B}$,则 $\boldsymbol{B}\sim\boldsymbol{A}$.这是因为若 $\boldsymbol{B}=\boldsymbol{P}^{-1}\boldsymbol{A}\boldsymbol{P}$,则 $\boldsymbol{A}=(\boldsymbol{P}^{-1})^{-1}\boldsymbol{B}\boldsymbol{P}^{-1}$.

(3) 传递性:若 $\boldsymbol{A}\sim\boldsymbol{B},\boldsymbol{B}\sim\boldsymbol{C}$,则 $\boldsymbol{A}\sim\boldsymbol{C}$.这是因为若 $\boldsymbol{B}=\boldsymbol{P}^{-1}\boldsymbol{A}\boldsymbol{P},\boldsymbol{C}=\boldsymbol{Q}^{-1}\boldsymbol{B}\boldsymbol{Q}$,则 $\boldsymbol{C}=(\boldsymbol{P}\boldsymbol{Q})^{-1}\boldsymbol{A}(\boldsymbol{P}\boldsymbol{Q})$.

设 $\boldsymbol{A}$ 为 n 阶方阵，$f(x)=a_m x^m+a_{m-1}x^{m-1}+\cdots+a_1x+a_0$ 为一多项式，则定义矩阵的多项式 $f(\boldsymbol{A})$ 为

$$f(\boldsymbol{A})=a_m\boldsymbol{A}^m+a_{m-1}\boldsymbol{A}^{m-1}+\cdots+a_1\boldsymbol{A}+a_0\boldsymbol{E}=\sum_{i=0}^{m}a_i\boldsymbol{A}^i.$$

定理 5.2.1　设矩阵 $\boldsymbol{A}\sim\boldsymbol{B}$，且 $f(x)$ 是一多项式，则 $f(\boldsymbol{A})\sim f(\boldsymbol{B})$.

证　设 $f(x)=a_m x^m+a_{m-1}x^{m-1}+\cdots+a_1x+a_0$，因为矩阵 $\boldsymbol{A}\sim\boldsymbol{B}$，所以存在可逆矩阵 $\boldsymbol{P}$，使得 $\boldsymbol{B}=\boldsymbol{P}^{-1}\boldsymbol{A}\boldsymbol{P}$，从而有

$$f(\boldsymbol{B})=\sum_{i=0}^{m}a_i\boldsymbol{B}^i=\sum_{i=0}^{m}a_i\,(\boldsymbol{P}^{-1}\boldsymbol{A}\boldsymbol{P})^i=\sum_{i=0}^{m}a_i(\boldsymbol{P}^{-1}\boldsymbol{A}^i\boldsymbol{P})=\boldsymbol{P}^{-1}\left(\sum_{i=0}^{m}a_i\boldsymbol{A}^i\right)\boldsymbol{P}=\boldsymbol{P}^{-1}f(\boldsymbol{A})\boldsymbol{P}.$$

因此，$f(\boldsymbol{A})\sim f(\boldsymbol{B})$.

定理 5.2.2　相似矩阵有相同的秩和相同的行列式.

证　设矩阵 $\boldsymbol{A}\sim\boldsymbol{B}$，则存在可逆矩阵 $\boldsymbol{P}$，使得 $\boldsymbol{B}=\boldsymbol{P}^{-1}\boldsymbol{A}\boldsymbol{P}$.因为对一矩阵左乘一可逆矩阵或右乘一可逆矩阵，秩都不会改变，所以 $\mathrm{r}(\boldsymbol{A})=\mathrm{r}(\boldsymbol{B})$.因为 $\boldsymbol{B}=\boldsymbol{P}^{-1}\boldsymbol{A}\boldsymbol{P}$，所以

$$|\boldsymbol{B}|=|\boldsymbol{P}^{-1}\boldsymbol{A}\boldsymbol{P}|=|\boldsymbol{P}^{-1}||\boldsymbol{A}||\boldsymbol{P}|=|\boldsymbol{A}|.$$

在引入了相似矩阵的定义后，求 $\boldsymbol{A}^m$ 的问题就转化为求 $\boldsymbol{A}$ 能相似于一个怎样的简单矩阵 $\boldsymbol{B}$.我们知道，对角矩阵是一种简单的矩阵，而且它的 m 次幂也很容易求.因此，很自然地希望能将 $\boldsymbol{A}$ 相似于一对角矩阵.为了研究这个问题，首先引入一个定义.

定义 5.2.2　若 n 阶方阵 $\boldsymbol{A}$ 能够相似于对角矩阵

$$\boldsymbol{\Lambda}=\begin{pmatrix}\lambda_1 & & & \\ & \lambda_2 & & \\ & & \ddots & \\ & & & \lambda_n\end{pmatrix},$$

则称 $\boldsymbol{A}$ **可相似对角化**.

并不是每一个方阵都是可相似对角化的，下面举个简单的例子说明.

例 5.2.1　设方阵 $\boldsymbol{A}=\begin{pmatrix}0&1\\0&0\end{pmatrix}$，判断 $\boldsymbol{A}$ 是否可相似对角化.

解　假设方阵 $\boldsymbol{A}$ 可相似对角化.设 $\boldsymbol{A}\sim\boldsymbol{\Lambda}=\begin{pmatrix}\lambda_1&0\\0&\lambda_2\end{pmatrix}$，则存在可逆矩阵 $\boldsymbol{P}=\begin{pmatrix}a&b\\c&d\end{pmatrix}$，使得 $\boldsymbol{P}^{-1}\boldsymbol{A}\boldsymbol{P}=\boldsymbol{\Lambda}$.根据 $\boldsymbol{P}^{-1}=\dfrac{1}{ad-bc}\begin{pmatrix}d&-b\\-c&a\end{pmatrix}$，我们有

$$\boldsymbol{P}^{-1}\boldsymbol{A}\boldsymbol{P}=\frac{1}{ad-bc}\begin{pmatrix}d&-b\\-c&a\end{pmatrix}\begin{pmatrix}0&1\\0&0\end{pmatrix}\begin{pmatrix}a&b\\c&d\end{pmatrix}=\frac{1}{ad-bc}\begin{pmatrix}cd&d^2\\-c^2&-cd\end{pmatrix}=\boldsymbol{\Lambda}.$$

由此可得，$c=d=0$，因此 $|\boldsymbol{P}|=0$，这与 $\boldsymbol{P}$ 可逆矛盾.所以，$\boldsymbol{A}$ 不可相似对角化.

由例 5.2.1 可知，我们需要来研究什么样的方阵是可相似对角化的.

定理 5.2.3 n 阶方阵$\boldsymbol{A}$可相似于对角矩阵$\boldsymbol{\Lambda}=\begin{pmatrix}\lambda_1 & & & \\ & \lambda_2 & & \\ & & \ddots & \\ & & & \lambda_n\end{pmatrix}$，当且仅当存在$n$个线性无关的$n$维列向量$\boldsymbol{\xi}_1,\boldsymbol{\xi}_2,\cdots,\boldsymbol{\xi}_n$，使得$\boldsymbol{A}\boldsymbol{\xi}_i=\lambda_i\boldsymbol{\xi}_i\,(i=1,2,\cdots,n)$成立.此时，令矩阵$\boldsymbol{P}=(\boldsymbol{\xi}_1,\boldsymbol{\xi}_2,\cdots,\boldsymbol{\xi}_n)$，有$\boldsymbol{P}^{-1}\boldsymbol{A}\boldsymbol{P}=\boldsymbol{\Lambda}$.

证 若n阶方阵$\boldsymbol{A}$可相似于对角矩阵$\boldsymbol{\Lambda}=\begin{pmatrix}\lambda_1 & & & \\ & \lambda_2 & & \\ & & \ddots & \\ & & & \lambda_n\end{pmatrix}$，则存在可逆矩阵$\boldsymbol{P}$，使得

$$\boldsymbol{P}^{-1}\boldsymbol{A}\boldsymbol{P}=\boldsymbol{\Lambda},\quad \text{即} \quad \boldsymbol{A}\boldsymbol{P}=\boldsymbol{P}\boldsymbol{\Lambda}.$$

将$\boldsymbol{P}$按列分块，可得n个线性无关的n维列向量$\boldsymbol{\xi}_1,\boldsymbol{\xi}_2,\cdots,\boldsymbol{\xi}_n$，从而有

$$\begin{aligned}\boldsymbol{A}(\boldsymbol{\xi}_1,\boldsymbol{\xi}_2,\cdots,\boldsymbol{\xi}_n)&=(\boldsymbol{A}\boldsymbol{\xi}_1,\boldsymbol{A}\boldsymbol{\xi}_2,\cdots,\boldsymbol{A}\boldsymbol{\xi}_n)=(\boldsymbol{\xi}_1,\boldsymbol{\xi}_2,\cdots,\boldsymbol{\xi}_n)\begin{pmatrix}\lambda_1 & & & \\ & \lambda_2 & & \\ & & \ddots & \\ & & & \lambda_n\end{pmatrix}\\&=(\lambda_1\boldsymbol{\xi}_1,\lambda_2\boldsymbol{\xi}_2,\cdots,\lambda_n\boldsymbol{\xi}_n).\end{aligned}$$

因此，存在n个线性无关的向量$\boldsymbol{\xi}_1,\boldsymbol{\xi}_2,\cdots,\boldsymbol{\xi}_n$，使得

$$\boldsymbol{A}\boldsymbol{\xi}_i=\lambda_i\boldsymbol{\xi}_i\quad(i=1,2,\cdots,n).$$

反之同样成立.

定理 5.2.3 中的$\boldsymbol{\xi}_i$都满足条件$\boldsymbol{A}\boldsymbol{\xi}_i=\lambda\boldsymbol{\xi}_i$，且$\boldsymbol{\xi}_i\neq\boldsymbol{0}$.这样的非零向量就是方阵$\boldsymbol{A}$的特征向量，我们将在下节对其进行深入的研究.此后，我们将在 5.4 节中来完整解决如何判别方阵$\boldsymbol{A}$是否可相似对角化的问题.

5.3 方阵的特征值与特征向量

本节将介绍方阵的特征值与特征向量的定义、求法和相关的性质.

5.3.1 特征值与特征向量的定义

定义 5.3.1 设$\boldsymbol{A}$为一n阶方阵.若存在一非零的n维列向量$\boldsymbol{\xi}$和一常数λ，使得

$$\boldsymbol{A}\boldsymbol{\xi}=\lambda\boldsymbol{\xi},$$

则称λ为$\boldsymbol{A}$的一个**特征值**，非零向量$\boldsymbol{\xi}$称为$\boldsymbol{A}$的属于特征值λ的**特征向量**.

注 (1) 若$\boldsymbol{\xi}$是$\boldsymbol{A}$的属于特征值λ的特征向量，则$k\boldsymbol{\xi}\,(k\neq 0)$也是$\boldsymbol{A}$的属于特征值$\lambda$的特征向量.因此，$\boldsymbol{A}$的属于特征值$\lambda$的特征向量有无穷多个.此外，若$\boldsymbol{\xi}_1$和$\boldsymbol{\xi}_2$是$\boldsymbol{A}$的属于特征值$\lambda$的特征向量，根据$\boldsymbol{A}(\boldsymbol{\xi}_1+\boldsymbol{\xi}_2)=\boldsymbol{A}\boldsymbol{\xi}_1+\boldsymbol{A}\boldsymbol{\xi}_2=\lambda\boldsymbol{\xi}_1+\lambda\boldsymbol{\xi}_2=\lambda(\boldsymbol{\xi}_1+\boldsymbol{\xi}_2)$可知，当$\boldsymbol{\xi}_1+\boldsymbol{\xi}_2\neq\boldsymbol{0}$

时，$\xi_1+\xi_2$ 也是 A 的属于特征值 λ 的特征向量.因此，属于同一特征值的特征向量的任意非零线性组合都是属于该特征值的特征向量.

(2) 一个特征向量只能属于一个特征值.假设 ξ 是 A 的属于不同特征值 λ_1 和 λ_2 的特征向量，则有 $A\xi=\lambda_1\xi, A\xi=\lambda_2\xi$，从而 $(\lambda_1-\lambda_2)\xi=\mathbf{0}$.因为 $\lambda_1\neq\lambda_2$，所以 $\xi=\mathbf{0}$，这与 ξ 是非零向量矛盾，故假设不成立.

接下来，我们讨论如何求方阵 A 的特征值与特征向量.

设 λ 是方阵 A 的一个特征值，ξ 是 A 的属于 λ 的特征向量.由于 $A\xi=\lambda\xi$，则

$$(\lambda E-A)\xi=\mathbf{0},$$

因此 ξ 是 A 的属于 λ 的特征向量，当且仅当 ξ 是齐次线性方程组 $(\lambda E-A)x=\mathbf{0}$ 的非零解.

此外，根据线性方程组的知识和上述讨论可知，若 λ 是 A 的特征值，则齐次线性方程组 $(\lambda E-A)x=\mathbf{0}$ 有非零解，即 $|\lambda E-A|=0$.

定义 5.3.2　设方阵 $A=(a_{ij})_{n\times n}$，则称矩阵 $\lambda E-A$ 为 A 的**特征矩阵**，行列式 $|\lambda E-A|$ 称为 A 的**特征多项式**，$|\lambda E-A|=0$ 称为 A 的**特征方程**.

注　根据行列式的定义，可知

$$|\lambda E-A|=\begin{vmatrix}\lambda-a_{11} & -a_{12} & \cdots & -a_{1n}\\ -a_{21} & \lambda-a_{22} & \cdots & -a_{2n}\\ \vdots & \vdots & & \vdots\\ -a_{n1} & -a_{n2} & \cdots & \lambda-a_{nn}\end{vmatrix}$$

是一个首项系数为 1 的关于 λ 的 n 次多项式.因此，通常记 $f(\lambda)=|\lambda E-A|$.

有了这些定义和上面的讨论后，我们就可以给出求 n 阶方阵 A 的特征值与特征向量的方法：

(1) 求出方阵 A 的特征多项式 $f(\lambda)=|\lambda E-A|$；

(2) 求出特征方程 $f(\lambda)=|\lambda E-A|=0$ 的所有根，这些根就是方阵 A 的所有特征值；

(3) 设 $\lambda_1,\lambda_2,\cdots,\lambda_m$ 为 A 的所有互不相同的特征值，对每个特征值 $\lambda_i(i=1,2,\cdots,m)$，求出齐次线性方程组 $(\lambda_i E-A)x=\mathbf{0}$ 的一个基础解系 $\eta_{i1},\eta_{i2},\cdots,\eta_{it_i}$，则 A 的属于 λ_i 的全部特征向量为 $k_1\eta_{i1}+k_2\eta_{i2}+\cdots+k_{t_i}\eta_{it_i}$，其中 $k_1,k_2,\cdots,k_{t_i}$ 为任意不全为零的常数.

注　需要强调的是，实矩阵的特征值不一定是实数.例如，方阵 $A=\begin{pmatrix}0 & 1\\ -1 & 0\end{pmatrix}$，$f(\lambda)=|\lambda E-A|=\begin{vmatrix}\lambda & -1\\ 1 & \lambda\end{vmatrix}=\lambda^2+1=0$，所以方阵 A 有复特征值 i 和 −i.

接下来，我们来看几个具体的例子.

例 5.3.1　求方阵

$$A=\begin{pmatrix}-3 & -2\\ 1 & 0\end{pmatrix}$$

的特征值与特征向量.

解　特征多项式为

$$f(\lambda)=\begin{vmatrix}\lambda+3 & 2\\ -1 & \lambda\end{vmatrix}=\lambda^2+3\lambda+2=(\lambda+1)(\lambda+2).$$

令 $f(\lambda)=|\lambda\boldsymbol{E}-\boldsymbol{A}|=0$,可得 $\boldsymbol{A}$ 的特征值为 $\lambda_1=-1,\lambda_2=-2$.

当 $\lambda_1=-1$ 时,解齐次线性方程组 $(-\boldsymbol{E}-\boldsymbol{A})\boldsymbol{x}=\boldsymbol{0}$,对其系数矩阵施行初等行变换,有

$$-\boldsymbol{E}-\boldsymbol{A}=\begin{pmatrix}2&2\\-1&-1\end{pmatrix}\longrightarrow\begin{pmatrix}1&1\\0&0\end{pmatrix}.$$

由此可得,$(-\boldsymbol{E}-\boldsymbol{A})\boldsymbol{x}=\boldsymbol{0}$ 的基础解系为 $\boldsymbol{\eta}_1=\begin{pmatrix}1\\-1\end{pmatrix}$.因此,$\boldsymbol{A}$ 的属于 $\lambda_1=-1$ 的全部特征向量为 $k_1\boldsymbol{\eta}_1(k_1\neq 0)$.

当 $\lambda_2=-2$ 时,解齐次线性方程组 $(-2\boldsymbol{E}-\boldsymbol{A})\boldsymbol{x}=\boldsymbol{0}$,对其系数矩阵施行初等行变换,有

$$-2\boldsymbol{E}-\boldsymbol{A}=\begin{pmatrix}1&2\\-1&-2\end{pmatrix}\longrightarrow\begin{pmatrix}1&2\\0&0\end{pmatrix}.$$

由此可得,$(-2\boldsymbol{E}-\boldsymbol{A})\boldsymbol{x}=\boldsymbol{0}$ 的基础解系为 $\boldsymbol{\eta}_2=\begin{pmatrix}-2\\1\end{pmatrix}$.因此,$\boldsymbol{A}$ 的属于 $\lambda_2=-2$ 的全部特征向量为 $k_2\boldsymbol{\eta}_2(k_2\neq 0)$.

注 对于5.1节中的矩阵 $\boldsymbol{A}=\begin{pmatrix}-p&-q\\1&0\end{pmatrix}$,它的特征方程为 $|\lambda\boldsymbol{E}-\boldsymbol{A}|=\lambda^2+p\lambda+q=0$.实际上,这就是我们用初等数学方法处理时所用的方程 $x^2+px+q=0$.

例 5.3.2 求方阵

$$\boldsymbol{A}=\begin{pmatrix}2&2&-2\\2&5&-4\\-2&-4&5\end{pmatrix}$$

的特征值与特征向量.

解 因为方阵 $\boldsymbol{A}$ 的特征多项式为

$$|\lambda\boldsymbol{E}-\boldsymbol{A}|=\begin{vmatrix}\lambda-2&-2&2\\-2&\lambda-5&4\\2&4&\lambda-5\end{vmatrix}=(\lambda-1)\begin{vmatrix}\lambda-2&0&2\\-2&1&4\\2&1&\lambda-5\end{vmatrix}$$

$$=(\lambda-1)\begin{vmatrix}\lambda-2&0&2\\-2&1&4\\4&0&\lambda-9\end{vmatrix}=(\lambda-1)^2(\lambda-10),$$

所以 $\boldsymbol{A}$ 的特征值为 $\lambda_1=\lambda_2=1,\lambda_3=10$.

当 $\lambda_1=\lambda_2=1$ 时,解齐次线性方程组 $(\boldsymbol{E}-\boldsymbol{A})\boldsymbol{x}=\boldsymbol{0}$,对其系数矩阵施行初等行变换,有

$$\boldsymbol{E}-\boldsymbol{A}=\begin{pmatrix}-1&-2&2\\-2&-4&4\\2&4&-4\end{pmatrix}\longrightarrow\begin{pmatrix}1&2&-2\\0&0&0\\0&0&0\end{pmatrix}.$$

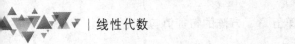

由此可得，$(\boldsymbol{E}-\boldsymbol{A})\boldsymbol{x}=\boldsymbol{0}$ 的基础解系为 $\boldsymbol{\eta}_1=\begin{pmatrix}2\\0\\1\end{pmatrix}$，$\boldsymbol{\eta}_2=\begin{pmatrix}-2\\1\\0\end{pmatrix}$。因此，$\boldsymbol{A}$ 的属于 $\lambda_1=\lambda_2=1$ 的全部特征向量为 $k_1\boldsymbol{\eta}_1+k_2\boldsymbol{\eta}_2$（$k_1,k_2$ 不全为零）。

当 $\lambda_3=10$ 时，解齐次线性方程组 $(10\boldsymbol{E}-\boldsymbol{A})\boldsymbol{x}=\boldsymbol{0}$，对其系数矩阵施行初等行变换，有

$$10\boldsymbol{E}-\boldsymbol{A}=\begin{pmatrix}8&-2&2\\-2&5&4\\2&4&5\end{pmatrix}\longrightarrow\begin{pmatrix}2&0&1\\0&1&1\\0&0&0\end{pmatrix}.$$

由此可得，$(10\boldsymbol{E}-\boldsymbol{A})\boldsymbol{x}=\boldsymbol{0}$ 的基础解系为 $\boldsymbol{\eta}_3=\begin{pmatrix}-1\\-2\\2\end{pmatrix}$。因此，$\boldsymbol{A}$ 的属于 $\lambda_3=10$ 的全部特征向量为 $k_3\boldsymbol{\eta}_3$（$k_3\neq 0$）。

例 5.3.3　求方阵

$$\boldsymbol{A}=\begin{pmatrix}3&1&0\\-4&-1&0\\4&-8&-2\end{pmatrix}$$

的特征值与特征向量。

解　因为方阵 $\boldsymbol{A}$ 的特征多项式为

$$|\lambda\boldsymbol{E}-\boldsymbol{A}|=\begin{vmatrix}\lambda-3&-1&0\\4&\lambda+1&0\\-4&8&\lambda+2\end{vmatrix}=(\lambda+2)\begin{vmatrix}\lambda-3&-1\\4&\lambda+1\end{vmatrix}$$
$$=(\lambda+2)(\lambda-1)^2,$$

所以 $\boldsymbol{A}$ 的特征值为 $\lambda_1=-2$，$\lambda_2=\lambda_3=1$。

当 $\lambda_1=-2$ 时，解齐次线性方程组 $(-2\boldsymbol{E}-\boldsymbol{A})\boldsymbol{x}=\boldsymbol{0}$，对其系数矩阵施行初等行变换，有

$$-2\boldsymbol{E}-\boldsymbol{A}=\begin{pmatrix}-5&-1&0\\4&-1&0\\-4&8&0\end{pmatrix}\longrightarrow\begin{pmatrix}1&0&0\\0&1&0\\0&0&0\end{pmatrix}.$$

由此可得，$(-2\boldsymbol{E}-\boldsymbol{A})\boldsymbol{x}=\boldsymbol{0}$ 的基础解系为 $\boldsymbol{\eta}_1=\begin{pmatrix}0\\0\\1\end{pmatrix}$。因此，$\boldsymbol{A}$ 的属于 $\lambda_1=-2$ 的全部特征向量为 $k_1\boldsymbol{\eta}_1$（$k_1\neq 0$）。

当 $\lambda_2=\lambda_3=1$ 时，解齐次线性方程组 $(\boldsymbol{E}-\boldsymbol{A})\boldsymbol{x}=\boldsymbol{0}$，对其系数矩阵施行初等行变换，有

$$\boldsymbol{E}-\boldsymbol{A}=\begin{pmatrix}-2&-1&0\\4&2&0\\-4&8&3\end{pmatrix}\longrightarrow\begin{pmatrix}2&1&0\\0&10&3\\0&0&0\end{pmatrix}.$$

由此可得，$(\boldsymbol{E}-\boldsymbol{A})\boldsymbol{x}=\boldsymbol{0}$ 的基础解系为 $\boldsymbol{\eta}_2=\begin{pmatrix}3\\-6\\20\end{pmatrix}$.因此，$\boldsymbol{A}$ 的属于 $\lambda_2=\lambda_3=1$ 的全部特征向量为 $k_2\boldsymbol{\eta}_2(k_2\neq 0)$.

5.3.2 特征值与特征向量的性质

性质 1 设 λ 是方阵 $\boldsymbol{A}$ 的特征值，$\boldsymbol{\xi}$ 是 $\boldsymbol{A}$ 的属于特征值 λ 的特征向量，有：

(1) λ^k 是 $\boldsymbol{A}^k$ 的特征值，$\boldsymbol{\xi}$ 是 $\boldsymbol{A}^k$ 的属于 λ^k 的特征向量，其中 k 为任意正整数；

(2) $a\lambda$ 是 $a\boldsymbol{A}$ 的特征值，$\boldsymbol{\xi}$ 是 $a\boldsymbol{A}$ 的属于 $a\lambda$ 的特征向量，其中 a 为任一常数；

(3) 设 $f(x)$ 为任一多项式，则 $f(\lambda)$ 是 $f(\boldsymbol{A})$ 的特征值，$\boldsymbol{\xi}$ 是 $f(\boldsymbol{A})$ 的属于 $f(\lambda)$ 的特征向量.

证 根据特征值与特征向量的定义可知，$\boldsymbol{A\xi}=\lambda\boldsymbol{\xi}$.因为

$$\boldsymbol{A}^k\boldsymbol{\xi}=\boldsymbol{A}^{k-1}(\boldsymbol{A\xi})=\boldsymbol{A}^{k-1}(\lambda\boldsymbol{\xi})=\lambda\boldsymbol{A}^{k-1}\boldsymbol{\xi}=\cdots=\lambda^k\boldsymbol{\xi},$$
$$(a\boldsymbol{A})\boldsymbol{\xi}=a(\boldsymbol{A\xi})=a(\lambda\boldsymbol{\xi})=(a\lambda)\boldsymbol{\xi},$$

所以(1) 和(2) 成立.(3) 可根据(1) 和(2) 直接得到.

性质 2 设方阵 $\boldsymbol{A}=(a_{ij})_{n\times n}$，且 $\lambda_1,\lambda_2,\cdots,\lambda_n$ 是 $\boldsymbol{A}$ 的全部特征值，则

(1) $|\boldsymbol{A}|=\lambda_1\lambda_2\cdots\lambda_n$；

(2) $\mathrm{tr}(\boldsymbol{A})=a_{11}+a_{22}+\cdots+a_{nn}=\lambda_1+\lambda_2+\cdots+\lambda_n$，其中 $\mathrm{tr}(\boldsymbol{A})$ 称为 $\boldsymbol{A}$ 的迹.

证 因为 $\lambda_1,\lambda_2,\cdots,\lambda_n$ 是方阵 $\boldsymbol{A}$ 的全部特征值，所以有

$$\begin{aligned}|\lambda\boldsymbol{E}-\boldsymbol{A}|&=(\lambda-\lambda_1)(\lambda-\lambda_2)\cdots(\lambda-\lambda_n)\\&=\lambda^n-(\lambda_1+\lambda_2+\cdots+\lambda_n)\lambda^{n-1}+\cdots+(-1)^n\lambda_1\lambda_2\cdots\lambda_n.\end{aligned}$$

考虑特征方程 $f(\lambda)=|\lambda\boldsymbol{E}-\boldsymbol{A}|=0$，根据行列式的定义可得

$$\begin{aligned}|\lambda\boldsymbol{E}-\boldsymbol{A}|&=\begin{vmatrix}\lambda-a_{11}&-a_{12}&\cdots&-a_{1n}\\-a_{21}&\lambda-a_{22}&\cdots&-a_{2n}\\\vdots&\vdots&&\vdots\\-a_{n1}&-a_{n2}&\cdots&\lambda-a_{nn}\end{vmatrix}\\&=(\lambda-a_{11})(\lambda-a_{22})\cdots(\lambda-a_{nn})+\cdots+(-1)^n|\boldsymbol{A}|\\&=\lambda^n-(a_{11}+a_{22}+\cdots+a_{nn})\lambda^{n-1}+\cdots+(-1)^n|\boldsymbol{A}|.\end{aligned}$$

通过比较 λ^{n-1} 及常数项可得

$$\mathrm{tr}(\boldsymbol{A})=a_{11}+a_{22}+\cdots+a_{nn}=\lambda_1+\lambda_2+\cdots+\lambda_n,\quad |\boldsymbol{A}|=\lambda_1\lambda_2\cdots\lambda_n.$$

注 需要强调的是，$f(\lambda)=|\lambda\boldsymbol{E}-\boldsymbol{A}|$ 恰有 n 个复根(重根按重数来计算).因此，$\boldsymbol{A}$ 的特征值恰有 n 个(不一定都是实数).上面性质的使用前提是：给出 $\boldsymbol{A}$ 的 n 个特征值.

根据性质 2，我们可以通过特征值来判断一方阵是否可逆.

推论 5.3.1 n 阶方阵 $\boldsymbol{A}$ 可逆当且仅当 $\boldsymbol{A}$ 的每一个特征值都不为零.

例 5.3.4　设 $\boldsymbol{A}$ 为三阶方阵，其特征值为 $-1,1,2$，求 $|2\boldsymbol{A}+3\boldsymbol{E}|$.

解　设 $f(x)=2x+3$，则 $2\boldsymbol{A}+3\boldsymbol{E}=f(\boldsymbol{A})$. 根据性质 1 可得，$f(-1)=1$，$f(1)=5$，$f(2)=7$ 为 $2\boldsymbol{A}+3\boldsymbol{E}$ 的 3 个特征值. 而 $2\boldsymbol{A}+3\boldsymbol{E}$ 为三阶方阵，它有 3 个特征值. 因此，$2\boldsymbol{A}+3\boldsymbol{E}$ 的全部特征值为 $1,5,7$. 根据性质 2 可得，$|2\boldsymbol{A}+3\boldsymbol{E}|=1\times5\times7=35$.

性质 3　n 阶方阵 $\boldsymbol{A}$ 与它的转置矩阵 $\boldsymbol{A}^{\mathrm{T}}$ 有相同的特征值.

证　根据

$$|\lambda\boldsymbol{E}-\boldsymbol{A}^{\mathrm{T}}|=|(\lambda\boldsymbol{E}-\boldsymbol{A})^{\mathrm{T}}|=|\lambda\boldsymbol{E}-\boldsymbol{A}|$$

可得，方阵 $\boldsymbol{A}$ 与 $\boldsymbol{A}^{\mathrm{T}}$ 有相同的特征多项式，从而它们有相同的特征值.

推论 5.3.2　相似矩阵有相同的特征多项式和相同的特征值.

证　设方阵 $\boldsymbol{A}$ 与 $\boldsymbol{B}$ 相似，即存在可逆矩阵 $\boldsymbol{P}$，使得 $\boldsymbol{B}=\boldsymbol{P}^{-1}\boldsymbol{A}\boldsymbol{P}$，则

$$\begin{aligned}|\lambda\boldsymbol{E}-\boldsymbol{B}|&=|\lambda\boldsymbol{E}-\boldsymbol{P}^{-1}\boldsymbol{A}\boldsymbol{P}|=|\boldsymbol{P}^{-1}(\lambda\boldsymbol{E})\boldsymbol{P}-\boldsymbol{P}^{-1}\boldsymbol{A}\boldsymbol{P}|\\&=|\boldsymbol{P}^{-1}(\lambda\boldsymbol{E}-\boldsymbol{A})\boldsymbol{P}|=|\boldsymbol{P}^{-1}||\lambda\boldsymbol{E}-\boldsymbol{A}||\boldsymbol{P}|\\&=|\lambda\boldsymbol{E}-\boldsymbol{A}|.\end{aligned}$$

因此，$\boldsymbol{A}$ 与 $\boldsymbol{B}$ 有相同的特征多项式，从而有相同的特征值.

注　特征多项式相同的方阵未必相似. 例如，对于方阵 $\boldsymbol{A}=\begin{pmatrix}1&0\\1&1\end{pmatrix}$，$\boldsymbol{E}=\begin{pmatrix}1&0\\0&1\end{pmatrix}$，$\boldsymbol{A}$ 和 $\boldsymbol{E}$ 的特征多项式都是 $(\lambda-1)^2$. 但对于任意可逆矩阵 $\boldsymbol{P}$，都有 $\boldsymbol{P}^{-1}\boldsymbol{E}\boldsymbol{P}=\boldsymbol{E}$，即与 $\boldsymbol{E}$ 相似的矩阵只能是 $\boldsymbol{E}$ 本身. 因此，$\boldsymbol{A}$ 和 $\boldsymbol{E}$ 不相似.

5.4　方阵可相似对角化的条件

本节将介绍方阵可相似对角化的条件.

利用方阵的特征值与特征向量的定义，可以把定理 5.2.3 重述如下.

定理 5.4.1　n 阶方阵 $\boldsymbol{A}$ 可相似于对角矩阵 $\boldsymbol{\Lambda}=\begin{pmatrix}\lambda_1&&&\\&\lambda_2&&\\&&\ddots&\\&&&\lambda_n\end{pmatrix}$，当且仅当 $\boldsymbol{A}$ 有 n 个线性无关的且分别属于特征值 $\lambda_1,\lambda_2,\cdots,\lambda_n$ 的特征向量 $\xi_1,\xi_2,\cdots,\xi_n$. 此时，令矩阵 $\boldsymbol{P}=(\xi_1,\xi_2,\cdots,\xi_n)$，则有 $\boldsymbol{P}^{-1}\boldsymbol{A}\boldsymbol{P}=\boldsymbol{\Lambda}$.

因此，如何判别 n 阶方阵 $\boldsymbol{A}$ 是否可相似对角化的问题就转化为如何判别 $\boldsymbol{A}$ 是否有 n 个线性无关的特征向量的问题.

定理 5.4.2　设 $\lambda_1,\lambda_2,\cdots,\lambda_k$ 是 n 阶方阵 $\boldsymbol{A}$ 的 k 个互不相等的特征值，且 $\xi_1,\xi_2,\cdots,\xi_k$ 分别是 $\boldsymbol{A}$ 的属于特征值 $\lambda_1,\lambda_2,\cdots,\lambda_k$ 的特征向量，则 $\xi_1,\xi_2,\cdots,\xi_k$ 线性无关.

证 假设

$$l_1\boldsymbol{\xi}_1+l_2\boldsymbol{\xi}_2+\cdots+l_k\boldsymbol{\xi}_k=\mathbf{0}. \tag{5.8}$$

根据条件可得，$\boldsymbol{A}\boldsymbol{\xi}_i=\lambda_i\boldsymbol{\xi}_i(i=1,2,\cdots,k)$.因此，在式(5.8)的两边左乘$\boldsymbol{A}$，可得

$$l_1\lambda_1\boldsymbol{\xi}_1+l_2\lambda_2\boldsymbol{\xi}_2+\cdots+l_k\lambda_k\boldsymbol{\xi}_k=\mathbf{0}. \tag{5.9}$$

类似地，根据上一节的性质1，分别对式(5.8)两边左乘$\boldsymbol{E},\boldsymbol{A},\boldsymbol{A}^2,\cdots,\boldsymbol{A}^{k-1}$，可得如下方程组：

$$\begin{cases} l_1\boldsymbol{\xi}_1+l_2\boldsymbol{\xi}_2+\cdots+l_k\boldsymbol{\xi}_k=\mathbf{0}, \\ l_1\lambda_1\boldsymbol{\xi}_1+l_2\lambda_2\boldsymbol{\xi}_2+\cdots+l_k\lambda_k\boldsymbol{\xi}_k=\mathbf{0}, \\ l_1\lambda_1^2\boldsymbol{\xi}_1+l_2\lambda_2^2\boldsymbol{\xi}_2+\cdots+l_k\lambda_k^2\boldsymbol{\xi}_k=\mathbf{0}, \\ \cdots\cdots \\ l_1\lambda_1^{k-1}\boldsymbol{\xi}_1+l_2\lambda_2^{k-1}\boldsymbol{\xi}_2+\cdots+l_k\lambda_k^{k-1}\boldsymbol{\xi}_k=\mathbf{0}. \end{cases} \tag{5.10}$$

根据矩阵的乘法，方程组(5.10)可写为

$$(l_1\boldsymbol{\xi}_1,l_2\boldsymbol{\xi}_2,\cdots,l_k\boldsymbol{\xi}_k)\begin{pmatrix} 1 & \lambda_1 & \lambda_1^2 & \cdots & \lambda_1^{k-1} \\ 1 & \lambda_2 & \lambda_2^2 & \cdots & \lambda_2^{k-1} \\ \vdots & \vdots & \vdots & & \vdots \\ 1 & \lambda_k & \lambda_k^2 & \cdots & \lambda_k^{k-1} \end{pmatrix}=\mathbf{0}. \tag{5.11}$$

设$\boldsymbol{B}=\begin{pmatrix} 1 & \lambda_1 & \lambda_1^2 & \cdots & \lambda_1^{k-1} \\ 1 & \lambda_2 & \lambda_2^2 & \cdots & \lambda_2^{k-1} \\ \vdots & \vdots & \vdots & & \vdots \\ 1 & \lambda_k & \lambda_k^2 & \cdots & \lambda_k^{k-1} \end{pmatrix}$.由于$|\boldsymbol{B}|$为范德蒙德行列式，且$\lambda_1,\lambda_2,\cdots,\lambda_k$互不相等，因此根据范德蒙德行列式的结论可得$|\boldsymbol{B}|\neq 0$，从而$\boldsymbol{B}$可逆.对式(5.11)两边右乘$\boldsymbol{B}^{-1}$，可得

$$(l_1\boldsymbol{\xi}_1,l_2\boldsymbol{\xi}_2,\cdots,l_k\boldsymbol{\xi}_k)=\mathbf{0}. \tag{5.12}$$

因此，$l_i\boldsymbol{\xi}_i=\mathbf{0}(i=1,2,\cdots,k)$.由于$\boldsymbol{\xi}_i$是$\boldsymbol{A}$的特征向量，$\boldsymbol{\xi}_i\neq\mathbf{0}$，因此$l_i=0$，从而$\boldsymbol{\xi}_1,\boldsymbol{\xi}_2,\cdots,\boldsymbol{\xi}_k$线性无关.

由定理5.4.2可得下面的推论.

推论 5.4.1 若n阶方阵$\boldsymbol{A}$有n个互不相等的特征值，则$\boldsymbol{A}$可相似对角化.

一个特征值可能有多个线性无关的特征向量，因此我们不加证明地将上述结论推广为如下定理.

定理 5.4.3 **设$\lambda_1,\lambda_2,\cdots,\lambda_k$是$n$阶方阵$\boldsymbol{A}$的$k$个互不相等的特征值，且$\boldsymbol{\xi}_{i1},\boldsymbol{\xi}_{i2},\cdots,\boldsymbol{\xi}_{ir_i}(i=1,2,\cdots,k)$为$\boldsymbol{A}$的属于特征值$\lambda_i$的特征向量，则向量组$\boldsymbol{\xi}_{11},\boldsymbol{\xi}_{12},\cdots,\boldsymbol{\xi}_{1r_1},\boldsymbol{\xi}_{21},\boldsymbol{\xi}_{22},\cdots,\boldsymbol{\xi}_{2r_2},\cdots,\boldsymbol{\xi}_{k1},\boldsymbol{\xi}_{k2},\cdots,\boldsymbol{\xi}_{kr_k}$线性无关.**

根据定理5.4.1和定理5.4.3，对于判断n阶方阵$\boldsymbol{A}$是否可相似对角化，我们有如下步骤：

(1) 求出方阵$\boldsymbol{A}$的所有互不相等的特征值$\lambda_1,\lambda_2,\cdots,\lambda_m$.

(2) 对每个特征值$\lambda_i(i=1,2,\cdots,m)$，求出齐次线性方程组$(\lambda_i\boldsymbol{E}-\boldsymbol{A})\boldsymbol{x}=\mathbf{0}$的基础解系$\boldsymbol{\xi}_{i1},\boldsymbol{\xi}_{i2},\cdots,\boldsymbol{\xi}_{ir_i}$.这里的$\boldsymbol{\xi}_{i1},\boldsymbol{\xi}_{i2},\cdots,\boldsymbol{\xi}_{ir_i}$为$\boldsymbol{A}$的属于特征值$\lambda_i(i=1,2,\cdots,m)$的线性无关的特征向量.

(3) 若$r_1+r_2+\cdots+r_m<n$，则$\boldsymbol{A}$不可相似对角化；若$r_1+r_2+\cdots+r_m=n$，则$\boldsymbol{A}$可相

似对角化,且令矩阵 $\boldsymbol{P}=(\boldsymbol{\xi}_{11},\boldsymbol{\xi}_{12},\cdots,\boldsymbol{\xi}_{1r_1},\boldsymbol{\xi}_{21},\boldsymbol{\xi}_{22},\cdots,\boldsymbol{\xi}_{2r_2},\cdots,\boldsymbol{\xi}_{m1},\boldsymbol{\xi}_{m2},\cdots,\boldsymbol{\xi}_{mr_m})$,有

$$\boldsymbol{P}^{-1}\boldsymbol{A}\boldsymbol{P}=\boldsymbol{\Lambda}=\begin{pmatrix}\lambda_1&&&&&&&&\\&\ddots&&&&&&&\\&&\lambda_1&&&&&&\\&&&\lambda_2&&&&&\\&&&&\ddots&&&&\\&&&&&\lambda_2&&&\\&&&&&&\ddots&&\\&&&&&&&\lambda_m&\\&&&&&&&&\ddots&\\&&&&&&&&&\lambda_m\end{pmatrix},$$

其中 $r_i(i=1,2,\cdots,m)$ 为 λ_i 在 $\boldsymbol{\Lambda}$ 的主对角线上出现的次数.

注　设 n 阶方阵 $\boldsymbol{A}$ 可相似对角化,即存在可逆矩阵 $\boldsymbol{P}$,使得 $\boldsymbol{P}^{-1}\boldsymbol{A}\boldsymbol{P}$ 为一对角矩阵.由前面的讨论可知,$\boldsymbol{P}$ 的列向量为 $\boldsymbol{A}$ 的某些特征值的特征向量,由于特征向量的选取不唯一,因此 $\boldsymbol{P}$ 也是不唯一的.

例 5.4.1　判断方阵

$$\boldsymbol{A}=\begin{pmatrix}2&2&-2\\2&5&-4\\-2&-4&5\end{pmatrix}$$

是否可相似对角化,若 $\boldsymbol{A}$ 可相似对角化,求出可逆矩阵 $\boldsymbol{P}$,使得 $\boldsymbol{P}^{-1}\boldsymbol{A}\boldsymbol{P}$ 为对角矩阵;若 $\boldsymbol{A}$ 不可相似对角化,说明理由.

解　在例 5.3.2 中,已求得方阵 $\boldsymbol{A}=\begin{pmatrix}2&2&-2\\2&5&-4\\-2&-4&5\end{pmatrix}$ 的特征值为 1(2 重) 和 10.$\boldsymbol{\eta}_1=\begin{pmatrix}2\\0\\1\end{pmatrix}$ 和 $\boldsymbol{\eta}_2=\begin{pmatrix}-2\\1\\0\end{pmatrix}$ 为 $\boldsymbol{A}$ 的属于特征值 1 的两个线性无关的特征向量,$\boldsymbol{\eta}_3=\begin{pmatrix}-1\\-2\\2\end{pmatrix}$ 为 $\boldsymbol{A}$ 的属于特征值 10 的特征向量.因此,$\boldsymbol{A}$ 有 3 个线性无关的特征向量,$\boldsymbol{A}$ 可相似对角化.令

$$\boldsymbol{P}=(\boldsymbol{\eta}_1,\boldsymbol{\eta}_2,\boldsymbol{\eta}_3)=\begin{pmatrix}2&-2&-1\\0&1&-2\\1&0&2\end{pmatrix},$$

则有

$$\boldsymbol{P}^{-1}\boldsymbol{A}\boldsymbol{P}=\begin{pmatrix}1&0&0\\0&1&0\\0&0&10\end{pmatrix}.$$

例 5.4.2 判断方阵

$$A=\begin{pmatrix}3&1&0\\-4&-1&0\\4&-8&-2\end{pmatrix}$$

是否可相似对角化，若 A 可相似对角化，求出可逆矩阵 P，使得 $P^{-1}AP$ 为对角矩阵；若 A 不可相似对角化，说明理由.

解 在例 5.3.3 中，已求得方阵 $A=\begin{pmatrix}3&1&0\\-4&-1&0\\4&-8&-2\end{pmatrix}$ 的特征值为 -2 和 1(2 重). $\boldsymbol{\eta}_1=\begin{pmatrix}0\\0\\1\end{pmatrix}$ 为 A 的属于特征值 -2 的特征向量，而 A 的属于特征值 1 的线性无关的特征向量只有 1 个.因此，A 只有 2 个线性无关的特征向量，A 不可相似对角化.

最后，回到本章一开始的引例.

例 5.4.3 设方阵 $A=\begin{pmatrix}-3&-2\\1&0\end{pmatrix}$，求 A^n.

解 根据例 5.3.1，方阵 A 的特征值为 -1 和 -2. $\boldsymbol{\eta}_1=\begin{pmatrix}1\\-1\end{pmatrix}$ 为 A 的属于特征值 -1 的特征向量，$\boldsymbol{\eta}_2=\begin{pmatrix}-2\\1\end{pmatrix}$ 为 A 的属于特征值 -2 的特征向量.令

$$P=(\boldsymbol{\eta}_1,\boldsymbol{\eta}_2)=\begin{pmatrix}1&-2\\-1&1\end{pmatrix},$$

则有

$$P^{-1}AP=\Lambda=\begin{pmatrix}-1&0\\0&-2\end{pmatrix}.$$

因此 $A=P\Lambda P^{-1}$，从而有

$$\begin{aligned}A^n=P\Lambda^nP^{-1}&=\begin{pmatrix}1&-2\\-1&1\end{pmatrix}\begin{pmatrix}(-1)^n&0\\0&(-2)^n\end{pmatrix}\begin{pmatrix}-1&-2\\-1&-1\end{pmatrix}\\&=\begin{pmatrix}(-1)^{n+1}-(-2)^{n+1}&2\times(-1)^{n+1}-(-2)^{n+1}\\(-1)^n-(-2)^n&2\times(-1)^n-(-2)^n\end{pmatrix}.\end{aligned}$$

取 $a_1=1, a_2=2$，根据例 5.4.3，有

$$\begin{pmatrix} a_n \\ a_{n-1} \end{pmatrix} = A^{n-2} \begin{pmatrix} a_2 \\ a_1 \end{pmatrix}$$

$$= \begin{pmatrix} (-1)^{n-1} - (-2)^{n-1} & 2\times(-1)^{n-1} - (-2)^{n-1} \\ (-1)^{n-2} - (-2)^{n-2} & 2\times(-1)^{n-2} - (-2)^{n-2} \end{pmatrix} \begin{pmatrix} 2 \\ 1 \end{pmatrix}$$

$$= \begin{pmatrix} 4\times(-1)^{n-1} - 3\times(-2)^{n-1} \\ 4\times(-1)^{n-2} - 3\times(-2)^{n-2} \end{pmatrix}.$$

因此，$a_n = 4\times(-1)^{n-1} - 3\times(-2)^{n-1}$，这和 5.1 节中得到的结果是一样的.

5.5　实对称矩阵的正交相似对角化

由前面的内容可知，并不是每一个方阵都可相似对角化.在本节中，我们将引入实向量的内积、长度、夹角等概念来说明实对称矩阵必可相似对角化.

5.5.1　向量的内积

回顾解析几何中二维向量的内积：若向量 $\boldsymbol{\alpha} = \begin{pmatrix} x_1 \\ x_2 \end{pmatrix}$，$\boldsymbol{\beta} = \begin{pmatrix} y_1 \\ y_2 \end{pmatrix}$，则 $(\boldsymbol{\alpha}, \boldsymbol{\beta}) = x_1 y_1 + x_2 y_2$.类似地，我们可以定义 n 维向量的内积.

定义 5.5.1　设 $\boldsymbol{\alpha} = \begin{pmatrix} x_1 \\ x_2 \\ \vdots \\ x_n \end{pmatrix}$，$\boldsymbol{\beta} = \begin{pmatrix} y_1 \\ y_2 \\ \vdots \\ y_n \end{pmatrix}$ 为 n 维向量，称

$$(\boldsymbol{\alpha}, \boldsymbol{\beta}) = x_1 y_1 + x_2 y_2 + \cdots + x_n y_n$$

为 $\boldsymbol{\alpha}$ 与 $\boldsymbol{\beta}$ 的**内积**.

注　(1) 根据矩阵的乘法，可观察到 $(\boldsymbol{\alpha}, \boldsymbol{\beta}) = \boldsymbol{\alpha}^{\mathrm{T}} \boldsymbol{\beta}$.

(2) 根据内积的定义，易得内积的如下性质(其中 $\boldsymbol{\alpha}, \boldsymbol{\beta}, \boldsymbol{\gamma}$ 为 n 维向量，λ 为实数)：

① $(\boldsymbol{\alpha}, \boldsymbol{\beta}) = (\boldsymbol{\beta}, \boldsymbol{\alpha})$；

② $(\lambda\boldsymbol{\alpha}, \boldsymbol{\beta}) = \lambda(\boldsymbol{\alpha}, \boldsymbol{\beta})$；

③ $(\boldsymbol{\alpha} + \boldsymbol{\beta}, \boldsymbol{\gamma}) = (\boldsymbol{\alpha}, \boldsymbol{\gamma}) + (\boldsymbol{\beta}, \boldsymbol{\gamma})$；

④ $(\boldsymbol{\alpha}, \boldsymbol{\alpha}) \geqslant 0$，且 $(\boldsymbol{\alpha}, \boldsymbol{\alpha}) = 0$ 当且仅当 $\boldsymbol{\alpha} = \boldsymbol{0}$ 时成立.

类似于解析几何中向量的长度，我们给出 n 维向量的长度的定义.

定义 5.5.2　非负实数 $\sqrt{(\boldsymbol{\alpha}, \boldsymbol{\alpha})}$ 称为 n 维向量 $\boldsymbol{\alpha}$ 的**长度**，记作 $|\boldsymbol{\alpha}|$.

长度为 1 的向量称为**单位向量**.

定理 5.5.1　(柯西(Cauchy) 不等式) 对任意的 n 维向量 $\boldsymbol{\alpha}, \boldsymbol{\beta}$，

$$|(\boldsymbol{\alpha}, \boldsymbol{\beta})| \leqslant |\boldsymbol{\alpha}| \cdot |\boldsymbol{\beta}|,$$

并且等号成立当且仅当 $\boldsymbol{\alpha},\boldsymbol{\beta}$ 线性相关.

证 当 $\boldsymbol{\beta}=\mathbf{0}$ 时,该定理显然成立.

当 $\boldsymbol{\beta}\neq\mathbf{0}$ 时,构造 n 维向量 $\boldsymbol{\gamma}=\boldsymbol{\alpha}+t\boldsymbol{\beta}$,其中 t 为任意实数.根据内积的性质,无论 t 为何值,都有

$$(\boldsymbol{\gamma},\boldsymbol{\gamma})=(\boldsymbol{\alpha},\boldsymbol{\alpha})+2(\boldsymbol{\alpha},\boldsymbol{\beta})t+(\boldsymbol{\beta},\boldsymbol{\beta})t^2\geqslant 0. \tag{5.13}$$

因为 $\boldsymbol{\beta}\neq\mathbf{0}$,所以 $(\boldsymbol{\beta},\boldsymbol{\beta})>0$,从而可将 $(\boldsymbol{\alpha},\boldsymbol{\alpha})+2(\boldsymbol{\alpha},\boldsymbol{\beta})t+(\boldsymbol{\beta},\boldsymbol{\beta})t^2$ 看成关于 t 的一元二次多项式.根据式(5.13),$\Delta=4(\boldsymbol{\alpha},\boldsymbol{\beta})^2-4(\boldsymbol{\alpha},\boldsymbol{\alpha})(\boldsymbol{\beta},\boldsymbol{\beta})\leqslant 0$.因此,我们就得到了柯西不等式.当 $\boldsymbol{\beta}\neq\mathbf{0}$ 时,柯西不等式的等号成立当且仅当 $\Delta=0$,即存在 t_0,使得 $\boldsymbol{\gamma}=\mathbf{0}$,$\boldsymbol{\alpha}=-t_0\boldsymbol{\beta}$.

由向量的长度的定义以及柯西不等式,可得向量的长度有如下性质(其中 $\boldsymbol{\alpha},\boldsymbol{\beta}$ 为 n 维向量,λ 为实数):

(1) 齐次性:$|\lambda\boldsymbol{\alpha}|=|\lambda||\boldsymbol{\alpha}|$;

(2) 三角不等式:$|\boldsymbol{\alpha}+\boldsymbol{\beta}|\leqslant|\boldsymbol{\alpha}|+|\boldsymbol{\beta}|$.

根据向量的长度的齐次性,若 $\boldsymbol{\alpha}$ 是非零向量,则 $\dfrac{1}{|\boldsymbol{\alpha}|}\boldsymbol{\alpha}$ 为单位向量,求这个单位向量的过程称为将向量 $\boldsymbol{\alpha}$ **单位化**.

此外,根据柯西不等式,当向量 $\boldsymbol{\alpha}\neq\mathbf{0},\boldsymbol{\beta}\neq\mathbf{0}$ 时,$\left|\dfrac{(\boldsymbol{\alpha},\boldsymbol{\beta})}{|\boldsymbol{\alpha}|\cdot|\boldsymbol{\beta}|}\right|\leqslant 1$.因此,引入如下定义.

定义 5.5.3 当向量 $\boldsymbol{\alpha}\neq\mathbf{0},\boldsymbol{\beta}\neq\mathbf{0}$ 时,称 $\arccos\dfrac{(\boldsymbol{\alpha},\boldsymbol{\beta})}{|\boldsymbol{\alpha}|\cdot|\boldsymbol{\beta}|}$ 为 $\boldsymbol{\alpha}$ 与 $\boldsymbol{\beta}$ 的**夹角**.

特别地,若 $(\boldsymbol{\alpha},\boldsymbol{\beta})=0$,则称向量 $\boldsymbol{\alpha}$ 与 $\boldsymbol{\beta}$ **正交**,记作 $\boldsymbol{\alpha}\perp\boldsymbol{\beta}$.

注 显然,当向量 $\boldsymbol{\alpha}\neq\mathbf{0},\boldsymbol{\beta}\neq\mathbf{0}$ 时,$\boldsymbol{\alpha}$ 与 $\boldsymbol{\beta}$ 正交当且仅当 $\boldsymbol{\alpha}$ 与 $\boldsymbol{\beta}$ 的夹角为 $\dfrac{\pi}{2}$.特别地,零向量与任意向量都正交.

5.5.2 正交向量组与施密特正交化

定义 5.5.4 若 $\mathbf{R}^n$ 中一组非零向量两两正交,则称该向量组为**正交向量组**.若正交向量组中的向量都是单位向量,则称该向量组为**标准正交向量组**.

定理 5.5.2 **正交向量组必线性无关.**

证 设 $\boldsymbol{\alpha}_1,\boldsymbol{\alpha}_2,\cdots,\boldsymbol{\alpha}_m$ 为正交向量组,且

$$k_1\boldsymbol{\alpha}_1+k_2\boldsymbol{\alpha}_2+\cdots+k_m\boldsymbol{\alpha}_m=\mathbf{0}\quad(k_i\in\mathbf{R},i=1,2,\cdots,m).$$

任取 $\boldsymbol{\alpha}_i(1\leqslant i\leqslant m)$,与等式左右两边做内积,由于 $\boldsymbol{\alpha}_1,\boldsymbol{\alpha}_2,\cdots,\boldsymbol{\alpha}_m$ 为正交向量组,因此对不同的 i,j,有 $(\boldsymbol{\alpha}_i,\boldsymbol{\alpha}_j)=0$,则对任意的 i,$k_i(\boldsymbol{\alpha}_i,\boldsymbol{\alpha}_i)=0$.因为 $\boldsymbol{\alpha}_i\neq\mathbf{0}$,所以 $(\boldsymbol{\alpha}_i,\boldsymbol{\alpha}_i)\neq 0$,从而 $k_i=0(i=1,2,\cdots,m)$.因此,$\boldsymbol{\alpha}_1,\boldsymbol{\alpha}_2,\cdots,\boldsymbol{\alpha}_m$ 线性无关.

显然,线性无关的向量组并不一定是正交向量组.

定义 5.5.5 $\mathbf{R}^n$ 中由正交向量组构成的基称为 $\mathbf{R}^n$ 的**正交基**.由单位向量构成的正交基称为 $\mathbf{R}^n$ 的**标准正交基**.

显然,n 维向量组 $\boldsymbol{e}_1=\begin{pmatrix}1\\0\\\vdots\\0\end{pmatrix},\boldsymbol{e}_2=\begin{pmatrix}0\\1\\\vdots\\0\end{pmatrix},\cdots,\boldsymbol{e}_n=\begin{pmatrix}0\\0\\\vdots\\1\end{pmatrix}$ 构成 $\mathbf{R}^n$ 的标准正交基.对一个正交基

进行单位化处理就可得到标准正交基.

此外,根据定义可知,$\boldsymbol{\varepsilon}_1,\boldsymbol{\varepsilon}_2,\cdots,\boldsymbol{\varepsilon}_n$ 为 $\mathbf{R}^n$ 的标准正交基当且仅当$(\boldsymbol{\varepsilon}_i,\boldsymbol{\varepsilon}_j)=\begin{cases}1, & i=j,\\ 0, & i\neq j.\end{cases}$

根据 $\mathbf{R}^n$ 的标准正交基的定义可得如下性质(设 $\boldsymbol{\varepsilon}_1,\boldsymbol{\varepsilon}_2,\cdots,\boldsymbol{\varepsilon}_n$ 为 $\mathbf{R}^n$ 的标准正交基):

(1) 设 $\boldsymbol{\alpha}$ 为 $\mathbf{R}^n$ 中的任一向量,则 $\boldsymbol{\alpha}$ 必可由 $\boldsymbol{\varepsilon}_1,\boldsymbol{\varepsilon}_2,\cdots,\boldsymbol{\varepsilon}_n$ 线性表示.因此,可设

$$\boldsymbol{\alpha}=k_1\boldsymbol{\varepsilon}_1+k_2\boldsymbol{\varepsilon}_2+\cdots+k_n\boldsymbol{\varepsilon}_n,$$

用 $\boldsymbol{\varepsilon}_i(i=1,2,\cdots,n)$ 与等式两边做内积,即得 $k_i=(\boldsymbol{\alpha},\boldsymbol{\varepsilon}_i)$,从而有

$$\boldsymbol{\alpha}=(\boldsymbol{\alpha},\boldsymbol{\varepsilon}_1)\boldsymbol{\varepsilon}_1+(\boldsymbol{\alpha},\boldsymbol{\varepsilon}_2)\boldsymbol{\varepsilon}_2+\cdots+(\boldsymbol{\alpha},\boldsymbol{\varepsilon}_n)\boldsymbol{\varepsilon}_n. \tag{5.14}$$

(2) 设向量 $\boldsymbol{\alpha}=k_1\boldsymbol{\varepsilon}_1+k_2\boldsymbol{\varepsilon}_2+\cdots+k_n\boldsymbol{\varepsilon}_n$,$\boldsymbol{\beta}=l_1\boldsymbol{\varepsilon}_1+l_2\boldsymbol{\varepsilon}_2+\cdots+l_n\boldsymbol{\varepsilon}_n$,则

$$(\boldsymbol{\alpha},\boldsymbol{\beta})=k_1l_1+k_2l_2+\cdots+k_nl_n.$$

因此,从上面的性质来看,$\mathbf{R}^n$ 的标准正交基在 $\mathbf{R}^n$ 中起的作用类似于直角坐标系在解析几何中的作用.由此自然产生一个问题:给定 $\mathbf{R}^n$ 的一个基 $\boldsymbol{\alpha}_1,\boldsymbol{\alpha}_2,\cdots,\boldsymbol{\alpha}_n$,如何构造 $\mathbf{R}^n$ 的标准正交基?

下面介绍构造标准正交基的方法.

(1) 施密特(Schmidt) 正交化:设 $\boldsymbol{\alpha}_1,\boldsymbol{\alpha}_2,\cdots,\boldsymbol{\alpha}_n$ 线性无关,取

$$\boldsymbol{\beta}_1=\boldsymbol{\alpha}_1,$$

$$\boldsymbol{\beta}_2=\boldsymbol{\alpha}_2-\frac{(\boldsymbol{\alpha}_2,\boldsymbol{\beta}_1)}{(\boldsymbol{\beta}_1,\boldsymbol{\beta}_1)}\boldsymbol{\beta}_1,$$

$$\boldsymbol{\beta}_3=\boldsymbol{\alpha}_3-\frac{(\boldsymbol{\alpha}_3,\boldsymbol{\beta}_2)}{(\boldsymbol{\beta}_2,\boldsymbol{\beta}_2)}\boldsymbol{\beta}_2-\frac{(\boldsymbol{\alpha}_3,\boldsymbol{\beta}_1)}{(\boldsymbol{\beta}_1,\boldsymbol{\beta}_1)}\boldsymbol{\beta}_1,$$

……

$$\boldsymbol{\beta}_n=\boldsymbol{\alpha}_n-\frac{(\boldsymbol{\alpha}_n,\boldsymbol{\beta}_{n-1})}{(\boldsymbol{\beta}_{n-1},\boldsymbol{\beta}_{n-1})}\boldsymbol{\beta}_{n-1}-\frac{(\boldsymbol{\alpha}_n,\boldsymbol{\beta}_{n-2})}{(\boldsymbol{\beta}_{n-2},\boldsymbol{\beta}_{n-2})}\boldsymbol{\beta}_{n-2}-\cdots-\frac{(\boldsymbol{\alpha}_n,\boldsymbol{\beta}_1)}{(\boldsymbol{\beta}_1,\boldsymbol{\beta}_1)}\boldsymbol{\beta}_1.$$

容易验证,$\boldsymbol{\beta}_1,\boldsymbol{\beta}_2,\cdots,\boldsymbol{\beta}_n$ 两两正交,且 $\boldsymbol{\beta}_1,\boldsymbol{\beta}_2,\cdots,\boldsymbol{\beta}_n$ 与 $\boldsymbol{\alpha}_1,\boldsymbol{\alpha}_2,\cdots,\boldsymbol{\alpha}_n$ 等价.

(2) 单位化:取

$$\boldsymbol{\varepsilon}_1=\frac{\boldsymbol{\beta}_1}{|\boldsymbol{\beta}_1|},\quad \boldsymbol{\varepsilon}_2=\frac{\boldsymbol{\beta}_2}{|\boldsymbol{\beta}_2|},\quad \cdots,\quad \boldsymbol{\varepsilon}_n=\frac{\boldsymbol{\beta}_n}{|\boldsymbol{\beta}_n|},$$

则 $\boldsymbol{\varepsilon}_1,\boldsymbol{\varepsilon}_2,\cdots,\boldsymbol{\varepsilon}_n$ 为 $\mathbf{R}^n$ 的一个标准正交基.

例 5.5.1　用施密特正交化方法求一个与下列向量组等价的标准正交向量组:

$$\boldsymbol{\alpha}_1=\begin{pmatrix}1\\0\\-1\\1\end{pmatrix},\quad \boldsymbol{\alpha}_2=\begin{pmatrix}-1\\1\\1\\0\end{pmatrix},\quad \boldsymbol{\alpha}_3=\begin{pmatrix}1\\-1\\0\\1\end{pmatrix}.$$

解　先正交化,取

$$\boldsymbol{\beta}_1=\boldsymbol{\alpha}_1=\begin{pmatrix}1\\0\\-1\\1\end{pmatrix},$$

$$\boldsymbol{\beta}_2=\boldsymbol{\alpha}_2-\frac{(\boldsymbol{\alpha}_2,\boldsymbol{\beta}_1)}{(\boldsymbol{\beta}_1,\boldsymbol{\beta}_1)}\boldsymbol{\beta}_1=\begin{pmatrix}-1\\1\\1\\0\end{pmatrix}-\frac{-2}{3}\begin{pmatrix}1\\0\\-1\\1\end{pmatrix}=\begin{pmatrix}-\frac{1}{3}\\1\\\frac{1}{3}\\\frac{2}{3}\end{pmatrix},$$

$$\boldsymbol{\beta}_3=\boldsymbol{\alpha}_3-\frac{(\boldsymbol{\alpha}_3,\boldsymbol{\beta}_2)}{(\boldsymbol{\beta}_2,\boldsymbol{\beta}_2)}\boldsymbol{\beta}_2-\frac{(\boldsymbol{\alpha}_3,\boldsymbol{\beta}_1)}{(\boldsymbol{\beta}_1,\boldsymbol{\beta}_1)}\boldsymbol{\beta}_1$$

$$=\begin{pmatrix}1\\-1\\0\\1\end{pmatrix}-\frac{-\frac{2}{3}}{\frac{5}{3}}\begin{pmatrix}-\frac{1}{3}\\1\\\frac{1}{3}\\\frac{2}{3}\end{pmatrix}-\frac{2}{3}\begin{pmatrix}1\\0\\-1\\1\end{pmatrix}=\begin{pmatrix}\frac{1}{5}\\-\frac{3}{5}\\\frac{4}{5}\\\frac{3}{5}\end{pmatrix}.$$

再单位化,可得标准正交向量组

$$\boldsymbol{\varepsilon}_1=\frac{\boldsymbol{\beta}_1}{|\boldsymbol{\beta}_1|}=\begin{pmatrix}\frac{\sqrt{3}}{3}\\0\\-\frac{\sqrt{3}}{3}\\\frac{\sqrt{3}}{3}\end{pmatrix},\quad \boldsymbol{\varepsilon}_2=\frac{\boldsymbol{\beta}_2}{|\boldsymbol{\beta}_2|}=\begin{pmatrix}-\frac{\sqrt{15}}{15}\\\frac{\sqrt{15}}{5}\\\frac{\sqrt{15}}{15}\\\frac{2\sqrt{15}}{15}\end{pmatrix},\quad \boldsymbol{\varepsilon}_3=\frac{\boldsymbol{\beta}_3}{|\boldsymbol{\beta}_3|}=\begin{pmatrix}\frac{\sqrt{35}}{35}\\-\frac{3\sqrt{35}}{35}\\\frac{4\sqrt{35}}{35}\\\frac{3\sqrt{35}}{35}\end{pmatrix}.$$

5.5.3 正交矩阵

定义 5.5.6 若 $\boldsymbol{A}$ 为 n 阶矩阵,且 $\boldsymbol{A}^{\mathrm{T}}\boldsymbol{A}=\boldsymbol{E}$,则称 $\boldsymbol{A}$ 为**正交矩阵**,简称**正交阵**.

注 根据可逆矩阵的性质可知,$\boldsymbol{A}^{\mathrm{T}}\boldsymbol{A}=\boldsymbol{E}$ 当且仅当 $\boldsymbol{A}\boldsymbol{A}^{\mathrm{T}}=\boldsymbol{E}$,即 $\boldsymbol{A}^{\mathrm{T}}=\boldsymbol{A}^{-1}$.

根据正交矩阵的定义,易得如下定理.

定理 5.5.3 设 $\boldsymbol{A},\boldsymbol{B}$ 为同阶正交矩阵,则

(1) $|\boldsymbol{A}|=1$ 或 $|\boldsymbol{A}|=-1$.

(2) $\boldsymbol{A}^{\mathrm{T}}=\boldsymbol{A}^{-1}$ 也为正交矩阵.

(3) $\boldsymbol{AB}$ 也为正交矩阵.

定理 5.5.4　n 阶方阵 $\boldsymbol{A}$ 为正交矩阵当且仅当 $\boldsymbol{A}$ 的行(列)向量组是 $\mathbf{R}^n$ 的标准正交基.

证　设方阵 $\boldsymbol{A}=(\boldsymbol{\alpha}_1,\boldsymbol{\alpha}_2,\cdots,\boldsymbol{\alpha}_n)$,则有

$$\boldsymbol{A}^{\mathrm{T}}\boldsymbol{A}=\begin{pmatrix}\boldsymbol{\alpha}_1^{\mathrm{T}}\\\boldsymbol{\alpha}_2^{\mathrm{T}}\\\vdots\\\boldsymbol{\alpha}_n^{\mathrm{T}}\end{pmatrix}(\boldsymbol{\alpha}_1,\boldsymbol{\alpha}_2,\cdots,\boldsymbol{\alpha}_n)=\begin{pmatrix}\boldsymbol{\alpha}_1^{\mathrm{T}}\boldsymbol{\alpha}_1 & \boldsymbol{\alpha}_1^{\mathrm{T}}\boldsymbol{\alpha}_2 & \cdots & \boldsymbol{\alpha}_1^{\mathrm{T}}\boldsymbol{\alpha}_n\\\boldsymbol{\alpha}_2^{\mathrm{T}}\boldsymbol{\alpha}_1 & \boldsymbol{\alpha}_2^{\mathrm{T}}\boldsymbol{\alpha}_2 & \cdots & \boldsymbol{\alpha}_2^{\mathrm{T}}\boldsymbol{\alpha}_n\\\vdots & \vdots & & \vdots\\\boldsymbol{\alpha}_n^{\mathrm{T}}\boldsymbol{\alpha}_1 & \boldsymbol{\alpha}_n^{\mathrm{T}}\boldsymbol{\alpha}_2 & \cdots & \boldsymbol{\alpha}_n^{\mathrm{T}}\boldsymbol{\alpha}_n\end{pmatrix}.$$

根据 $\boldsymbol{\alpha}_i^{\mathrm{T}}\boldsymbol{\alpha}_j=(\boldsymbol{\alpha}_i,\boldsymbol{\alpha}_j)$,再结合上述等式,可得 $\boldsymbol{A}^{\mathrm{T}}\boldsymbol{A}=\boldsymbol{E}$ 当且仅当

$$(\boldsymbol{\alpha}_i,\boldsymbol{\alpha}_j)=\begin{cases}1, & i=j,\\0, & i\neq j.\end{cases}$$

因此,$\boldsymbol{A}$ 为正交矩阵当且仅当 $\boldsymbol{A}$ 的列向量组是 $\mathbf{R}^n$ 的标准正交基.

类似地,因为 $\boldsymbol{A}^{\mathrm{T}}\boldsymbol{A}=\boldsymbol{E}$ 当且仅当 $\boldsymbol{A}\boldsymbol{A}^{\mathrm{T}}=\boldsymbol{E}$,根据上面所证结论,$\boldsymbol{A}$ 为正交矩阵当且仅当 $\boldsymbol{A}^{\mathrm{T}}$ 的列向量组是 $\mathbf{R}^n$ 的标准正交基.而 $\boldsymbol{A}^{\mathrm{T}}$ 的列向量组为 $\boldsymbol{A}$ 的行向量组,即 $\boldsymbol{A}$ 为正交矩阵当且仅当 $\boldsymbol{A}$ 的行向量组是 $\mathbf{R}^n$ 的标准正交基.

由上面的定理可知,要构造 n 阶正交矩阵,只需寻找 $\mathbf{R}^n$ 的标准正交基,而寻找标准正交基可以通过对 $\mathbf{R}^n$ 的某个基用施密特正交化和单位化来实现.

5.5.4　实对称矩阵的相似对角化

有了前面的准备,本小节来说明实对称矩阵必可相似对角化.

定理 5.5.5　**若 n 阶方阵 $\boldsymbol{A}$ 为一实对称矩阵,则 $\boldsymbol{A}$ 的特征值全为实数.**

证　假设 λ 为 $\boldsymbol{A}$ 的一复特征值,$\boldsymbol{\xi}(\boldsymbol{\xi}\neq\boldsymbol{0})$ 为对应的复特征向量,即

$$\boldsymbol{A\xi}=\lambda\boldsymbol{\xi},\quad \boldsymbol{\xi}=(k_1,k_2,\cdots,k_n)^{\mathrm{T}},\quad k_i\in\mathbf{C}.$$

对任一复矩阵 $\boldsymbol{B}=(b_{ij})$,定义 $\overline{\boldsymbol{B}}=(\overline{b_{ij}})$,其中 $\overline{b_{ij}}$ 为复数 b_{ij} 的共轭复数,即 $\overline{a+b\mathrm{i}}=a-b\mathrm{i}$,这里 $a,b\in\mathbf{R}$.根据矩阵共轭的定义,易得 $\overline{\boldsymbol{BC}}=\overline{\boldsymbol{B}}\,\overline{\boldsymbol{C}}$,其中 $\boldsymbol{C}$ 也为一复矩阵.由于 $\boldsymbol{A}$ 是一实矩阵,$\overline{\boldsymbol{A}}=\boldsymbol{A}$,因此

$$\boldsymbol{A}\overline{\boldsymbol{\xi}}=\overline{\boldsymbol{A}}\,\overline{\boldsymbol{\xi}}=\overline{\boldsymbol{A\xi}}=\overline{\lambda\boldsymbol{\xi}}=\overline{\lambda}\,\overline{\boldsymbol{\xi}},$$

从而有

$$\overline{\boldsymbol{\xi}}^{\mathrm{T}}\boldsymbol{A\xi}=\overline{\boldsymbol{\xi}}^{\mathrm{T}}(\boldsymbol{A\xi})=\overline{\boldsymbol{\xi}}^{\mathrm{T}}\lambda\boldsymbol{\xi}=\lambda\overline{\boldsymbol{\xi}}^{\mathrm{T}}\boldsymbol{\xi},$$
$$\overline{\boldsymbol{\xi}}^{\mathrm{T}}\boldsymbol{A\xi}=\overline{\boldsymbol{\xi}}^{\mathrm{T}}\boldsymbol{A}^{\mathrm{T}}\boldsymbol{\xi}=(\boldsymbol{A}\overline{\boldsymbol{\xi}})^{\mathrm{T}}\boldsymbol{\xi}=(\overline{\lambda}\,\overline{\boldsymbol{\xi}})^{\mathrm{T}}\boldsymbol{\xi}=\overline{\lambda}\,\overline{\boldsymbol{\xi}}^{\mathrm{T}}\boldsymbol{\xi}.$$

将上面两式相减可得 $(\lambda-\overline{\lambda})\overline{\boldsymbol{\xi}}^{\mathrm{T}}\boldsymbol{\xi}=\boldsymbol{0}$.由于 $\boldsymbol{\xi}\neq\boldsymbol{0}$,因此

$$\overline{\boldsymbol{\xi}}^{\mathrm{T}}\boldsymbol{\xi}=\overline{k_1}k_1+\overline{k_2}k_2+\cdots+\overline{k_n}k_n\neq 0,$$

从而有 $\lambda=\overline{\lambda}$,即 λ 为实数.

定理 5.5.6　**实对称矩阵的属于不同特征值的特征向量必正交.**

证　根据定理 5.5.5,可设 λ_1,λ_2 为实对称矩阵 $\boldsymbol{A}$ 的两个不同的实特征值,$\boldsymbol{\xi}_1,\boldsymbol{\xi}_2$ 分别为属于 λ_1,λ_2 的实特征向量,即 $\boldsymbol{A\xi}_1=\lambda_1\boldsymbol{\xi}_1,\boldsymbol{A\xi}_2=\lambda_2\boldsymbol{\xi}_2$.因为 $\boldsymbol{A}$ 对称,所以 $\boldsymbol{A}^{\mathrm{T}}=\boldsymbol{A}$,从而有

$$\begin{aligned}\lambda_1(\boldsymbol{\xi}_1,\boldsymbol{\xi}_2)&=(\lambda_1\boldsymbol{\xi}_1,\boldsymbol{\xi}_2)=(\boldsymbol{A}\boldsymbol{\xi}_1,\boldsymbol{\xi}_2)=(\boldsymbol{A}\boldsymbol{\xi}_1)^{\mathrm{T}}\boldsymbol{\xi}_2\\&=\boldsymbol{\xi}_1^{\mathrm{T}}\boldsymbol{A}^{\mathrm{T}}\boldsymbol{\xi}_2=\boldsymbol{\xi}_1^{\mathrm{T}}\boldsymbol{A}\boldsymbol{\xi}_2=\boldsymbol{\xi}_1^{\mathrm{T}}(\boldsymbol{A}\boldsymbol{\xi}_2)\\&=\boldsymbol{\xi}_1^{\mathrm{T}}(\lambda_2\boldsymbol{\xi}_2)=\lambda_2(\boldsymbol{\xi}_1,\boldsymbol{\xi}_2).\end{aligned}$$

因此，$(\lambda_1-\lambda_2)(\boldsymbol{\xi}_1,\boldsymbol{\xi}_2)=0$.因为 $\lambda_1\neq\lambda_2$，所以 $(\boldsymbol{\xi}_1,\boldsymbol{\xi}_2)=0$，即 $\boldsymbol{\xi}_1$ 与 $\boldsymbol{\xi}_2$ 正交.

定理 5.5.7 **设 n 阶方阵 $\boldsymbol{A}$ 为实对称矩阵，则存在正交矩阵 $\boldsymbol{Q}$，使得**

$$\boldsymbol{Q}^{-1}\boldsymbol{A}\boldsymbol{Q}=\boldsymbol{Q}^{\mathrm{T}}\boldsymbol{A}\boldsymbol{Q}=\begin{pmatrix}\lambda_1&&&\\&\lambda_2&&\\&&\ddots&\\&&&\lambda_n\end{pmatrix},$$

其中 $\lambda_1,\lambda_2,\cdots,\lambda_n$ 为 $\boldsymbol{A}$ 的特征值，$\boldsymbol{Q}$ 的列向量组为 $\boldsymbol{A}$ 的属于特征值 $\lambda_1,\lambda_2,\cdots,\lambda_n$ 的正交的单位特征向量组.

该定理的证明省略.感兴趣的读者可以参考北京大学数学系前代数小组编写的《高等代数（第五版）》中的证明.

由于定理 5.5.7 中的 $\boldsymbol{Q}$ 是正交矩阵，因此称 **$\boldsymbol{A}$ 正交相似于对角矩阵**，或称 **$\boldsymbol{A}$ 可正交相似对角化.**

针对 n 阶实对称矩阵 $\boldsymbol{A}$，求正交矩阵 $\boldsymbol{Q}$ 的具体步骤如下：

(1) 求出 $\boldsymbol{A}$ 的全部互不相等的特征值 $\lambda_1,\lambda_2,\cdots,\lambda_m$.

(2) 求出属于 $\lambda_i(i=1,2,\cdots,m)$ 的线性无关的特征向量 $\boldsymbol{\xi}_{i1},\boldsymbol{\xi}_{i2},\cdots,\boldsymbol{\xi}_{ir_i}$，然后对 $\boldsymbol{\xi}_{i1},\boldsymbol{\xi}_{i2},\cdots,\boldsymbol{\xi}_{ir_i}$ 进行施密特正交化和单位化（若 $r_i=1$，只需单位化即可），得到的标准正交向量组（它们依旧是属于 λ_i 的特征向量）记为 $\boldsymbol{\gamma}_{i1},\boldsymbol{\gamma}_{i2},\cdots,\boldsymbol{\gamma}_{ir_i}$.

(3) 令矩阵 $\boldsymbol{Q}=(\boldsymbol{\gamma}_{11},\boldsymbol{\gamma}_{12},\cdots,\boldsymbol{\gamma}_{1r_1},\boldsymbol{\gamma}_{21},\boldsymbol{\gamma}_{22},\cdots,\boldsymbol{\gamma}_{2r_2},\cdots,\boldsymbol{\gamma}_{m1},\boldsymbol{\gamma}_{m2},\cdots,\boldsymbol{\gamma}_{mr_m})$，则

$$\boldsymbol{Q}^{-1}\boldsymbol{A}\boldsymbol{Q}=\boldsymbol{Q}^{\mathrm{T}}\boldsymbol{A}\boldsymbol{Q}=\boldsymbol{\Lambda}=\begin{pmatrix}\lambda_1&&&&&&&&\\&\ddots&&&&&&&\\&&\lambda_1&&&&&&\\&&&\lambda_2&&&&&\\&&&&\ddots&&&&\\&&&&&\lambda_2&&&\\&&&&&&\ddots&&\\&&&&&&&\lambda_m&&\\&&&&&&&&\ddots&\\&&&&&&&&&\lambda_m\end{pmatrix},$$

其中 λ_i 在 $\boldsymbol{\Lambda}$ 的主对角线上出现了 $r_i(i=1,2,\cdots,m)$ 次.

例 5.5.2 对下面两个实对称矩阵，分别求出正交矩阵 $\boldsymbol{Q}$，使得 $\boldsymbol{Q}^{-1}\boldsymbol{A}\boldsymbol{Q}$ 为对角矩阵：

(1) $\boldsymbol{A}=\begin{pmatrix}2&0&0\\0&3&2\\0&2&3\end{pmatrix}$；　　(2) $\boldsymbol{A}=\begin{pmatrix}2&2&-2\\2&5&-4\\-2&-4&5\end{pmatrix}$.

解 (1) 第一步：求方阵 $\boldsymbol{A}$ 的特征值.

因为 $\boldsymbol{A}$ 的特征多项式为

$$|\lambda\boldsymbol{E}-\boldsymbol{A}|=\begin{vmatrix}\lambda-2&0&0\\0&\lambda-3&-2\\0&-2&\lambda-3\end{vmatrix}=(\lambda-1)(\lambda-2)(\lambda-5),$$

所以 $\boldsymbol{A}$ 的特征值为 $\lambda_1=1,\lambda_2=2,\lambda_3=5$.

第二步：求 $\boldsymbol{A}$ 的特征向量，然后进行正交化和单位化，得到标准正交向量组.

当 $\lambda_1=1$ 时，解齐次线性方程组 $(\boldsymbol{E}-\boldsymbol{A})\boldsymbol{x}=\boldsymbol{0}$，对其系数矩阵施行初等行变换，有

$$\boldsymbol{E}-\boldsymbol{A}=\begin{pmatrix}-1&0&0\\0&-2&-2\\0&-2&-2\end{pmatrix}\longrightarrow\begin{pmatrix}1&0&0\\0&1&1\\0&0&0\end{pmatrix}.$$

由此可得，$(\boldsymbol{E}-\boldsymbol{A})\boldsymbol{x}=\boldsymbol{0}$ 的基础解系为 $\boldsymbol{\eta}_1=\begin{pmatrix}0\\-1\\1\end{pmatrix}$.因此，$\boldsymbol{\eta}_1$ 为 $\boldsymbol{A}$ 的属于 $\lambda_1=1$ 的特征向量.

当 $\lambda_2=2$ 时，解齐次线性方程组 $(2\boldsymbol{E}-\boldsymbol{A})\boldsymbol{x}=\boldsymbol{0}$，对其系数矩阵施行初等行变换，有

$$2\boldsymbol{E}-\boldsymbol{A}=\begin{pmatrix}0&0&0\\0&-1&-2\\0&-2&-1\end{pmatrix}\longrightarrow\begin{pmatrix}0&1&0\\0&0&1\\0&0&0\end{pmatrix}.$$

由此可得，$(2\boldsymbol{E}-\boldsymbol{A})\boldsymbol{x}=\boldsymbol{0}$ 的基础解系为 $\boldsymbol{\eta}_2=\begin{pmatrix}1\\0\\0\end{pmatrix}$.因此，$\boldsymbol{\eta}_2$ 为 $\boldsymbol{A}$ 的属于 $\lambda_2=2$ 的特征向量.

当 $\lambda_3=5$ 时，解齐次线性方程组 $(5\boldsymbol{E}-\boldsymbol{A})\boldsymbol{x}=\boldsymbol{0}$，对其系数矩阵施行初等行变换，有

$$5\boldsymbol{E}-\boldsymbol{A}=\begin{pmatrix}3&0&0\\0&2&-2\\0&-2&2\end{pmatrix}\longrightarrow\begin{pmatrix}1&0&0\\0&1&-1\\0&0&0\end{pmatrix}.$$

由此可得，$(5\boldsymbol{E}-\boldsymbol{A})\boldsymbol{x}=\boldsymbol{0}$ 的基础解系为 $\boldsymbol{\eta}_3=\begin{pmatrix}0\\1\\1\end{pmatrix}$.因此，$\boldsymbol{\eta}_3$ 为 $\boldsymbol{A}$ 的属于 $\lambda_3=5$ 的特征向量.

因为 $\boldsymbol{\eta}_1,\boldsymbol{\eta}_2,\boldsymbol{\eta}_3$ 是 $\boldsymbol{A}$ 的属于 3 个不同特征值的特征向量，所以 $\boldsymbol{\eta}_1,\boldsymbol{\eta}_2,\boldsymbol{\eta}_3$ 必两两正交.

令 $\boldsymbol{\varepsilon}_i=\dfrac{\boldsymbol{\eta}_i}{|\boldsymbol{\eta}_i|}(i=1,2,3)$，可得

$$\boldsymbol{\varepsilon}_1=\begin{pmatrix}0\\-\dfrac{\sqrt{2}}{2}\\\dfrac{\sqrt{2}}{2}\end{pmatrix},\quad\boldsymbol{\varepsilon}_2=\begin{pmatrix}1\\0\\0\end{pmatrix},\quad\boldsymbol{\varepsilon}_3=\begin{pmatrix}0\\\dfrac{\sqrt{2}}{2}\\\dfrac{\sqrt{2}}{2}\end{pmatrix}.$$

第三步：确定矩阵 $\boldsymbol{Q}$.

令 $Q=(\boldsymbol{\varepsilon}_1,\boldsymbol{\varepsilon}_2,\boldsymbol{\varepsilon}_3)=\begin{pmatrix}0&1&0\\-\frac{\sqrt{2}}{2}&0&\frac{\sqrt{2}}{2}\\\frac{\sqrt{2}}{2}&0&\frac{\sqrt{2}}{2}\end{pmatrix}$,则

$$Q^{-1}AQ=Q^{\mathrm{T}}AQ=\begin{pmatrix}1&0&0\\0&2&0\\0&0&5\end{pmatrix}.$$

(2) 例 5.3.2 中已求得 $A=\begin{pmatrix}2&2&-2\\2&5&-4\\-2&-4&5\end{pmatrix}$ 的特征值为 1(2 重) 和 10. $\boldsymbol{\eta}_1=\begin{pmatrix}2\\0\\1\end{pmatrix}$ 和 $\boldsymbol{\eta}_2=\begin{pmatrix}-2\\1\\0\end{pmatrix}$ 为属于特征值 1 的两个线性无关的特征向量, $\boldsymbol{\eta}_3=\begin{pmatrix}-1\\-2\\2\end{pmatrix}$ 为属于特征值 10 的特征向量.

因为不同特征值的特征向量必正交,所以 $\boldsymbol{\eta}_3$ 与 $\boldsymbol{\eta}_1,\boldsymbol{\eta}_2$ 正交.因此,只需对 $\boldsymbol{\eta}_1,\boldsymbol{\eta}_2$ 进行施密特正交化.

令

$$\boldsymbol{\alpha}_1=\boldsymbol{\eta}_1=\begin{pmatrix}2\\0\\1\end{pmatrix},$$

$$\boldsymbol{\alpha}_2=\boldsymbol{\eta}_2-\frac{(\boldsymbol{\eta}_2,\boldsymbol{\alpha}_1)}{(\boldsymbol{\alpha}_1,\boldsymbol{\alpha}_1)}\boldsymbol{\alpha}_1=\begin{pmatrix}-2\\1\\0\end{pmatrix}-\frac{-4}{5}\begin{pmatrix}2\\0\\1\end{pmatrix}=\begin{pmatrix}-\frac{2}{5}\\1\\\frac{4}{5}\end{pmatrix},$$

再对 $\boldsymbol{\alpha}_1,\boldsymbol{\alpha}_2$ 和 $\boldsymbol{\eta}_3$ 单位化,可得

$$\boldsymbol{\varepsilon}_1=\frac{\boldsymbol{\alpha}_1}{|\boldsymbol{\alpha}_1|}=\begin{pmatrix}\frac{2\sqrt{5}}{5}\\0\\\frac{\sqrt{5}}{5}\end{pmatrix},\quad \boldsymbol{\varepsilon}_2=\frac{\boldsymbol{\alpha}_2}{|\boldsymbol{\alpha}_2|}=\begin{pmatrix}-\frac{2\sqrt{5}}{15}\\\frac{\sqrt{5}}{3}\\\frac{4\sqrt{5}}{15}\end{pmatrix},\quad \boldsymbol{\varepsilon}_3=\frac{\boldsymbol{\eta}_3}{|\boldsymbol{\eta}_3|}=\begin{pmatrix}-\frac{1}{3}\\-\frac{2}{3}\\\frac{2}{3}\end{pmatrix}.$$

令 $Q=(\boldsymbol{\varepsilon}_1,\boldsymbol{\varepsilon}_2,\boldsymbol{\varepsilon}_3)=\begin{pmatrix}\frac{2\sqrt{5}}{5}&-\frac{2\sqrt{5}}{15}&-\frac{1}{3}\\0&\frac{\sqrt{5}}{3}&-\frac{2}{3}\\\frac{\sqrt{5}}{5}&\frac{4\sqrt{5}}{15}&\frac{2}{3}\end{pmatrix}$,则

$$Q^{-1}AQ=Q^{\mathrm{T}}AQ=\begin{pmatrix}1&0&0\\0&1&0\\0&0&10\end{pmatrix}.$$

习　题　五

1. 求下列方阵的特征值与特征向量：

(1) $\begin{pmatrix}2&-3\\-3&1\end{pmatrix}$；　(2) $\begin{pmatrix}6&2&4\\2&3&2\\4&2&6\end{pmatrix}$；

(3) $\begin{pmatrix}2&-2&0\\-2&1&-2\\0&-2&0\end{pmatrix}$；　(4) $\begin{pmatrix}2&3&-1&-4\\0&-1&-2&1\\0&1&2&-2\\0&1&1&2\end{pmatrix}$.

2. 已知 $\lambda_1=0$ 是三阶方阵 $A=\begin{pmatrix}1&0&1\\0&2&0\\1&0&a\end{pmatrix}$ 的特征值，求 a 的值及特征值 λ_2,λ_3.

3. 设 n 阶方阵 A 有两个不同的特征值 λ_1,λ_2，ξ_1,ξ_2 分别是属于 λ_1,λ_2 的特征向量，证明：$\xi_1+\xi_2$ 不是 A 的特征向量.

4. 设 n 阶实对称矩阵 A 满足 $A^2=E$，且 $\mathrm{r}(A+E)=2$，求行列式 $|A+2E|$ 的值.

5. 已知三阶方阵 A 的特征值为 $1,2,-3$，求行列式 $|A^*-3A+2E|$ 的值.

6. 已知方阵 A 满足 $A^2=A$，

(1) 求 A 的所有特征值；

(2) 证明：方阵 $E+A$ 可逆.

7. 已知三阶方阵 A 的三个特征值分别为 $2,-2,1$，设方阵 $B=A^3-A^2-4A+5E$，求行列式 $|B|$ 的值.

8. 判断下列方阵是否可相似对角化，并说明理由：

(1) $\begin{pmatrix}1&2&1\\0&3&0\\0&0&0\end{pmatrix}$；　(2) $\begin{pmatrix}1&2&1\\0&1&0\\0&0&3\end{pmatrix}$；

(3) $\begin{pmatrix}1&1&1\\2&2&2\\3&3&3\end{pmatrix}$.

9. 已知 $\xi_1=\begin{pmatrix}1\\1\\-1\end{pmatrix}$ 是方阵 $A=\begin{pmatrix}2&-1&2\\5&a&3\\-1&b&-2\end{pmatrix}$ 的一个特征向量，

(1) 求参数 a,b 的值及 $\boldsymbol{\xi}_1$ 所对应的特征值；

(2) 判断 $\boldsymbol{A}$ 是否可相似对角化.

10. 设方阵 $\boldsymbol{A}=\begin{pmatrix}0&0&1\\x&1&y\\1&0&0\end{pmatrix}$ 可相似对角化，求参数 x,y 应满足的条件.

11. 设方阵 $\boldsymbol{A}$ 与 $\boldsymbol{B}$ 相似，其中 $\boldsymbol{A}=\begin{pmatrix}-2&0&0\\2&x&2\\3&1&1\end{pmatrix}$，$\boldsymbol{B}=\begin{pmatrix}-1&0&0\\0&2&0\\0&0&y\end{pmatrix}$，求：

(1) 参数 x,y 的值；

(2) 可逆矩阵 $\boldsymbol{P}$，使得 $\boldsymbol{P}^{-1}\boldsymbol{A}\boldsymbol{P}=\boldsymbol{B}$.

12. 设三阶方阵 $\boldsymbol{A}$ 的特征值为 $1,0,-1$，对应的特征向量依次为 $\boldsymbol{\xi}_1=(1,2,2)^{\mathrm{T}}$，$\boldsymbol{\xi}_2=(2,-2,1)^{\mathrm{T}}$，$\boldsymbol{\xi}_3=(-2,-1,2)^{\mathrm{T}}$，求 $\boldsymbol{A}$ 与 $\boldsymbol{A}^{50}$.

13. 设方阵 $\boldsymbol{A}=\begin{pmatrix}1&4&2\\0&-3&4\\0&4&3\end{pmatrix}$，求 $\boldsymbol{A}^n$.

14. 设 $\boldsymbol{A}$ 为 n 阶可逆矩阵，若 $\boldsymbol{A}$ 可相似对角化，证明：$\boldsymbol{A}^{-1}$ 也可相似对角化.

15. 某试验性生产线每年一月份进行熟练工与非熟练工的人数统计，然后使 $\frac{1}{6}$ 熟练工支援其他生产部门，其缺额由招收的新的非熟练工补齐. 新、老非熟练工经过培训及实践至年终考核有 $\frac{2}{5}$ 可成为熟练工. 设第 n 年一月份统计的熟练工和非熟练工所占百分比为 x_n 和 y_n，记作向量 $\begin{pmatrix}x_n\\y_n\end{pmatrix}$，

(1) 求 $\begin{pmatrix}x_{n+1}\\y_{n+1}\end{pmatrix}$ 与 $\begin{pmatrix}x_n\\y_n\end{pmatrix}$ 的关系式，并写成矩阵形式 $\begin{pmatrix}x_{n+1}\\y_{n+1}\end{pmatrix}=\boldsymbol{A}\begin{pmatrix}x_n\\y_n\end{pmatrix}$；

(2) 证明：$\boldsymbol{\eta}_1=\begin{pmatrix}4\\1\end{pmatrix}$，$\boldsymbol{\eta}_2=\begin{pmatrix}-1\\1\end{pmatrix}$ 是 $\boldsymbol{A}$ 的两个线性无关的特征向量，并求出相应的特征值；

(3) 当 $\begin{pmatrix}x_1\\y_1\end{pmatrix}=\begin{pmatrix}\frac{1}{2}\\\frac{1}{2}\end{pmatrix}$ 时，求 $\begin{pmatrix}x_{n+1}\\y_{n+1}\end{pmatrix}$.

16. 对下列实对称矩阵 $\boldsymbol{A}$，求正交矩阵 $\boldsymbol{Q}$，使得 $\boldsymbol{Q}^{-1}\boldsymbol{A}\boldsymbol{Q}$ 为对角矩阵：

(1) $\boldsymbol{A}=\begin{pmatrix}0&-2&2\\-2&-3&4\\2&4&-3\end{pmatrix}$； (2) $\boldsymbol{A}=\begin{pmatrix}1&2&4\\2&-2&2\\4&2&1\end{pmatrix}$；

(3) $\boldsymbol{A}=\begin{pmatrix}4&1&0&-1\\1&4&-1&0\\0&-1&4&1\\-1&0&1&4\end{pmatrix}$.

17. 设三阶实对称矩阵$\boldsymbol{A}$的各行元素之和均为3，向量$\boldsymbol{\alpha}_1=(-1,2,-1)^{\mathrm{T}}$，$\boldsymbol{\alpha}_2=(0,-1,1)^{\mathrm{T}}$是线性方程组$\boldsymbol{A}\boldsymbol{x}=\boldsymbol{0}$的两个解，求：

(1) $\boldsymbol{A}$ 的特征值与特征向量；

(2) 正交矩阵$\boldsymbol{Q}$和对角矩阵$\boldsymbol{\Lambda}$，使得$\boldsymbol{Q}^{\mathrm{T}}\boldsymbol{A}\boldsymbol{Q}=\boldsymbol{\Lambda}$.

18. 设三阶实对称矩阵$\boldsymbol{A}$的特征值为$-1,1,1$，属于特征值-1的特征向量为$\boldsymbol{\xi}_1=(-1,1,1)^{\mathrm{T}}$，求$\boldsymbol{A}$.

19. 设n阶方阵$\boldsymbol{A}$为正交矩阵，证明：若$\boldsymbol{A}$有实特征值，则其特征值只能是1或-1.

第六章　二　次　型

二次型是一类二次的齐次多元多项式，对二次型的研究源于解析几何．在平面直角坐标系中，以原点为中心的有心二次曲线的一般方程为 $ax^2+2bxy+cy^2=1$，如 $2x^2+6xy+2y^2=1$，对该二次曲线，可通过一坐标旋转变换

$$\begin{cases} x=\dfrac{\sqrt{2}}{2}u+\dfrac{\sqrt{2}}{2}v, \\ y=\dfrac{\sqrt{2}}{2}u-\dfrac{\sqrt{2}}{2}v, \end{cases}$$

将该二次曲线的一般方程化为标准方程 $5u^2-v^2=1$．因为旋转变换不改变图形的几何形状，所以由标准方程可知该曲线的类型为双曲线，从而可得其相关的性质．这种方法还可应用于空间解析几何中的二次曲面的研究．观察到二次曲线和二次曲面的方程左边是二次齐次多项式，且标准方程的左边是只含有平方项的二次齐次多项式，本章将对其进行推广，来研究一般的 n 元二次齐次多项式如何通过某种可逆的线性变换化为只含有平方项的二次齐次多项式．这类问题在数学的其他分支、力学、工程技术中也会经常遇到．

本章首先介绍二次型、可逆线性变换等概念，然后讨论如何将二次型化为标准形，最后介绍一类特殊的实二次型：正定二次型．

6.1 二次型及其矩阵表示

6.1.1 二次型的概念

定义 6.1.1 含有 n 个变量 $x_1,x_2,\cdots,x_n$ 的二次齐次多项式

$$f(x_1,x_2,\cdots,x_n)=a_{11}x_1^2+2a_{12}x_1x_2+\cdots+2a_{1n}x_1x_n$$
$$+a_{22}x_2^2+2a_{23}x_2x_3+\cdots+2a_{2n}x_2x_n+\cdots+a_{nn}x_n^2 \quad (6.1)$$

称为一个 n 元**二次型**.

当 $a_{ij}(1\leqslant i\leqslant j\leqslant n)$ 为复数时,称 $f(x_1,x_2,\cdots,x_n)$ 为**复二次型**;当 $a_{ij}(1\leqslant i\leqslant j\leqslant n)$ 为实数时,称 $f(x_1,x_2,\cdots,x_n)$ 为**实二次型**.在本书中,我们只讨论实二次型.

若令 $a_{ji}=a_{ij}(1\leqslant i<j\leqslant n)$,则二次型(6.1) 可写为

$$\begin{aligned}f(x_1,x_2,\cdots,x_n)&=a_{11}x_1^2+a_{12}x_1x_2+\cdots+a_{1n}x_1x_n\\&\quad+a_{21}x_2x_1+a_{22}x_2^2+\cdots+a_{2n}x_2x_n+\cdots\\&\quad+a_{n1}x_nx_1+a_{n2}x_nx_2+\cdots+a_{nn}x_n^2\\&=\sum_{i=1}^{n}\sum_{j=1}^{n}a_{ij}x_ix_j.\end{aligned} \quad (6.2)$$

将二次型(6.2) 的系数排成一个 n 阶方阵

$$A=\begin{pmatrix}a_{11}&a_{12}&\cdots&a_{1n}\\a_{21}&a_{22}&\cdots&a_{2n}\\\vdots&\vdots&&\vdots\\a_{n1}&a_{n2}&\cdots&a_{nn}\end{pmatrix},$$

因为 $a_{ji}=a_{ij}$,所以 $A^{\mathrm{T}}=A$,即 A 为实对称矩阵.实对称矩阵 A 称为**二次型** $f(x_1,x_2,\cdots,x_n)$ **的矩阵**.

令 $X=\begin{pmatrix}x_1\\x_2\\\vdots\\x_n\end{pmatrix}$,根据矩阵的乘法可得

$$f(x_1,x_2,\cdots,x_n)=X^{\mathrm{T}}AX.$$

从上面的讨论中易知,n 元二次型与 n 阶实对称矩阵是一一对应的.例如,二次型

$f(x_1,x_2,x_3)=x_1^2+x_1x_3+x_2^2+2x_2x_3+3x_3^2$ 的矩阵为 $A=\begin{pmatrix}1&0&\frac{1}{2}\\0&1&1\\\frac{1}{2}&1&3\end{pmatrix}$,而对应于矩阵

$\boldsymbol{B}=\begin{pmatrix}0&1&-1\\1&1&2\\-1&2&0\end{pmatrix}$ 的二次型为 $g(x_1,x_2,x_3)=2x_1x_2-2x_1x_3+x_2^2+4x_2x_3$.

6.1.2 可逆线性变换和矩阵的合同

定义 6.1.2 设 $x_1,x_2,\cdots,x_n$ 和 $y_1,y_2,\cdots,y_n$ 为两组变量,称关系式

$$\begin{cases}x_1=c_{11}y_1+c_{12}y_2+\cdots+c_{1n}y_n,\\x_2=c_{21}y_1+c_{22}y_2+\cdots+c_{2n}y_n,\\\qquad\cdots\cdots\\x_n=c_{n1}y_1+c_{n2}y_2+\cdots+c_{nn}y_n\end{cases}\tag{6.3}$$

为由变量 $y_1,y_2,\cdots,y_n$ 到变量 $x_1,x_2,\cdots,x_n$ 的一个**线性变换**.若系数矩阵

$$\boldsymbol{C}=\begin{pmatrix}c_{11}&c_{12}&\cdots&c_{1n}\\c_{21}&c_{22}&\cdots&c_{2n}\\\vdots&\vdots&&\vdots\\c_{n1}&c_{n2}&\cdots&c_{nn}\end{pmatrix}$$

的行列式 $|\boldsymbol{C}|\neq 0$,则称线性变换(6.3)为**可逆线性变换**或**非退化的线性变换**.特别地,若 $\boldsymbol{C}$ 为正交矩阵,则称线性变换(6.3)为**正交线性变换**,简称**正交变换**.若 $\boldsymbol{C}$ 为实矩阵,则称线性变换(6.3)为**实线性变换**.

在本书中,我们规定所做的线性变换都是实线性变换.

令 $\boldsymbol{Y}=\begin{pmatrix}y_1\\y_2\\\vdots\\y_n\end{pmatrix}$,根据矩阵的乘法,可将线性变换(6.3)写为 $\boldsymbol{X}=\boldsymbol{CY}$.

设 n 元二次型 $f(x_1,x_2,\cdots,x_n)=\boldsymbol{X}^{\mathrm{T}}\boldsymbol{AX}$ 经过可逆线性变换 $\boldsymbol{X}=\boldsymbol{CY}$ 后化为

$$g(y_1,y_2,\cdots,y_n)=(\boldsymbol{CY})^{\mathrm{T}}\boldsymbol{A}(\boldsymbol{CY})=\boldsymbol{Y}^{\mathrm{T}}(\boldsymbol{C}^{\mathrm{T}}\boldsymbol{AC})\boldsymbol{Y}=\boldsymbol{Y}^{\mathrm{T}}\boldsymbol{BY},$$

其中 $\boldsymbol{B}=\boldsymbol{C}^{\mathrm{T}}\boldsymbol{AC}$,且

$$\boldsymbol{B}^{\mathrm{T}}=(\boldsymbol{C}^{\mathrm{T}}\boldsymbol{AC})^{\mathrm{T}}=\boldsymbol{C}^{\mathrm{T}}\boldsymbol{A}^{\mathrm{T}}(\boldsymbol{C}^{\mathrm{T}})^{\mathrm{T}}=\boldsymbol{C}^{\mathrm{T}}\boldsymbol{AC}=\boldsymbol{B},$$

即 $\boldsymbol{B}$ 也为实对称矩阵,则 $g(y_1,y_2,\cdots,y_n)=\boldsymbol{Y}^{\mathrm{T}}\boldsymbol{BY}$ 仍为二次型,且它的矩阵为 $\boldsymbol{B}$.

将上面的结论简述为下面的定理.

定理 6.1.1 **n 元二次型 $f(x_1,x_2,\cdots,x_n)=\boldsymbol{X}^{\mathrm{T}}\boldsymbol{AX}$ 经过可逆线性变换 $\boldsymbol{X}=\boldsymbol{CY}$ 后化为二次型 $g(y_1,y_2,\cdots,y_n)=\boldsymbol{Y}^{\mathrm{T}}\boldsymbol{BY}$,其中 $\boldsymbol{B}=\boldsymbol{C}^{\mathrm{T}}\boldsymbol{AC}$.**

根据矩阵 $\boldsymbol{A}$ 与 $\boldsymbol{B}$ 的关系,给出如下定义.

定义 6.1.3 设 $\boldsymbol{A},\boldsymbol{B}$ 为 n 阶方阵.若存在 n 阶可逆矩阵 $\boldsymbol{C}$,使得 $\boldsymbol{B}=\boldsymbol{C}^{\mathrm{T}}\boldsymbol{AC}$,则称矩阵 $\boldsymbol{A}$ 与 $\boldsymbol{B}$ **合同**,记作 $\boldsymbol{A}\simeq\boldsymbol{B}$.

由于矩阵 $\boldsymbol{C}$ 可逆,因此合同的矩阵必有相同的秩.

根据矩阵的合同的定义,易得如下性质(其中 $\boldsymbol{A},\boldsymbol{B},\boldsymbol{C}$ 为 n 阶方阵):

(1) 自反性:$\boldsymbol{A}\simeq\boldsymbol{A}$.这是因为 $\boldsymbol{A}=\boldsymbol{E}^{\mathrm{T}}\boldsymbol{AE}$.

(2) 对称性:若 $\boldsymbol{A}\simeq\boldsymbol{B}$,则 $\boldsymbol{B}\simeq\boldsymbol{A}$.这是因为若 $\boldsymbol{B}=\boldsymbol{C}^{\mathrm{T}}\boldsymbol{AC}$,则 $\boldsymbol{A}=(\boldsymbol{C}^{\mathrm{T}})^{-1}\boldsymbol{BC}^{-1}=(\boldsymbol{C}^{-1})^{\mathrm{T}}\boldsymbol{BC}^{-1}$.

(3) 传递性：若 $\boldsymbol{A} \simeq \boldsymbol{B}, \boldsymbol{B} \simeq \boldsymbol{C}$，则 $\boldsymbol{A} \simeq \boldsymbol{C}$. 这是因为若 $\boldsymbol{B}=\boldsymbol{P}^{\mathrm{T}}\boldsymbol{AP}, \boldsymbol{C}=\boldsymbol{Q}^{\mathrm{T}}\boldsymbol{BQ}$，则 $\boldsymbol{C}=(\boldsymbol{PQ})^{\mathrm{T}}\boldsymbol{A}(\boldsymbol{PQ})$.

由以上讨论可知，矩阵的合同关系是一种等价关系.

根据对称矩阵与二次型之间的一一对应，结合前面的讨论可知，一个二次型可经过可逆线性变换化为另一个二次型，当且仅当这两个二次型的矩阵合同.

6.2　化二次型为标准形

在 n 元二次型中有一类较简单的二次型，它只含有平方项，没有交叉项，这类二次型称为**标准形式的二次型**，简称**标准形**. 关于变量 $x_1, x_2, \cdots, x_n$ 的标准形的一般表达式如下：

$$f(x_1, x_2, \cdots, x_n)=d_1x_1^2+d_2x_2^2+\cdots+d_nx_n^2=\boldsymbol{X}^{\mathrm{T}}\begin{pmatrix} d_1 & & & \\ & d_2 & & \\ & & \ddots & \\ & & & d_n \end{pmatrix}\boldsymbol{X},$$

即标准形的矩阵为对角矩阵. 根据上一节的讨论可知，二次型 $f(x_1, x_2, \cdots, x_n)=\boldsymbol{X}^{\mathrm{T}}\boldsymbol{AX}$ 经过可逆线性变换化为标准形等价于矩阵 $\boldsymbol{A}$ 合同于一对角矩阵.

6.2.1　正交变换法

根据定理 5.5.7 可知，对于 n 阶实对称矩阵 $\boldsymbol{A}$，存在正交矩阵 $\boldsymbol{Q}$，使得

$$\boldsymbol{Q}^{-1}\boldsymbol{AQ}=\boldsymbol{Q}^{\mathrm{T}}\boldsymbol{AQ}=\begin{pmatrix} \lambda_1 & & & \\ & \lambda_2 & & \\ & & \ddots & \\ & & & \lambda_n \end{pmatrix}.$$

因此，实对称矩阵合同于对角矩阵. 推广到二次型，可将上述结论表述如下.

定理 6.2.1　**任一实二次型 $f(x_1, x_2, \cdots, x_n)=\boldsymbol{X}^{\mathrm{T}}\boldsymbol{AX}$ 必可经过正交变换 $\boldsymbol{X}=\boldsymbol{QY}$ 化为标准形**

$$\lambda_1y_1^2+\lambda_2y_2^2+\cdots+\lambda_ny_n^2,$$

其中 $\lambda_1, \lambda_2, \cdots, \lambda_n$ 为矩阵 $\boldsymbol{A}$ 的特征值，$\boldsymbol{Q}$ 的列向量组是 $\boldsymbol{A}$ 的属于特征值 $\lambda_1, \lambda_2, \cdots, \lambda_n$ 的正交的单位特征向量组.

例 6.2.1　求正交变换 $\boldsymbol{X}=\boldsymbol{QY}$，把二次型

$$f(x_1, x_2, x_3)=2x_1^2+4x_1x_2-4x_1x_3+5x_2^2-8x_2x_3+5x_3^2$$

化为标准形.

解 该二次型的矩阵为 $A=\begin{pmatrix}2&2&-2\\2&5&-4\\-2&-4&5\end{pmatrix}$.根据例 5.5.2 中的(2) 可知,令

$$Q=\begin{pmatrix}\frac{2\sqrt{5}}{5}&-\frac{2\sqrt{5}}{15}&-\frac{1}{3}\\0&\frac{\sqrt{5}}{3}&-\frac{2}{3}\\\frac{\sqrt{5}}{5}&\frac{4\sqrt{5}}{15}&\frac{2}{3}\end{pmatrix},\quad \Lambda=\begin{pmatrix}1&0&0\\0&1&0\\0&0&10\end{pmatrix},$$

则有 $Q^{-1}AQ=Q^{T}AQ=\Lambda$.再令 $X=QY$,则二次型 $f(x_1,x_2,x_3)$ 可化为标准形

$$g(y_1,y_2,y_3)=y_1^2+y_2^2+10y_3^2.$$

6.2.2 配方法

由于正交矩阵是可逆的,因此正交变换是一种特殊的可逆线性变换.定理 6.2.1 也说明了任意实二次型必可经过可逆线性变换化为标准形.通常情况下,所需的线性变换并不一定是正交变换,只需一般的可逆线性变换即可.我们通过两个例子来介绍另外一种常用的化二次型为标准形的方法:配方法.

例 6.2.2 化二次型

$$f(x_1,x_2,x_3)=x_1^2-4x_1x_2+4x_1x_3-2x_2^2+4x_2x_3-3x_3^2$$

为标准形,并给出所用的可逆线性变换.

解 因为 $f(x_1,x_2,x_3)$ 中含有 x_1 的平方项,所以将含有 x_1 的所有项放在一块,进行配方,可得

$$\begin{aligned}f(x_1,x_2,x_3)&=(x_1^2-4x_1x_2+4x_1x_3)-2x_2^2+4x_2x_3-3x_3^2\\&=(x_1-2x_2+2x_3)^2-6x_2^2+12x_2x_3-7x_3^2.\end{aligned}$$

然后对 $-6x_2^2+12x_2x_3-7x_3^2$ 进行类似的处理,配方可得 $-6(x_2-x_3)^2-x_3^2$,因此有

$$f(x_1,x_2,x_3)=(x_1-2x_2+2x_3)^2-6(x_2-x_3)^2-x_3^2.$$

令

$$\begin{cases}y_1=x_1-2x_2+2x_3,\\y_2=x_2-x_3,\\y_3=x_3,\end{cases}$$

则经过可逆线性变换

$$\begin{cases}x_1=y_1+2y_2,\\x_2=y_2+y_3,\\x_3=y_3,\end{cases}$$

即 $X=CY$，其中 $C=\begin{pmatrix}1&2&0\\0&1&1\\0&0&1\end{pmatrix}$，可将该二次型化为标准形 $g(y_1,y_2,y_3)=y_1^2-6y_2^2-y_3^2$.

例 6.2.3　化二次型

$$f(x_1,x_2,x_3)=x_1x_2-x_1x_3+2x_2x_3$$

为标准形，并给出所用的可逆线性变换.

解　因为该二次型中不含平方项，不能直接配方，所以可先对其做一可逆线性变换化为带有平方项的二次型，然后用例 6.2.2 中的方法来处理.

因为该二次型中含有 x_1x_2，所以可利用平方差公式凑出平方项，令

$$\begin{cases}x_1=y_1+y_2,\\x_2=y_1-y_2,\\x_3=y_3.\end{cases}$$

代入该二次型可得

$$g(y_1,y_2,y_3)=y_1^2+y_1y_3-y_2^2-3y_2y_3.$$

然后类似于例 6.2.2 中的求解进行配方，可得

$$\begin{aligned}g(y_1,y_2,y_3)&=(y_1^2+y_1y_3)-y_2^2-3y_2y_3\\&=\left(y_1+\frac{1}{2}y_3\right)^2-y_2^2-3y_2y_3-\frac{1}{4}y_3^2\\&=\left(y_1+\frac{1}{2}y_3\right)^2-\left(y_2+\frac{3}{2}y_3\right)^2+2y_3^2.\end{aligned}$$

令 $\begin{cases}z_1=y_1+\dfrac{1}{2}y_3,\\z_2=y_2+\dfrac{3}{2}y_3,\\z_3=y_3,\end{cases}$ 因此对上面得到的二次型做可逆线性变换

$$\begin{cases}y_1=z_1-\dfrac{1}{2}z_3,\\y_2=z_2-\dfrac{3}{2}z_3,\\y_3=z_3,\end{cases}$$

可将二次型化为标准形 $h(z_1,z_2,z_3)=z_1^2-z_2^2+2z_3^2$，所做的可逆线性变换为

$$X=C_1Y=C_1(C_2Z)=(C_1C_2)Z=CZ,$$

其中

$$C=C_1C_2=\begin{pmatrix}1&1&0\\1&-1&0\\0&0&1\end{pmatrix}\begin{pmatrix}1&0&-\frac{1}{2}\\0&1&-\frac{3}{2}\\0&0&1\end{pmatrix}=\begin{pmatrix}1&1&-2\\1&-1&1\\0&0&1\end{pmatrix}.$$

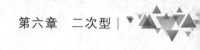

6.3 正定二次型

本节首先介绍实二次型的惯性定理,然后介绍一类特殊的实二次型 —— 正定二次型.

6.3.1 惯性定理

若对例 6.2.3 中所得的标准形再做可逆线性变换

$$\begin{cases} z_1 = u_1, \\ z_2 = u_2, \\ z_3 = \dfrac{\sqrt{2}}{2} u_3, \end{cases}$$

则可将该标准形化为 $u_1^2 - u_2^2 + u_3^2$,这依旧是标准形.因此,二次型的标准形是不唯一的.

那么,不同的标准形有哪些相同的性质呢? 定义二次型 $f(x_1, x_2, \cdots, x_n) = \boldsymbol{X}^{\mathrm{T}}\boldsymbol{A}\boldsymbol{X}$ 的秩为方阵 $\boldsymbol{A}$ 的秩.因为两个合同的矩阵的秩相同,所以二次型的秩在可逆线性变换下是不变的.而标准形的秩是标准形中的非零项数,因此 $f(x_1, x_2, \cdots, x_n) = \boldsymbol{X}^{\mathrm{T}}\boldsymbol{A}\boldsymbol{X}$ 的不同标准形中的非零项数是相同的,都等于 $\mathrm{r}(\boldsymbol{A})$,与所做的可逆线性变换无关.

对于一实二次型 $f(x_1, x_2, \cdots, x_n) = \boldsymbol{X}^{\mathrm{T}}\boldsymbol{A}\boldsymbol{X}$,设其标准形为

$$d_1 y_1^2 + d_2 y_2^2 + \cdots + d_p y_p^2 - d_{p+1} y_{p+1}^2 - \cdots - d_r y_r^2, \tag{6.4}$$

其中 $d_i > 0 (1 \leqslant i \leqslant r)$, $r = \mathrm{r}(\boldsymbol{A})$,再做可逆线性变换

$$\begin{cases} y_1 = \dfrac{1}{\sqrt{d_1}} z_1, \\ y_2 = \dfrac{1}{\sqrt{d_2}} z_2, \\ \cdots\cdots \\ y_r = \dfrac{1}{\sqrt{d_r}} z_r, \\ y_{r+1} = z_{r+1}, \\ \cdots\cdots \\ y_n = z_n, \end{cases}$$

则标准形(6.4) 变为

$$z_1^2 + z_2^2 + \cdots + z_p^2 - z_{p+1}^2 - \cdots - z_r^2. \tag{6.5}$$

式(6.5) 称为实二次型 $f(x_1, x_2, \cdots, x_n)$ 的**规范形**.

定理 6.3.1 (惯性定理) 实二次型 $f(x_1, x_2, \cdots, x_n)$ 的规范形是唯一的.

证 设实二次型 $f(x_1, x_2, \cdots, x_n)$ 在可逆线性变换 $\boldsymbol{X} = \boldsymbol{C}_1\boldsymbol{Y}$ 和 $\boldsymbol{X} = \boldsymbol{C}_2\boldsymbol{Z}$ 下分别化为规范形

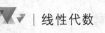

$$y_1^2+y_2^2+\cdots+y_p^2-y_{p+1}^2-\cdots-y_r^2$$

及

$$z_1^2+z_2^2+\cdots+z_q^2-z_{q+1}^2-\cdots-z_r^2,$$

要证规范形唯一，即证 $p=q$.

假设 $p>q$，由 $\boldsymbol{X}=\boldsymbol{C}_1\boldsymbol{Y}$ 和 $\boldsymbol{X}=\boldsymbol{C}_2\boldsymbol{Z}$ 可得 $\boldsymbol{Z}=\boldsymbol{C}_2^{-1}\boldsymbol{X}=\boldsymbol{C}_2^{-1}\boldsymbol{C}_1\boldsymbol{Y}$，且有

$$y_1^2+y_2^2+\cdots+y_p^2-y_{p+1}^2-\cdots-y_r^2=z_1^2+z_2^2+\cdots+z_q^2-z_{q+1}^2-\cdots-z_r^2. \tag{6.6}$$

令 $\boldsymbol{C}_2^{-1}\boldsymbol{C}_1=(c_{ij})_{n\times n}$，根据 $\boldsymbol{Z}=\boldsymbol{C}_2^{-1}\boldsymbol{C}_1\boldsymbol{Y}$，可得

$$\begin{cases} z_1=c_{11}y_1+c_{12}y_2+\cdots+c_{1n}y_n, \\ z_2=c_{21}y_1+c_{22}y_2+\cdots+c_{2n}y_n, \\ \quad\cdots\cdots \\ z_n=c_{n1}y_1+c_{n2}y_2+\cdots+c_{nn}y_n. \end{cases} \tag{6.7}$$

考虑下列齐次线性方程组

$$\begin{cases} c_{11}y_1+c_{12}y_2+\cdots+c_{1n}y_n=0, \\ c_{21}y_1+c_{22}y_2+\cdots+c_{2n}y_n=0, \\ \cdots\cdots \\ c_{q1}y_1+c_{q2}y_2+\cdots+c_{qn}y_n=0, \\ y_{p+1}=0, \\ \cdots\cdots \\ y_n=0, \end{cases} \tag{6.8}$$

因为方程组(6.8)中含有 n 个未知量且方程个数为 $q+(n-p)=n-(p-q)<n$，所以方程组有非零解.不妨设 $(k_1,k_2,\cdots,k_p,0,\cdots,0)$ 为它的一个非零解，将其代入式(6.6)的左边，可得 $k_1^2+k_2^2+\cdots+k_p^2>0$.又因为 $(k_1,k_2,\cdots,k_p,0,\cdots,0)$ 为方程组(6.8)的解，所以 $z_1=z_2=\cdots=z_q=0$，将其代入式(6.6)的右边，可得 $-z_{q+1}^2-\cdots-z_r^2\leqslant 0$，则式(6.6)两边矛盾.因此，$p\leqslant q$.

同理可证 $p\geqslant q$，因此可得 $p=q$.

注　规范形(6.5)中的 p 称为二次型 $f(x_1,x_2,\cdots,x_n)$ 的**正惯性指数**，$r-p$ 称为二次型 $f(x_1,x_2,\cdots,x_n)$ 的**负惯性指数**，正、负惯性指数之差 $2p-r$ 称为二次型 $f(x_1,x_2,\cdots,x_n)$ 的**符号差**.根据惯性定理和前面的讨论可知，实二次型 $f(x_1,x_2,\cdots,x_n)$ 的不同标准形中，系数为正数的项数都等于 p，系数为负数的项数都等于 $r-p$.

6.3.2　正定二次型

定义 6.3.1　设有实二次型 $f(x_1,x_2,\cdots,x_n)=\boldsymbol{X}^{\mathrm{T}}\boldsymbol{A}\boldsymbol{X}$.若对任意的非零实向量 $\boldsymbol{\alpha}=(c_1,c_2,\cdots,c_n)^{\mathrm{T}}$，都有 $f(c_1,c_2,\cdots,c_n)=\boldsymbol{\alpha}^{\mathrm{T}}\boldsymbol{A}\boldsymbol{\alpha}>0$(或 <0)，则称 $f(x_1,x_2,\cdots,x_n)$ 为**正定**(**或负定**)**二次型**，它的矩阵 $\boldsymbol{A}$ 称为**正定**(**或负定**)**矩阵**.

类似地，若对任意的非零实向量 $\boldsymbol{\alpha}=(c_1,c_2,\cdots,c_n)^{\mathrm{T}}$，都有 $f(c_1,c_2,\cdots,c_n)=\boldsymbol{\alpha}^{\mathrm{T}}\boldsymbol{A}\boldsymbol{\alpha}\geqslant 0$(或 $\leqslant 0$)，则称 $f(x_1,x_2,\cdots,x_n)$ 为**半正定**(**或半负定**)**二次型**，它的矩阵 $\boldsymbol{A}$ 称为**半正定**(**或半负定**)**矩阵**.若二次型 $f(x_1,x_2,\cdots,x_n)$ 既不是半正定的，也不是半负定的，则称 $f(x_1,x_2,\cdots,x_n)$ 为**不定二次型**.

根据定义可知,二次型 $f(x_1,x_2,\cdots,x_n)$ 负定当且仅当 $-f(x_1,x_2,\cdots,x_n)$ 正定,所以负定二次型的研究可转化为正定二次型的研究.本小节主要研究正定二次型.

下面先讨论标准形的正定性.

定理 6.3.2 **实二次型**

$$f(x_1,x_2,\cdots,x_n)=d_1x_1^2+d_2x_2^2+\cdots+d_nx_n^2$$

正定的充要条件是 $d_i>0(i=1,2,\cdots,n)$.

证 充分性.若 $d_i>0(i=1,2,\cdots,n)$,则对任意的非零实向量 $\boldsymbol{\alpha}=(c_1,c_2,\cdots,c_n)^{\mathrm{T}}$,有

$$f(c_1,c_2,\cdots,c_n)=d_1c_1^2+d_2c_2^2+\cdots+d_nc_n^2>0.$$

因此,实二次型 $f(x_1,x_2,\cdots,x_n)$ 正定.

必要性.若 $f(x_1,x_2,\cdots,x_n)$ 正定,取非零单位向量 $\boldsymbol{e}_i=(0,\cdots,1,\cdots,0)^{\mathrm{T}}(i=1,2,\cdots,n)$,可得 $d_i=f(0,\cdots,1,\cdots,0)>0$.

定理 6.3.3 **可逆线性变换不改变实二次型的正定性.**

证 设实二次型 $f(x_1,x_2,\cdots,x_n)=\boldsymbol{X}^{\mathrm{T}}\boldsymbol{A}\boldsymbol{X}$,做可逆线性变换 $\boldsymbol{X}=\boldsymbol{C}\boldsymbol{Y}$,化为新的二次型 $g(y_1,y_2,\cdots,y_n)=\boldsymbol{Y}^{\mathrm{T}}\boldsymbol{B}\boldsymbol{Y}$,其中 $\boldsymbol{B}=\boldsymbol{C}^{\mathrm{T}}\boldsymbol{A}\boldsymbol{C}$.

假设 $f(x_1,x_2,\cdots,x_n)$ 正定,下证 $g(y_1,y_2,\cdots,y_n)$ 正定.

任取一非零实向量 $\boldsymbol{\alpha}=(c_1,c_2,\cdots,c_n)^{\mathrm{T}}$,令 $\boldsymbol{\beta}=\boldsymbol{C}\boldsymbol{\alpha}=(k_1,k_2,\cdots,k_n)^{\mathrm{T}}$,由 $\boldsymbol{C}$ 可逆且 $\boldsymbol{\alpha}\neq\boldsymbol{0}$,可知 $\boldsymbol{\beta}\neq\boldsymbol{0}$,于是根据 $f(x_1,x_2,\cdots,x_n)$ 正定可得

$$f(k_1,k_2,\cdots,k_n)=\boldsymbol{\beta}^{\mathrm{T}}\boldsymbol{A}\boldsymbol{\beta}>0.$$

而

$$g(c_1,c_2,\cdots,c_n)=\boldsymbol{\alpha}^{\mathrm{T}}\boldsymbol{B}\boldsymbol{\alpha}=\boldsymbol{\alpha}^{\mathrm{T}}(\boldsymbol{C}^{\mathrm{T}}\boldsymbol{A}\boldsymbol{C})\boldsymbol{\alpha}=(\boldsymbol{C}\boldsymbol{\alpha})^{\mathrm{T}}\boldsymbol{A}(\boldsymbol{C}\boldsymbol{\alpha})=\boldsymbol{\beta}^{\mathrm{T}}\boldsymbol{A}\boldsymbol{\beta}=f(k_1,k_2,\cdots,k_n)>0,$$

因此 $g(y_1,y_2,\cdots,y_n)$ 正定.

反之,若 $g(y_1,y_2,\cdots,y_n)=\boldsymbol{Y}^{\mathrm{T}}\boldsymbol{B}\boldsymbol{Y}$ 正定,则做可逆线性变换 $\boldsymbol{Y}=\boldsymbol{C}^{-1}\boldsymbol{X}$ 得到二次型 $f(x_1,x_2,\cdots,x_n)=\boldsymbol{X}^{\mathrm{T}}\boldsymbol{A}\boldsymbol{X}$,由前面的证明可知 $f(x_1,x_2,\cdots,x_n)$ 正定.

综上所述,可逆线性变换不改变实二次型的正定性.

定理 6.3.4 **n 元实二次型 $f(x_1,x_2,\cdots,x_n)$ 正定当且仅当它的正惯性指数为 n.**

证 设实二次型 $f(x_1,x_2,\cdots,x_n)$ 经过可逆线性变换 $\boldsymbol{X}=\boldsymbol{C}\boldsymbol{Y}$ 化为标准形

$$g(y_1,y_2,\cdots,y_n)=d_1y_1^2+d_2y_2^2+\cdots+d_ny_n^2. \tag{6.9}$$

由定理 6.3.3 可知,$f(x_1,x_2,\cdots,x_n)$ 正定当且仅当标准形(6.9) 正定,而标准形(6.9) 正定当且仅当 $d_i>0(i=1,2,\cdots,n)$,即正惯性指数为 n.

根据定理 6.2.1 和定理 6.3.4 可得如下推论.

推论 6.3.1 实对称矩阵 $\boldsymbol{A}$ 正定当且仅当 $\boldsymbol{A}$ 的特征值均大于零.

根据惯性定理和定理 6.3.4 可得如下推论.

推论 6.3.2 实对称矩阵 $\boldsymbol{A}$ 正定当且仅当 $\boldsymbol{A}$ 合同于单位矩阵 $\boldsymbol{E}$.

根据推论 6.3.2 和矩阵合同的定义可得如下推论.

推论 6.3.3 实对称矩阵 $\boldsymbol{A}$ 正定的充要条件是存在可逆矩阵 $\boldsymbol{C}$,使得 $\boldsymbol{A}=\boldsymbol{C}^{\mathrm{T}}\boldsymbol{C}$.

推论 6.3.4 若实对称矩阵 $\boldsymbol{A}$ 正定,则 $|\boldsymbol{A}|>0$.

证 根据推论 6.3.3 可知,存在可逆矩阵 $\boldsymbol{C}$,使得 $\boldsymbol{A}=\boldsymbol{C}^{\mathrm{T}}\boldsymbol{C}$.由于 $\boldsymbol{C}$ 可逆,因此 $|\boldsymbol{C}|\neq 0$,从而

$$|\boldsymbol{A}|=|\boldsymbol{C}^{\mathrm{T}}\boldsymbol{C}|=|\boldsymbol{C}^{\mathrm{T}}||\boldsymbol{C}|=|\boldsymbol{C}|^2>0.$$

由上面的讨论可知，判别实二次型 $f(x_1,x_2,\cdots,x_n)$ 是否正定，可经过可逆线性变换将其化为标准形，若标准形中系数大于零的项数等于 n，则 $f(x_1,x_2,\cdots,x_n)$ 正定，否则 $f(x_1,x_2,\cdots,x_n)$ 不是正定的.

最后给出另外一种通过行列式来判别二次型是否正定的方法.

定义 6.3.2　设 $\boldsymbol{A}=(a_{ij})$ 为 n 阶方阵，称

$$\Delta_k=\begin{vmatrix} a_{11} & a_{12} & \cdots & a_{1k} \\ a_{21} & a_{22} & \cdots & a_{2k} \\ \vdots & \vdots & & \vdots \\ a_{k1} & a_{k2} & \cdots & a_{kk} \end{vmatrix}$$

为 $\boldsymbol{A}$ 的 k 阶顺序主子式，其中 $k=1,2,\cdots,n$.

定理 6.3.5　**实二次型 $f(x_1,x_2,\cdots,x_n)=\boldsymbol{X}^{\mathrm{T}}\boldsymbol{A}\boldsymbol{X}$ 正定的充要条件是 $\boldsymbol{A}$ 的所有顺序主子式都大于零.**

该定理的证明省略.感兴趣的读者可参考北京大学数学系前代数小组编写的《高等代数(第五版)》中的证明.

例 6.3.1　判别二次型

$$f(x_1,x_2,x_3)=x_1^2+x_1x_2-2x_1x_3+x_2^2+4x_2x_3+10x_3^2$$

的正定性.

解　方法一　化二次型为标准形，有

$$\begin{aligned} f(x_1,x_2,x_3)&=(x_1^2+x_1x_2-2x_1x_3)+x_2^2+4x_2x_3+10x_3^2 \\ &=(x_1+\frac{1}{2}x_2-x_3)^2+\frac{3}{4}x_2^2+5x_2x_3+9x_3^2 \\ &=(x_1+\frac{1}{2}x_2-x_3)^2+\frac{3}{4}(x_2+\frac{10}{3}x_3)^2+\frac{2}{3}x_3^2. \end{aligned}$$

令

$$\begin{cases} x_1=y_1-\dfrac{1}{2}y_2+\dfrac{8}{3}y_3, \\ x_2=y_2-\dfrac{10}{3}y_3, \\ x_3=y_3, \end{cases}$$

可得 $f(x_1,x_2,x_3)$ 的标准形为 $y_1^2+\frac{3}{4}y_2^2+\frac{2}{3}y_3^2$.因为其正惯性指数为 3，所以该二次型正定.

方法二　用顺序主子式来判别.该二次型的矩阵为

$$\boldsymbol{A}=\begin{pmatrix} 1 & \frac{1}{2} & -1 \\ \frac{1}{2} & 1 & 2 \\ -1 & 2 & 10 \end{pmatrix},$$

而 $\boldsymbol{A}$ 的各阶顺序主子式分别为

$$\Delta_1=1>0,\quad \Delta_2=\begin{vmatrix}1 & \frac{1}{2}\\ \frac{1}{2} & 1\end{vmatrix}=\frac{3}{4}>0,\quad \Delta_3=\begin{vmatrix}1 & \frac{1}{2} & -1\\ \frac{1}{2} & 1 & 2\\ -1 & 2 & 10\end{vmatrix}=\frac{1}{2}>0,$$

因此二次型 $f(x_1,x_2,x_3)$ 正定.

例 6.3.2 判别 t 满足什么条件时,二次型

$$f(x_1,x_2,x_3)=x_1^2+2tx_1x_2+2x_1x_3+4x_2^2+2x_3^2$$

是正定的.

解 该二次型的矩阵为

$$\boldsymbol{A}=\begin{pmatrix}1 & t & 1\\ t & 4 & 0\\ 1 & 0 & 2\end{pmatrix}.$$

$\boldsymbol{A}$ 的各阶顺序主子式分别为

$$\Delta_1=1>0,\quad \Delta_2=\begin{vmatrix}1 & t\\ t & 4\end{vmatrix}=4-t^2,\quad \Delta_3=\begin{vmatrix}1 & t & 1\\ t & 4 & 0\\ 1 & 0 & 2\end{vmatrix}=4-2t^2.$$

要使二次型 $f(x_1,x_2,x_3)$ 正定,需满足

$$\begin{cases}4-t^2>0,\\ 4-2t^2>0,\end{cases}$$

解得 $-\sqrt{2}<t<\sqrt{2}$.因此,当 $t\in(-\sqrt{2},\sqrt{2})$ 时,该二次型是正定的.

习 题 六

1. 写出下列二次型的矩阵形式:

(1) $f(x,y,z)=x^2+4xy+2xz+4y^2+4yz+z^2$;

(2) $f(x,y,z)=x^2-2xy-4xz+y^2-4yz-7z^2$;

(3) $f(x_1,x_2,x_3,x_4)=x_1^2-2x_1x_2+4x_1x_3-2x_1x_4+x_2^2+6x_2x_3-4x_2x_4+x_3^2+x_4^2$;

(4) $f(x_1,x_2,x_3)=\boldsymbol{X}^{\mathrm{T}}\begin{pmatrix}1 & 1 & 3\\ 2 & 5 & 4\\ 6 & 8 & 7\end{pmatrix}\boldsymbol{X}$;

(5) $f(x_1,x_2,x_3)=(a_1x_1+a_2x_2+a_3x_3)^2$.

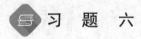

2. 求下列实对称矩阵对应的二次型：

(1) $\begin{pmatrix} 0 & \frac{\sqrt{2}}{2} & 1 \\ \frac{\sqrt{2}}{2} & 3 & -\frac{3}{2} \\ 1 & -\frac{3}{2} & 0 \end{pmatrix}$；　　(2) $\begin{pmatrix} 1 & -1 & -3 & 1 \\ -1 & 0 & -2 & \frac{1}{2} \\ -3 & -2 & \frac{1}{3} & -\frac{3}{2} \\ 1 & \frac{1}{2} & -\frac{3}{2} & 0 \end{pmatrix}$.

3. 设二次型 $f(x_1,x_2,x_3)=2x_1^2-4x_1x_2+x_2^2-4x_2x_3$，分别做下列可逆线性变换，求新的二次型：

(1) $\boldsymbol{X}=\begin{pmatrix} 1 & 1 & -2 \\ 0 & 1 & -2 \\ 0 & 0 & 1 \end{pmatrix}\boldsymbol{Y}$；　　(2) $\boldsymbol{X}=\begin{pmatrix} \frac{\sqrt{2}}{2} & 1 & -1 \\ 0 & 1 & -1 \\ 0 & 0 & \frac{1}{2} \end{pmatrix}\boldsymbol{Y}$.

4. 用正交变换法化下列二次型为标准形：

(1) $f(x_1,x_2,x_3)=2x_1^2+4x_1x_2-4x_1x_3+5x_2^2-8x_2x_3+5x_3^2$；

(2) $f(x_1,x_2)=2x_1^2-2x_1x_2+2x_2^2$；

(3) $f(x_1,x_2,x_3)=x_1x_2+x_1x_3+x_2x_3$.

5. 设方阵 $\boldsymbol{A}=\begin{pmatrix} 0 & 1 & 0 & 0 \\ 1 & 0 & 0 & 0 \\ 0 & 0 & y & 1 \\ 0 & 0 & 0 & 2 \end{pmatrix}$，已知 $\boldsymbol{A}$ 的一个特征值为 3，求：

(1) 参数 y 的值；

(2) 矩阵 $\boldsymbol{P}$，使得 $(\boldsymbol{AP})^{\mathrm{T}}(\boldsymbol{AP})$ 为对角矩阵.

6. 设二次型 $f(x_1,x_2,x_3)=2x_1x_2-2x_1x_3+2x_2x_3$，

(1) 用正交变换化二次型为标准形；

(2) 设 $\boldsymbol{A}$ 为该二次型的矩阵，求 $\boldsymbol{A}^5$.

7. 已知二次型 $f(x_1,x_2,x_3)=2x_1^2+3x_2^2+2kx_2x_3+3x_3^2(k>0)$，通过正交变换化为标准形 $g(y_1,y_2,y_3)=y_1^2+2y_2^2+5y_3^2$，求参数 k 的值及所用的正交变换矩阵.

8. 用配方法化下列二次型为标准形，并求出所用的可逆线性变换矩阵：

(1) $f(x_1,x_2,x_3)=x_1^2+2x_1x_3-2x_2x_3+2x_3^2$；

(2) $f(x_1,x_2,x_3)=-4x_1x_2+2x_1x_3+2x_2x_3$；

(3) $f(x_1,x_2,x_3)=2x_1^2-2x_1x_3-3x_2^2-4x_2x_3+x_3^2$.

9. 当 t 取何值时，二次型 $f(x_1,x_2,x_3)=x_1^2+6x_1x_2+4x_1x_3+x_2^2+2x_2x_3+tx_3^2$ 的秩为 2?

10. 将下列二次型化为规范形，并指出其正惯性指数及秩：

(1) $f(x_1,x_2,x_3)=x_1^2+2x_1x_2-2x_1x_3+2x_2^2$；

(2) $f(x_1,x_2,x_3,x_4)=2x_1x_2+2x_1x_4+2x_2x_3+2x_3x_4$；

(3) $f(x_1,x_2,x_3,x_4)=x_1^2-2x_1x_4+x_2^2-x_4^2$.

11. 判断下列二次型的正定性:

(1) $f(x_1,x_2,x_3)=-2x_1^2+2x_1x_2-6x_2^2+2x_2x_3-4x_3^2$;

(2) $f(x_1,x_2,x_3)=3x_1^2+4x_1x_2+4x_2^2-4x_2x_3+5x_3^2$;

(3) $f(x_1,x_2,x_3)=99x_1^2-12x_1x_2+48x_1x_3+130x_2^2-60x_2x_3+71x_3^2$.

12. t 满足什么条件时,下列二次型是正定的?

(1) $f(x_1,x_2,x_3)=x_1^2+2tx_1x_2+2x_1x_3+4x_2^2+2x_3^2$;

(2) $f(x,y,z)=x^2+2xy-2xz+2y^2+2tyz+3z^2$.

13. 已知 $\begin{pmatrix}2-a & 1 & 0\\ 1 & 1 & 0\\ 0 & 0 & a+3\end{pmatrix}$ 是正定矩阵,求 a 的取值范围.

14. 设 $\boldsymbol{A}$ 为 n 阶正定矩阵,证明:矩阵 $\boldsymbol{A}+\boldsymbol{E}$ 的行列式大于 1.

15. 证明:如果矩阵 $\boldsymbol{A}$ 正定,则 $\boldsymbol{A}^{\mathrm{T}},\boldsymbol{A}^{-1},\boldsymbol{A}^*$ 都是正定矩阵.

16. 设矩阵 $\boldsymbol{A}=\begin{pmatrix}1 & 0 & 1\\ 0 & 2 & 0\\ 1 & 0 & 1\end{pmatrix}$,$\boldsymbol{B}=(k\boldsymbol{E}+\boldsymbol{A})^2$,$k$ 为实数,求 k 的取值范围,使 $\boldsymbol{B}$ 为正定矩阵.

17. 设 $\boldsymbol{A}$ 为 n 阶实对称矩阵,证明:$\boldsymbol{A}$ 正定的充要条件是存在 n 阶正定矩阵 $\boldsymbol{B}$,使得 $\boldsymbol{A}=\boldsymbol{B}^2$.

18. 设 $\boldsymbol{A}$ 为 $m\times n$ 实矩阵,$\boldsymbol{B}=\lambda\boldsymbol{E}+\boldsymbol{A}^{\mathrm{T}}\boldsymbol{A}$,证明:当 $\lambda>0$ 时,$\boldsymbol{B}$ 为正定矩阵.

19. 设 $\boldsymbol{A}$ 为 n 阶正定矩阵,$\boldsymbol{B}$ 为 n 阶半正定矩阵,证明:$\boldsymbol{A}+\boldsymbol{B}$ 为正定矩阵.

20. 设 $\boldsymbol{A}$ 为 n 阶实满秩矩阵,证明:$\boldsymbol{A}^{\mathrm{T}}\boldsymbol{A}$ 是正定矩阵.

21. 设 $\boldsymbol{A}$ 为 n 阶正交矩阵,且是正定的,证明:$\boldsymbol{A}=\boldsymbol{E}$.

习题参考答案

习 题 一

1. (1) $\begin{pmatrix}1&0&0\\0&1&0\\0&0&1\end{pmatrix}$；　(2) $\begin{pmatrix}1&-1&0\\0&0&1\\0&0&0\end{pmatrix}$；

(3) $\begin{pmatrix}1&0&0&0\\0&0&1&0\\0&0&0&1\end{pmatrix}$；　(4) $\begin{pmatrix}1&-1&0&2&-3\\0&0&1&-2&2\\0&0&0&0&0\\0&0&0&0&0\end{pmatrix}$；

(5) $\begin{pmatrix}1&0&2&0&-2\\0&1&-1&0&3\\0&0&0&1&4\\0&0&0&0&0\end{pmatrix}$.

2. (1) 无解；　(2) $\begin{pmatrix}x_1\\x_2\\x_3\end{pmatrix}=\begin{pmatrix}-1\\-2\\2\end{pmatrix}$；

(3) $\begin{cases}x_2=-2x_1+x_3+1,\\x_4=0,\end{cases}$ 其中 x_1,x_3 为自由未知量；

(4) 无解；

(5) $\begin{cases}x_1=x_3+x_4+5x_5-16,\\x_2=-2x_3-2x_4-6x_5+23,\end{cases}$ 其中 x_3,x_4,x_5 为自由未知量；

(6) 无解；

(7) $\begin{cases}x_1=-2x_3-1,\\x_2=x_3+2,\end{cases}$ 其中 x_3 为自由未知量.

3. (1) $\begin{cases}x_1=-2x_2+x_4,\\x_3=0,\end{cases}$ 其中 x_2,x_4 为自由未知量；

(2) $\begin{cases}x_1=-2x_2+\frac{1}{2}x_4,\\ x_3=-\frac{1}{2}x_4,\end{cases}$ 其中 x_2,x_4 为自由未知量；

(3) $\begin{pmatrix}x_1\\x_2\\x_3\end{pmatrix}=\begin{pmatrix}0\\0\\0\end{pmatrix}$.

4. $\lambda=-2$ 或 $\lambda=1$. 当 $\lambda=-2$ 时，$\begin{cases}x_1=x_3+2,\\ x_2=x_3+2,\end{cases}$ 其中 x_3 为自由未知量；当 $\lambda=1$ 时，$\begin{cases}x_1=x_3+1,\\ x_2=x_3,\end{cases}$ 其中 x_3 为自由未知量.

5. 当 $k=-\frac{4}{5}$ 时，方程组无解；当 $k\neq 1$ 且 $k\neq-\frac{4}{5}$ 时，方程组有唯一解；当 $k=1$ 时，方程组有无穷多个解，其通解为 $\begin{cases}x_1=1,\\ x_2=x_3-1,\end{cases}$ 其中 x_3 为自由未知量.

6. 当 $a=0$ 时，方程组有非零解，其通解 $x_1=-x_2-x_3-x_4$，其中 x_2,x_3,x_4 为自由未知量；当 $a=-10$ 时，方程组也有非零解，其通解为 $\begin{cases}x_1=\frac{1}{4}x_4,\\ x_2=\frac{1}{2}x_4,\\ x_3=\frac{3}{4}x_4,\end{cases}$ 其中 x_4 为自由未知量.

7. 当 $a=1,b\neq-1$ 时，方程组无解；当 $a\neq 1$ 时，方程组有唯一解 $\begin{pmatrix}\frac{b-a+2}{a-1}\\ \frac{a-2b-3}{a-1}\\ \frac{b+1}{a-1}\\ 0\end{pmatrix}$；当 $a=1$，$b=-1$ 时，方程组有无穷多个解，其通解为 $\begin{cases}x_1=x_3+x_4-1,\\ x_2=-2x_3-2x_4+1,\end{cases}$ 其中 x_3,x_4 为自由未知量.

8. (1) 2； (2) 2.

9. 当 $a\neq 2$ 时，$r(\mathbf{A})=3$；当 $a=2$ 时，$r(\mathbf{A})=2$.

10. 当 $x\neq-2$ 且 $x\neq 1$ 时，$r(\mathbf{A})=3$；当 $x=1$ 时，$r(\mathbf{A})=1$；当 $x=-2$ 时，$r(\mathbf{A})=2$.

11. 1.

12. $3NaHCO_3+C_6H_8O_7\longrightarrow Na_3C_6H_5O_7+3H_2O+3\,CO_2$.

习 题 二

1. (1) $\begin{pmatrix} -3 & 4 & -1 \\ -2 & -3 & 5 \end{pmatrix}$； (2) $\begin{pmatrix} -4 & 6 & 0 \\ -2 & -4 & 7 \end{pmatrix}$.

2. (1) $\sum_{i=1}^{n} a_i b_i$； (2) $\begin{pmatrix} a_1 b_1 & a_1 b_2 & \cdots & a_1 b_n \\ a_2 b_1 & a_2 b_2 & \cdots & a_2 b_n \\ \vdots & \vdots & & \vdots \\ a_n b_1 & a_n b_2 & \cdots & a_n b_n \end{pmatrix}$；

(3) $a_{11}x_1^2 + a_{22}x_2^2 + a_{33}x_3^2 + 2a_{12}x_1x_2 + 2a_{13}x_1x_3 + 2a_{23}x_2x_3$.

3. (1) $\begin{pmatrix} -7 & 4 & 1 \\ 5 & -2 & -1 \\ 1 & 2 & -1 \end{pmatrix}$； (2) $\begin{pmatrix} 9 & -2 & -1 \\ 9 & 9 & 11 \end{pmatrix}$；

(3) $\begin{pmatrix} 0 & 0 \\ 0 & 0 \end{pmatrix}$； (4) $\begin{pmatrix} 0 & 0 \\ 0 & 0 \\ 0 & 0 \end{pmatrix}$；

(5) $\begin{pmatrix} 0 & b_1 & 2c_1 \\ 0 & b_2 & 2c_2 \\ \vdots & \vdots & \vdots \\ 0 & b_n & 2c_n \end{pmatrix}$.

4. $\begin{pmatrix} \lambda^3 & 3\lambda^2 & 3\lambda \\ 0 & \lambda^3 & 3\lambda^2 \\ 0 & 0 & \lambda^3 \end{pmatrix}$.

5. (1) $\begin{pmatrix} 2 & 4 & 2 \\ 4 & 0 & 0 \\ 0 & 2 & 4 \end{pmatrix}$； (2) $\begin{pmatrix} 4 & 4 & 0 \\ 5 & -3 & -1 \\ -3 & 1 & -1 \end{pmatrix}$； (3) 不成立.

6. $\begin{pmatrix} a & b \\ b & a \end{pmatrix}$，其中 a,b 为任意常数.

7. $\pm \boldsymbol{E}$ 及 $\begin{pmatrix} a & b \\ c & -a \end{pmatrix}$，其中 $a^2 + bc = 1$.

8. $\begin{pmatrix} a & b \\ c & -a \end{pmatrix}$，其中 $a^2 + bc = 0$.

9. $\begin{pmatrix} 0 \\ \sqrt{2} \end{pmatrix}$，$\begin{pmatrix} -1 \\ 1 \end{pmatrix}$，分别绕原点逆时针旋转 $\frac{\pi}{4}$，$\frac{\pi}{2}$.

10. 各工厂一年的总收入(单位:万元)分别为 160,144,152,119，总利润(单位:万元)分别为 55,51,56,41.

11. 一年后，$\boldsymbol{AX} = \begin{pmatrix} 6\,800 \\ 3\,200 \end{pmatrix}$，不脱产职工 6 800 人，脱产职工 3 200 人. 两年后，$\boldsymbol{A}^2\boldsymbol{X} =$

$\begin{pmatrix}6\,880\\3\,220\end{pmatrix}$,不脱产职工 6 680 人,脱产职工 3 320 人.

12. (1) $\begin{pmatrix}0.7 & 0.6\\0.3 & 0.4\end{pmatrix}$; (2) $\begin{pmatrix}0\\1\end{pmatrix}$; (3) 34%.

13. (1) $\begin{pmatrix}x_1\\x_2\\\vdots\\x_n\end{pmatrix}$; (2) $\begin{pmatrix}5 & -2 & 1\\3 & 4 & -1\end{pmatrix}$.

14. $\begin{pmatrix}-2 & 17 & 24\\-4 & 1 & 8\\0 & 19 & -2\end{pmatrix}$.

15. $\begin{pmatrix}0 & 17\\14 & 13\\-3 & 10\end{pmatrix}$.

16. $4^{n-1}\begin{pmatrix}1 & \frac{1}{2} & \frac{1}{3} & \frac{1}{4}\\2 & 1 & \frac{2}{3} & \frac{1}{2}\\3 & \frac{3}{2} & 1 & \frac{3}{4}\\4 & 2 & \frac{4}{3} & 1\end{pmatrix}$.

17 ~ 20. 略.

21. (1) 可逆,$\begin{pmatrix}\frac{7}{6} & \frac{2}{3} & -\frac{3}{2}\\-1 & -1 & 2\\-\frac{1}{2} & 0 & \frac{1}{2}\end{pmatrix}$; (2) 可逆,$\begin{pmatrix}-2 & 4 & -1\\1 & -\frac{3}{2} & \frac{1}{2}\\2 & -\frac{7}{2} & \frac{1}{2}\end{pmatrix}$;

(3) 可逆,$\begin{pmatrix}1 & 1 & -2 & -4\\0 & 1 & 0 & -1\\-1 & -1 & 3 & 6\\2 & 1 & -6 & -10\end{pmatrix}$; (4) 不可逆.

22. (1) $\begin{pmatrix}10 & 2\\-15 & -3\\12 & 4\end{pmatrix}$; (2) $\begin{pmatrix}2 & -1 & -1\\-4 & 7 & 4\end{pmatrix}$;

(3) $\begin{pmatrix}0 & 1 & -1\\-1 & 0 & 1\\1 & -1 & 0\end{pmatrix}$; (4) $\begin{pmatrix}2 & 0 & -1\\-7 & -4 & 3\\-4 & -2 & 1\end{pmatrix}$.

23. $\begin{pmatrix}0&0&-1\\1&3&0\\1&1&0\end{pmatrix}$.

24. $\begin{pmatrix}2\,731&2\,732\\-683&-684\end{pmatrix}$.

25. $\begin{pmatrix}1&0&0\\2&0&0\\6&-1&-1\end{pmatrix}$.

26. 略.

27. 证明略,$\boldsymbol{A}^{-1}=\dfrac{1}{2}(\boldsymbol{A}-\boldsymbol{E})$,$(\boldsymbol{A}+2\boldsymbol{E})^{-1}=-\dfrac{1}{4}(\boldsymbol{A}-3\boldsymbol{E})$.

28. 证明略,$\boldsymbol{A}^{-1}=-\dfrac{1}{3}(\boldsymbol{A}-2\boldsymbol{E})$,$(\boldsymbol{A}-3\boldsymbol{E})^{-1}=-\dfrac{1}{6}(\boldsymbol{A}+\boldsymbol{E})$.

29. 证明略,$(\boldsymbol{A}+2\boldsymbol{E})^{-1}=\dfrac{\boldsymbol{A}^2-2\boldsymbol{A}+4\boldsymbol{E}}{10}$.

30. $\begin{pmatrix}4&6&8\\3&6&-9\\4&-6&4\end{pmatrix}$.

31. $\begin{pmatrix}0&1&1\\-2&2&8\\0&0&3\end{pmatrix}$.

32. $\begin{pmatrix}0&1&1\\1&0&0\\0&0&1\end{pmatrix}$.

33. $\begin{pmatrix}2^n&n\cdot 2^{n-1}&0&0&0\\0&2^n&0&0&0\\0&0&3^n&0&0\\0&0&0&3^n&0\\0&0&0&0&3^n\end{pmatrix}(n=1,2,\cdots)$.

34. (1) $\begin{pmatrix}23&20&0&0\\10&9&0&0\\0&0&50&14\\0&0&32&9\end{pmatrix}$;　　(2) $\begin{pmatrix}1&0&4&0&0\\0&4&-3&0&0\\3&2&3&0&0\\0&0&0&2&-6\\0&0&0&-8&-4\end{pmatrix}$.

35. $\begin{pmatrix} \frac{1}{3} & -\frac{2}{3} & 0 & 0 \\ \frac{1}{3} & \frac{1}{3} & 0 & 0 \\ 0 & 0 & \frac{1}{5} & \frac{1}{5} \\ 0 & 0 & \frac{2}{5} & -\frac{3}{5} \end{pmatrix}$.

36. (1) $\begin{pmatrix} \boldsymbol{O} & \boldsymbol{C}^{-1} \\ \boldsymbol{B}^{-1} & \boldsymbol{O} \end{pmatrix}$； (2) $\begin{pmatrix} \boldsymbol{B}^{-1} & \boldsymbol{O} \\ -\boldsymbol{C}^{-1}\boldsymbol{A}\boldsymbol{B}^{-1} & \boldsymbol{C}^{-1} \end{pmatrix}$.

37. $\begin{pmatrix} 0 & 0 & \cdots & 0 & a_n^{-1} \\ a_1^{-1} & 0 & \cdots & 0 & 0 \\ 0 & a_2^{-1} & \cdots & 0 & 0 \\ \vdots & \vdots & & \vdots & \vdots \\ 0 & 0 & \cdots & a_{n-1}^{-1} & 0 \end{pmatrix}$.

习 题 三

1. 略.
2. 3.
3. 2.
4. $x=y=z=0$.
5. $(a_2a_3-b_2b_3)(a_1a_4-b_1b_4)$.
6. -15.
7. $|a|=1$.
8. (1) $(-1)^{n-1}n!$； (2) $(-1)^{\frac{(n-2)(n-1)}{2}}n!$； (3) $(-1)^{\frac{n(n-1)}{2}}a_{1n}a_{2,n-1}\cdots a_{n1}$；
   (4) 0； (5) 1.
9. 9，-3，-6.
10. 0.

11～13. 略.

14. (1)$(x+n-1)(x-1)^{n-1}$； (2)$-2(n-2)!$； (3)$x^n+(-1)^{n+1}y^n$.
15. $abc(b-a)(c-a)(c-b)$.
16. -240.
17. 略.
18. (1) $x=-\frac{1}{2}, y=-\frac{1}{2}, z=\frac{3}{2}$；
    (2) $x_1=-8$，$x_2=3$，$x_3=6$，$x_4=0$.
19. 0 或 ± 1.

20. 当$(b-a)(c-a)(c-b)(a+b+c)\neq 0$时,方程组有唯一解,此时

$$x=\frac{(b-d)(c-d)(c-b)(d+b+c)}{(b-a)(c-a)(c-b)(a+b+c)},$$

$$y=\frac{(d-a)(c-a)(c-d)(a+c+d)}{(b-a)(c-a)(c-b)(a+b+c)},$$

$$z=\frac{(b-a)(d-a)(d-b)(d+b+d)}{(b-a)(c-a)(c-b)(a+b+c)}.$$

习 题 四

1. $\boldsymbol{\beta}=-\boldsymbol{\alpha}_1+\boldsymbol{\alpha}_2-2\boldsymbol{\alpha}_3$.
2. 能,$\boldsymbol{\beta}=\boldsymbol{\alpha}_1+\boldsymbol{\alpha}_2-\boldsymbol{\alpha}_3$.
3. 不能.
4. $\lambda\neq 12$.
5. 略.
6. (1) 不正确,理由略; (2) 不正确,理由略; (3) 不正确,理由略;
   (4) 不正确,理由略; (5) 不正确,理由略; (6) 不正确,理由略;
   (7) 正确,理由略; (8) 正确,理由略.
7. 线性相关.

8～9.略.

10. (1) 线性相关; (2) 线性无关; (3) 线性无关.
11. $\frac{1}{7}$.
12. 略.
13. (1) $t=5$; (2) $t\neq 5$; (3) $\boldsymbol{\alpha}_3=-\boldsymbol{\alpha}_1+2\boldsymbol{\alpha}_2$.
14. 略.
15. (1) 能; (2) 不能.
16. (1) 秩为3,极大无关组为$\boldsymbol{\alpha}_1,\boldsymbol{\alpha}_2,\boldsymbol{\alpha}_3$,线性表示:$\boldsymbol{\alpha}_4=-\frac{3}{2}\boldsymbol{\alpha}_1+\frac{1}{2}\boldsymbol{\alpha}_2-\frac{3}{2}\boldsymbol{\alpha}_3$;

    (2) 秩为3,极大无关组为$\boldsymbol{\alpha}_1,\boldsymbol{\alpha}_2,\boldsymbol{\alpha}_3$,线性表示:

$$\boldsymbol{\alpha}_4=\frac{2}{3}\boldsymbol{\alpha}_1+\frac{1}{3}\boldsymbol{\alpha}_2+\boldsymbol{\alpha}_3,\quad \boldsymbol{\alpha}_5=-\frac{1}{3}\boldsymbol{\alpha}_1+\frac{1}{3}\boldsymbol{\alpha}_2;$$

    (3) 秩为3,极大无关组为$\boldsymbol{\alpha}_1,\boldsymbol{\alpha}_2,\boldsymbol{\alpha}_3$,线性表示:

$$\boldsymbol{\alpha}_4=\boldsymbol{\alpha}_1-\boldsymbol{\alpha}_2+\boldsymbol{\alpha}_3,\boldsymbol{\alpha}_5=\boldsymbol{\alpha}_1+\boldsymbol{\alpha}_2.$$

17. 证明略,极大无关组为$\boldsymbol{\alpha}_1,\boldsymbol{\alpha}_2,\boldsymbol{\alpha}_4$,线性表示:$\boldsymbol{\alpha}_3=2\boldsymbol{\alpha}_1-\boldsymbol{\alpha}_2,\boldsymbol{\alpha}_5=-2\boldsymbol{\alpha}_1+3\boldsymbol{\alpha}_2+4\boldsymbol{\alpha}_4$.

18～20. 略.

21. 基础解系为 $\boldsymbol{\xi}_1=\begin{pmatrix}1\\-2\\1\\0\\0\end{pmatrix}$，$\boldsymbol{\xi}_2=\begin{pmatrix}5\\0\\0\\-2\\1\end{pmatrix}$，通解为 $\boldsymbol{x}=k_1\boldsymbol{\xi}_1+k_2\boldsymbol{\xi}_2$，其中 k_1,k_2 为任意常数.

22. 基础解系为 $\boldsymbol{\xi}_1=\begin{pmatrix}1\\1\\0\\0\end{pmatrix}$，$\boldsymbol{\xi}_2=\begin{pmatrix}0\\0\\1\\1\end{pmatrix}$，通解为 $\boldsymbol{x}=k_1\boldsymbol{\xi}_1+k_2\boldsymbol{\xi}_2$，其中 k_1,k_2 为任意常数.

23. $\begin{cases}5x_1-10x_2+x_3-x_4=0,\\3x_1-6x_2-x_5=0.\end{cases}$

24. $\begin{pmatrix}x_1\\x_2\\x_3\\x_4\end{pmatrix}=k_1\begin{pmatrix}\frac{1}{7}\\\frac{5}{7}\\1\\0\end{pmatrix}+k_2\begin{pmatrix}\frac{1}{7}\\-\frac{9}{7}\\0\\1\end{pmatrix}+\begin{pmatrix}\frac{6}{7}\\-\frac{5}{7}\\0\\0\end{pmatrix}$，其中 k_1,k_2 为任意常数.

25. $\begin{pmatrix}x_1\\x_2\\x_3\\x_4\end{pmatrix}=k_1\begin{pmatrix}2\\1\\0\\0\end{pmatrix}+k_2\begin{pmatrix}-1\\0\\1\\0\end{pmatrix}+\begin{pmatrix}0\\0\\0\\1\end{pmatrix}$，其中 k_1,k_2 为任意常数.

26～27. 略.

28. 不是，因为对数乘运算不封闭.

29. 是，因为对加法和数乘运算封闭.

30. 是.

31. 是，因为对加法和数乘运算封闭.

32. V_1 是，V_2 不是，原因略.

33. 略.

34. 证明略，$(a_1,a_2-a_1,\cdots,a_n-a_{n-1})$.

35. $\boldsymbol{\alpha}_1,\boldsymbol{\alpha}_2,\boldsymbol{\alpha}_4$，3.

36. (1,0,0,1)，(0,1,0,0)，(0,0,1,1)，3.

37. (1,0,1,0)，(0,1,1,0)，(0,0,0,1)，3.

38. 证明略，$\left(-\frac{1}{2},\frac{3}{2},1\right)$.

39. $k(1,2,-3)^{\mathrm{T}}$，其中 k 为任意实数.

40. (4,1,−1)，(2,−1,−1).

41. $\begin{pmatrix}2&3&4\\0&-1&0\\-1&0&-1\end{pmatrix}$.

42. (1) $\begin{pmatrix} 1 & 0 & 1 \\ -1 & 1 & 1 \\ 1 & -2 & -2 \end{pmatrix}$； (2) $(-5,-7,4)$.

习 题 五

1. (1) 特征值 $\lambda_1=\dfrac{3+\sqrt{37}}{2}$ 时，对应的全部特征向量为 $k_1\begin{pmatrix} -\dfrac{\sqrt{37}+1}{6} \\ 1 \end{pmatrix}$ $(k_1\neq 0)$，特征值 $\lambda_2=\dfrac{3-\sqrt{37}}{2}$ 时，对应的全部特征向量为 $k_2\begin{pmatrix} \dfrac{\sqrt{37}-1}{6} \\ 1 \end{pmatrix}$ $(k_2\neq 0)$；

(2) 特征值 $\lambda_1=\lambda_2=2$ 时，对应的全部特征向量为 $k_1\begin{pmatrix} -\dfrac{1}{2} \\ 1 \\ 0 \end{pmatrix}+k_2\begin{pmatrix} -1 \\ 0 \\ 1 \end{pmatrix}$ $(k_1,k_2$ 不全为零)，特征值 $\lambda_3=11$ 时，对应的全部特征向量为 $k_3\begin{pmatrix} 1 \\ \dfrac{1}{2} \\ 1 \end{pmatrix}$ $(k_3\neq 0)$；

(3) 特征值 $\lambda_1=-2$ 时，对应的全部特征向量为 $k_1\begin{pmatrix} \dfrac{1}{2} \\ 1 \\ 1 \end{pmatrix}$ $(k_1\neq 0)$，特征值 $\lambda_2=4$ 时，对应的全部特征向量为 $k_2\begin{pmatrix} 2 \\ -2 \\ 1 \end{pmatrix}$ $(k_2\neq 0)$，特征值 $\lambda_3=1$ 时，对应的全部特征向量为 $k_3\begin{pmatrix} 2 \\ 1 \\ -2 \end{pmatrix}$ $(k_3\neq 0)$；

(4) 特征值 $\lambda_1=\lambda_2=\lambda_3=1$ 时，对应的全部特征向量为 $k_1\begin{pmatrix} 4 \\ -1 \\ 1 \\ 0 \end{pmatrix}$ $(k_1\neq 0)$，特征值 $\lambda_4=2$ 时，对应的全部特征向量为 $k_2\begin{pmatrix} 1 \\ 0 \\ 0 \\ 0 \end{pmatrix}$ $(k_2\neq 0)$.

2. $a=1,\lambda_2=\lambda_3=2$.

3. 略.

4. 9.

5. 637.

6. (1) 0,1； (2) 略.

7. 1.

8. (1) 可相似对角化,理由略；

(2) 不可相似对角化,理由略；

(3) 可相似对角化,理由略.

9. (1) $a=-3,b=0,\lambda_1=-1$； (2) 不可相似对角化.

10. $x+y=0$.

11. (1) $0,-2$； (2) $\begin{pmatrix} 0 & 0 & 1 \\ 2 & 1 & 0 \\ -1 & 1 & -1 \end{pmatrix}$.

12. $\mathbf{A}=\frac{1}{3}\begin{pmatrix} -1 & 0 & 2 \\ 0 & 1 & 2 \\ 2 & 2 & 0 \end{pmatrix},\mathbf{A}^{50}=\frac{1}{9}\begin{pmatrix} 5 & 4 & -2 \\ 4 & 5 & 2 \\ -2 & 2 & 8 \end{pmatrix}$.

13. $\begin{pmatrix} 1 & 2\times5^{n-1}\times[1+(-1)^{n+1}] & 5^{n-1}\times[4+(-1)^n]-1 \\ 0 & 5^{n-1}\times[1+4\times(-1)^n] & 2\times5^{n-1}\times[1+(-1)^{n+1}] \\ 0 & 2\times5^{n-1}\times[1+(-1)^{n+1}] & 5^{n-1}\times[4+(-1)^n] \end{pmatrix}$.

14. 略.

15. (1) $\begin{pmatrix} x_{n+1} \\ y_{n+1} \end{pmatrix}=\begin{pmatrix} \frac{9}{10} & \frac{2}{5} \\ \frac{1}{10} & \frac{3}{5} \end{pmatrix}\begin{pmatrix} x_n \\ y_n \end{pmatrix}$； (2) 证明略,$1,\frac{1}{2}$； (3) $\frac{1}{10}\begin{pmatrix} 8-3\times\left(\frac{1}{2}\right)^n \\ 2+3\times\left(\frac{1}{2}\right)^n \end{pmatrix}$.

16. (1) $\begin{pmatrix} -\frac{1}{3} & -\frac{2\sqrt{5}}{5} & \frac{2\sqrt{5}}{15} \\ -\frac{2}{3} & \frac{\sqrt{5}}{5} & \frac{4\sqrt{5}}{15} \\ \frac{2}{3} & 0 & \frac{\sqrt{5}}{3} \end{pmatrix}$； (2) $\begin{pmatrix} -\frac{\sqrt{5}}{5} & -\frac{4\sqrt{5}}{15} & \frac{2}{3} \\ \frac{2\sqrt{5}}{5} & -\frac{2\sqrt{5}}{15} & \frac{1}{3} \\ 0 & \frac{\sqrt{5}}{3} & \frac{2}{3} \end{pmatrix}$；

(3) $\begin{pmatrix} \frac{\sqrt{2}}{2} & 0 & \frac{1}{2} & -\frac{1}{2} \\ 0 & \frac{\sqrt{2}}{2} & -\frac{1}{2} & -\frac{1}{2} \\ \frac{\sqrt{2}}{2} & 0 & -\frac{1}{2} & \frac{1}{2} \\ 0 & \frac{\sqrt{2}}{2} & \frac{1}{2} & \frac{1}{2} \end{pmatrix}$.

17.（1）特征值 $\lambda_1=\lambda_2=0$ 时，对应的特征向量为 $\boldsymbol{\alpha}_1,\boldsymbol{\alpha}_2$，特征值 $\lambda_3=3$ 时，对应的特征向量为 $(1,1,1)^{\mathrm{T}}$；

（2）$\begin{pmatrix} -\frac{\sqrt{6}}{6} & -\frac{\sqrt{2}}{2} & \frac{\sqrt{3}}{3} \\ \frac{\sqrt{6}}{3} & 0 & \frac{\sqrt{3}}{3} \\ -\frac{\sqrt{6}}{6} & \frac{\sqrt{2}}{2} & \frac{\sqrt{3}}{3} \end{pmatrix}, \begin{pmatrix} 0 & & \\ & 0 & \\ & & 3 \end{pmatrix}$.

18. $\begin{pmatrix} \frac{1}{3} & \frac{2}{3} & \frac{2}{3} \\ \frac{2}{3} & \frac{1}{3} & -\frac{2}{3} \\ \frac{2}{3} & -\frac{2}{3} & \frac{1}{3} \end{pmatrix}$.

19. 略.

习 题 六

1.（1）$(x,y,z)\begin{pmatrix} 1 & 2 & 1 \\ 2 & 4 & 2 \\ 1 & 2 & 1 \end{pmatrix}\begin{pmatrix} x \\ y \\ z \end{pmatrix}$；（2）$(x,y,z)\begin{pmatrix} 1 & -1 & -2 \\ -1 & 1 & -2 \\ -2 & -2 & -7 \end{pmatrix}\begin{pmatrix} x \\ y \\ z \end{pmatrix}$；

（3）$(x_1,x_2,x_3,x_4)\begin{pmatrix} 1 & -1 & 2 & -1 \\ -1 & 1 & 3 & -2 \\ 2 & 3 & 1 & 0 \\ -1 & -2 & 0 & 1 \end{pmatrix}\begin{pmatrix} x_1 \\ x_2 \\ x_3 \\ x_4 \end{pmatrix}$；

（4）$(x_1,x_2,x_3)\begin{pmatrix} 1 & \frac{3}{2} & \frac{9}{2} \\ \frac{3}{2} & 5 & 6 \\ \frac{9}{2} & 6 & 7 \end{pmatrix}\begin{pmatrix} x_1 \\ x_2 \\ x_3 \end{pmatrix}$；（5）$(x_1,x_2,x_3)\begin{pmatrix} a_1^2 & a_1a_2 & a_1a_3 \\ a_1a_2 & a_2^2 & a_2a_3 \\ a_1a_3 & a_2a_3 & a_3^2 \end{pmatrix}\begin{pmatrix} x_1 \\ x_2 \\ x_3 \end{pmatrix}$.

2.（1）$f(x_1,x_2,x_3)=\sqrt{2}x_1x_2+2x_1x_3+3x_2^2-3x_2x_3$；

（2）$f(x_1,x_2,x_3,x_4)=x_1^2-2x_1x_2-6x_1x_3+2x_1x_4-4x_2x_3+x_2x_4+\frac{1}{3}x_3^2-3x_3x_4$.

3.（1）$g(y_1,y_2,y_3)=2y_1^2-y_2^2+4y_3^2$；（2）$g(y_1,y_2,y_3)=y_1^2-y_2^2+y_3^2$.

4.（1）$g(y_1,y_2,y_3)=10y_1^2+y_2^2+y_3^2$；（2）$g(y_1,y_2)=y_1^2+3y_2^2$；

（3）$g(y_1,y_2,y_3)=y_1^2-\frac{1}{2}y_2^2-\frac{1}{2}y_3^2$.

5. (1) 2； (2) $\begin{pmatrix} 1 & 0 & 0 & 0 \\ 0 & 1 & 0 & 0 \\ 0 & 0 & 1 & -\frac{4}{5} \\ 0 & 0 & 0 & 1 \end{pmatrix}$.

6. (1) $g(y_1,y_2,y_3)=y_1^2+y_2^2-2y_3^2$； (2) $\begin{pmatrix} -10 & 11 & -11 \\ 11 & -10 & 11 \\ -11 & 11 & -10 \end{pmatrix}$.

7. 2, $\begin{pmatrix} 0 & 1 & 0 \\ -\frac{\sqrt{2}}{2} & 0 & \frac{\sqrt{2}}{2} \\ \frac{\sqrt{2}}{2} & 0 & \frac{\sqrt{2}}{2} \end{pmatrix}$.

8. (1) $g(y_1,y_2,y_3)=y_1^2+y_2^2-y_3^2$, $\begin{pmatrix} 1 & 1 & -1 \\ 0 & 0 & 1 \\ 0 & -1 & 1 \end{pmatrix}$；

(2) $g(z_1,z_2,z_3)=-4z_1^2+4z_2^2+z_3^2$, $\begin{pmatrix} 1 & 1 & \frac{1}{2} \\ 1 & -1 & \frac{1}{2} \\ 0 & 0 & 1 \end{pmatrix}$；

(3) $g(y_1,y_2,y_3)=y_1^2-11y_2^2+y_3^2$, $\begin{pmatrix} 1 & 2 & 0 \\ 0 & 1 & 0 \\ 1 & 4 & 1 \end{pmatrix}$.

9. $\frac{7}{8}$.

10. (1) $g(y_1,y_2,y_3)=y_1^2+y_2^2-y_3^2$, 2, 3；

(2) $g(y_1,y_2,y_3,y_4)=y_1^2-y_2^2$, 1, 2；

(3) $g(y_1,y_2,y_3,y_4)=y_1^2+y_2^2-y_3^2$, 2, 3.

11. (1) 负定； (2) 正定； (3) 正定.

12. (1) $-\sqrt{2}<t<\sqrt{2}$； (2) $-1-\sqrt{2}<t<\sqrt{2}-1$.

13. $-3<a<1$.

14 ～ 15. 略.

16. $k\neq 0$ 且 $k\neq -2$.

17 ～ 21. 略.

参考文献

[1] 利昂,皮利什.线性代数(英文版·原书第10版)[M].北京:机械工业出版社,2021.

[2] 丘维声.高等代数学习指导书:上册[M].2版.北京:清华大学出版社,2017.

[3] 姚慕生,吴泉水,谢启鸿.高等代数学[M].3版.上海:复旦大学出版社,2014.

[4] 北京大学数学系前代数小组.高等代数[M].5版.北京:高等教育出版社,2019.

图书在版编目(CIP)数据

线性代数/杭州师范大学线性代数课程组编. —北京：北京大学出版社，2023.6
ISBN 978-7-301-34099-8

Ⅰ. ①线…　Ⅱ. ①杭…　Ⅲ. ①线性代数—教材　Ⅳ. ①O151.2

中国国家版本馆 CIP 数据核字(2023)第 110134 号

书　　名　线性代数
XIANXING DAISHU
著作责任者　杭州师范大学线性代数课程组　编
责任编辑　刘　啸
标准书号　ISBN 978-7-301-34099-8
出版发行　北京大学出版社
地　　址　北京市海淀区成府路 205 号　100871
网　　址　http://www.pup.cn
新浪微博　@北京大学出版社
电子信箱　zpup@pup.cn
电　　话　邮购部 010-62752015　发行部 010-62750672　编辑部 010-62754271
印 刷 者　长沙雅佳印刷有限公司
经 销 者　新华书店
787 毫米×1092 毫米　16 开本　10.5 印张　260 千字
2023 年 6 月第 1 版　2023 年 6 月第 1 次印刷
定　　价　39.00 元
